网络操作系统项目教程

（第2版）

——Windows Server 2016

主　编　田　钧　肖　威

副主编　李群嘉

编　委　赵雪章　黄利荣

北京理工大学出版社
BEIJING INSTITUTE OF TECHNOLOGY PRESS

内容简介

本书的宗旨是以项目作为起点，使用项目引导的形式使读者能够循序渐进地进行 Windows Server 2016 相关知识的学习，希望让读者通过书中完整与清楚的任务操作，充分了解 Windows Server 2016 的网络环境、系统服务。

学习 Windows Server 2016 操作系统除了需要掌握理论基础，还需要掌握技能操作。本书不仅对理论基础讲解透彻，还包含很多技能操作案例，这些案例都能在实际工作中给读者带来一定的帮助。

图书在版编目(CIP)数据

网络操作系统项目教程 : Windows Server 2016 / 田钧，肖威主编 . -- 2 版 . -- 北京 : 北京理工大学出版社，2019.10（2023.12 重印）

ISBN 978-7-5682-7812-6

Ⅰ . ①网… Ⅱ . ①田… ②肖… Ⅲ . ① Windows 操作系统 - 网络服务器 - 高等学校 - 教材 Ⅳ . ① TP316.86

中国版本图书馆 CIP 数据核字（2019）第 253383 号

责任编辑：王玲玲　　**文案编辑**：王玲玲
责任校对：周瑞红　　**责任印制**：边心超

出版发行 / 北京理工大学出版社有限责任公司
社　　址 / 北京市丰台区四合庄路 6 号
邮　　编 / 100070
电　　话 /（010）68914026（教材售后服务热线）
（010）68944437（课件资源服务热线）
网　　址 / http://www.bitpress.com.cn

版 印 次 / 2023 年 12 月第 2 版第 4 次印刷
印　　刷 / 定州启航印刷有限公司
开　　本 / 787 mm × 1092 mm　1/16
印　　张 / 12.5
字　　数 / 320 千字
定　　价 / 28.00 元

前言

本书的宗旨是让读者通过学习书中介绍的任务操作来充分地了解 Windows Server 2016，进而能够轻松地管理 Windows Server 2016 的系统环境。本书对于 Windows Server 2016 的主要服务进行了概括性的介绍，包含 Windows Server 2016 的基础配置、基础网络服务、应用服务器等相关知识，内容较为全面，适合作为 Windows Server 2016 的入门教材。全书共包含 8 个任务，通过理论介绍和实例运用对 Windows Server 2016 的知识进行循序渐进的讲解。其中，任务 1 介绍了 Windows Server 2016 网络操作系统，这是学习 Windows Server 2016 的开端；任务 2 介绍了如何部署 Windows Server 2016 并且做一些初始化配置，使 Windows Server 2016 更适应企业网络环境；任务 3 是部署路由服务与 DHCP 服务，使用 Windows Server 2016 充当路由器，这在企业网络架构中也是比较常用的一种方法；任务 4 对 Windows Server 2016 的 DNS 及组策略与 AD 域的配置方法做了详细的介绍；任务 5 和任务 6 是对如何部署文件服务与资源管理及网站与应用服务的讲解，读者能够快速地掌握相关内容；任务 7 和任务 8 讲解了 Windows 的 VPN 服务及 Windows 的虚拟化产品 Hyper-V 的配置，这两部分内容在当今的企业网环境中应用非常广泛。

本书在内容和形式上有以下特色。

1. 情境教学，应用明确。本书的项目案例主要参考《第一届全国职业技能大赛　网络系统管理项目　模块 B：Windows 系统环境模块》试题的工作任务进行深入讲解，针对其任务清单中的服务要求设置任务设计、任务实施、测试等任务环节，使学生完成相关知识和技能的掌握。

2. 任务驱动，功能性测试为主。针对任务设计的需求进行服务配置，明确知识所解决的问题，每个任务都进行严格的功能性测试验证，使学生对知识效果有明确的认识。

3. 本书是为广大职业院校、技师院校的师生群体编写。因此，本书在内容安排上从大家所关心的问题出发，把教学和技能大赛中遇到或可能遇到的问题作为切入点，深入探讨技能点的工作原理、使用场景、配置过程和结果验证测试。

在学习本书的过程中，读者需要结合书籍的内容进行环境与项目的构建，因此建议使用 Windows Server Hyper-V 或者 Windows Hyper-V for Windows 10 搭建书中的实验环境进行测试。

目录

项目概述

项目情景

这是一个模拟的大型公司系统环境网络，其中包含内部网络以及分支机构网络。该系统环境中所有的服务器及客户端均使用 Windows Server 2016 或 Windows 10，其中包含了各种常见的基础设施服务、网络服务、应用服务等，更多的内容在项目需求中进行了详细的罗列。

项目需求

根据《第一届全国职业技能大赛 网络系统管理项目 模块 B：Windows 系统环境模块》样题测试项目的环境及相关业务规划，依据公司对可用性、性能及安全性等性能的要求，总结公司系统需求如下。

（1）实现基础系统环境搭建。

（2）实现系统的网络通信。

（3）搭建基础设施服务。

（4）搭建文件服务。

（5）配置文件资源管理及文件保护。

（6）搭建网站与公司需求的应用服务。

（7）搭建公司与公司之间的远程网络服务和直连访问。

（8）搭建虚拟化服务用于公司业务。

网络拓扑

方案设计：拓扑规划如图 0–1 所示。

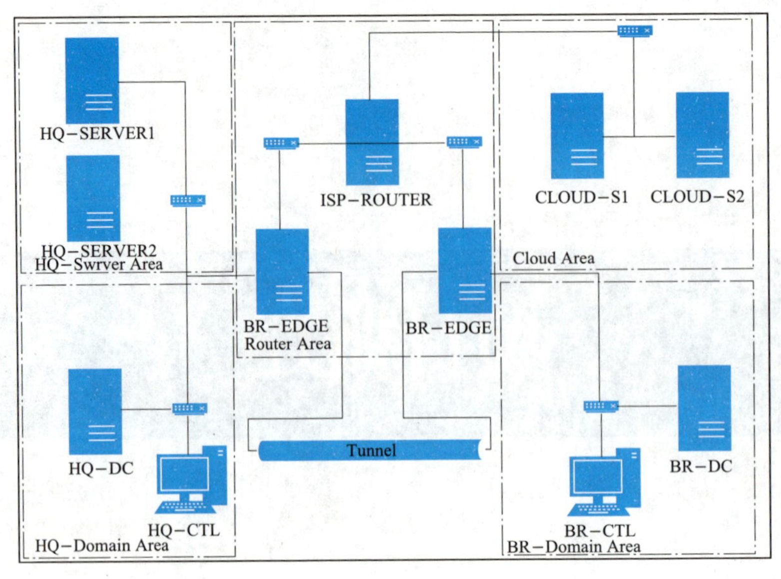

图 0-1

方案设计：根据拓扑图 0-1 的需求，网络规划按照以下信息配置，表 0-1 所示。

表 0-1　网络地址规划

主机名	IP 地址 / 子网掩码	网关 /DNS	区域
ISP-ROUTER	10.1.1.254/24 20.1.1.254/24 201.98.100.254/24	无 /201.98.100.1	Router Area
HQ-RDGE	10.1.1.1/24 192.168.10.254/24	10.1.1.254/192.168.10.1	
BR-EDGE	20.1.1.1/24 192.168.20.254/24	20.1.1.254/20.1.1.1	
HQ-SERVER1	192.168.10.1/24	192.168.10.254/192.168.10.10	HQ-Server Area
HQ-SERVER2	192.168.10.2/24	192.168.10.254/192.168.10.10	
HQ-DC	192.168.10.10/24	192.168.10.254/192.168.10.10	HQ-Domain Area
HQ-CLT	DHCP_From_HQ-SERVER1	DHCP_From_HQ-SERVER1	
CLOUD-S1	201.98.100.1/24	201.98.100.254/201.98.100.1	Cloud Area
CLOUD-S2	201.98.100.2/24	201.98.100.254/201.98.100.1	
BR-DC	192.168.20.1/24	192.168.20.254/192.168.20.1	BR-Domain Area
BR-CLT	DHCP_From_BR-DC	DHCP_From_BR-DC	

注：IP 是互联网协议（Internet Protocol）的缩写，DNS 是域名系统（Domain Name System）的缩写。

项目分析

该 Windows 系统环境是一个综合的大型拓扑，其中包含了多种技术与服务，在实施这种大型的网络拓扑之前，应该要有合理的顺序规划，从拓扑图信息中划分 5 块内容进行搭建，分别是 Router Area 部分、HQ–Server Area 部分、HQ–Domain Area 部分、Cloud Area 部分和 BR–Domain Area 部分。第一步要做的是搭建基础的系统设施。基础的系统设施包含各部分的 Windows 操作系统安装、主机信息配置、主机网络地址配置。第二步要做的是路由通信的配置，此时应该对 Router Area 部分的服务器进行配置，比如进行路由服务的启用等操作。第三步要做的是基础设施的配置。在完成第二步之后，HQ–Domain Area、HQ–Server Area 及 Router Area 3 个部分的服务器已经能够完成网络通信，此时应该建设部分基础设施服务以备后续需要，比如动态主机配置协议（Dynamic Host Configuration Protocol，DHCP）服务器、DNS 服务器及活动目录域服务和证书服务等；第四步要做的是搭建文件服务及配置文件安全限制。完成第三步后，整体的系统环境已初成规模，此时为了能够完成后续的应用服务需求，应先部署相关的文件与共享服务，比如分布式文件系统和文件资源管理器等。第五步要做的是完成应用服务的安装与配置，在这一步，需要针对项目要求完成对应网站的配置及应用服务的配置，比如因特网信息服务、远程桌面服务和权限管理服务等。第六步要做的是该项目最重要的一部分，即完成远程网络的构建，其中包含端到端虚拟专用网络（Virtual Private Network，VPN）及直连访问。此块内容是整个项目的核心，它将会把所有部分的网络进行连接。第七步要做的是对虚拟化部分进行配置，主要是针对 Hyper–V 的搭建及实现 Hyper–V 级别的故障转移功能。第八步要做的是对整体项目的检查，测试其对应的功能是否可用。

以上就是对项目整体实施步骤的分析，具体的配置及相关理论点读者可以在每个任务进行学习。从现在开始你的项目学习吧！

任务1 Windows Server 2016 操作系统认知

任务目标

认识 Windows Server 2016 操作系统。

任务描述

Windows 操作系统介绍

Windows Server

搭建 Windows 环境

1.1 Windows 系列操作系统介绍

Microsoft Windows，有时译为微软窗口或窗口操作系统，是微软公司以图形用户界面为主推出的一系列专有商业操作系统软件。其问世时间为 1985 年，起初为运行于 MS-DOS 之下的桌面环境，其后续版本逐渐发展成为主要为个人计算机（Personal Computer，PC）和服务器（Server）用户设计的操作系统，并最终获得了世界个人计算机操作系统的垄断地位。此操作系统可以在几种不同类型的平台上运行，如个人计算机、移动设备、服务器和嵌入式系统等，其中在个人计算机的领域应用最为普遍。在 2004 年国际数据信息公司一次有关未来发展趋势的会议上，其副董事长 Avneesh Saxena 宣布 Windows 拥有终端操作系统大约 70% 的市场份额。

微软公司于 1985 年 11 月 20 日推出了名为 Windows 的操作系统，作为 MS-DOS 的图形操作系统外壳，以响应对图形用户界面（Graphic User Interface，GUI）的日益增长的兴趣。Windows 操作系统以超过 90% 的市场份额占领了全球个人计算机市场，超过了 1984 年推出的 MacOS。苹果公司开始将微软发布的视窗操作系统视作为“对产品进行图形化开发创新的不公平的侵犯”，具体的产品是苹果旗下的丽莎（Lisa）和麦金塔（Macintosh）。此案件最终于 1993 年在法院进行调解。在 PC 上，Windows 操作系统仍然是最受欢迎的操作系统。然而，由于 Android 智能手机的销量大幅增长，微软公司在 2014 年承认其将整个操作系统市场的绝大部分输给了 Android。2014 年，出售的 Windows 设备数量不到出售的 Android 设备的 25%。但是，这种比较可能并不完全相关，因为这两个操作系统通常针对不同的平台。尽管如此，Windows 操作系统用于服务器的数量（与竞争对手相当）仍显示出三分之一的市场份额。

1.2 初识 Windows Server

Windows Server 是微软公司发布的一系列服务器操作系统的品牌名。首个使用此品牌名发布的 Windows 服务器操作系统是 Windows Server 2003。不过，Windows 操作系统的首个服务器版本是 Windows NT 3.1 Advanced Server。在此之后，还有 Windows NT 3.5 Server、Windows NT 4.0 Server 和 Windows 2000 Server 等非 Windows Server 品牌下的服务器版本。Windows 2000 Server 为首个集成许多现阶段流行功能的 Windows 操作系统的服务器版本，包括活动目录、DNS 服务器、DHCP 服务器和组策略等。Windows Server 目前较新的稳定版是于 2018 年 10 月 2 日发布的 Windows Server 2019。

1.3 搭建第一个 Windows Server 2016 操作系统环境

1. 完成 Windows Server 2016 操作系统安装

设置基本输入输出系统（Basic Input/Output System，BIOS），使计算机从光盘启动，把 Windows Server 2016 的安装光盘放进光驱中进行安装操作。具体操作过程如下所示。

光盘启动后，会自动加载文件，然后出现初始安装界面，如图 1-1 所示。

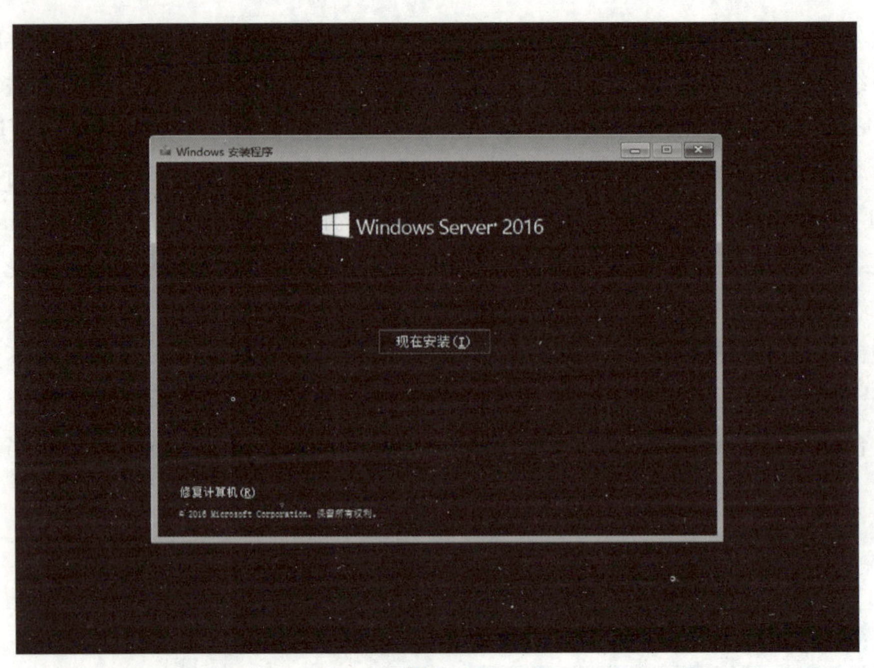

图 1-1

单击“现在安装”按钮，出现激活 Windows 界面，在此输入你购买的激活码，单击“下一步”按钮，如图 1-2 所示。

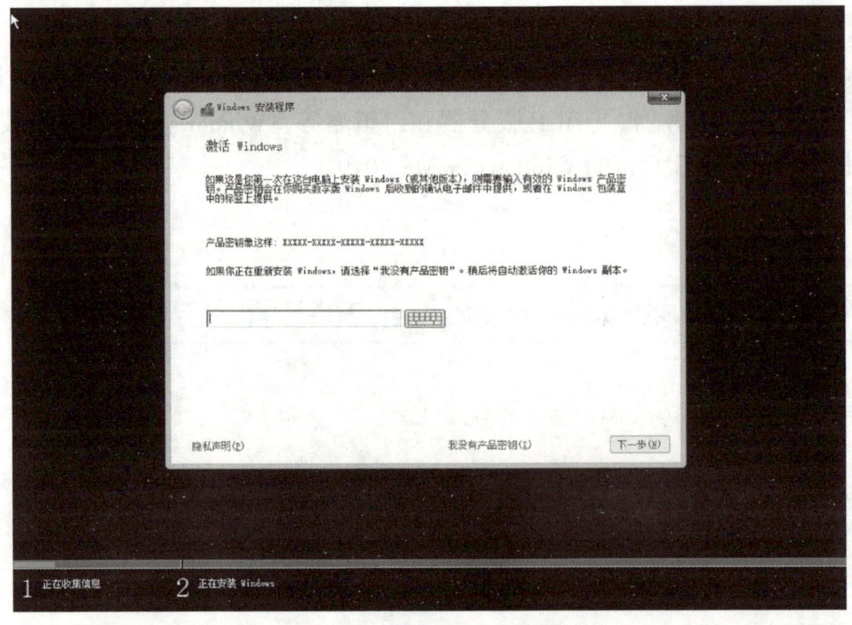

图 1-2

选择你需要安装的操作系统版本，单击“下一步”按钮，如图 1-3 所示。

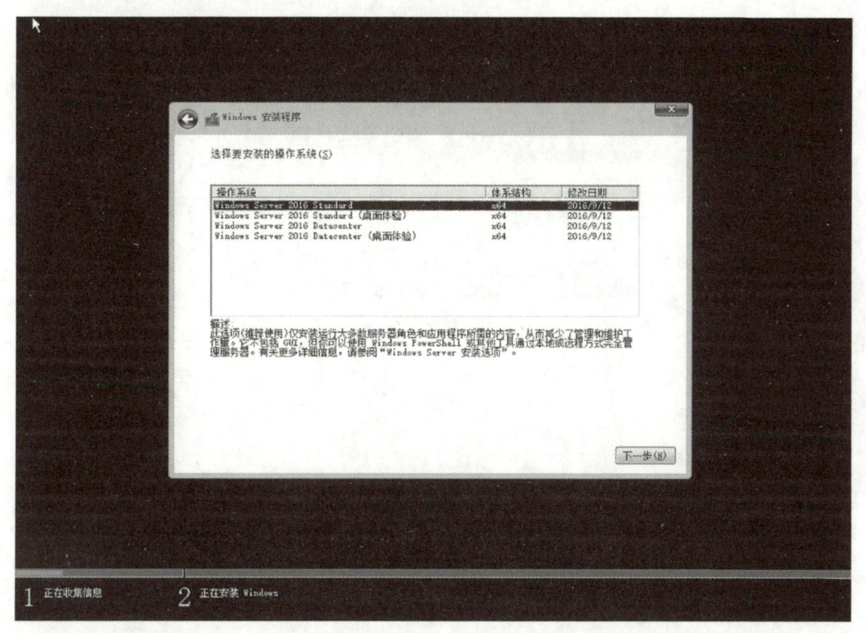

图 1-3

勾选“我接受许可条款”复选框，单击“下一步”按钮，如图 1-4 所示。

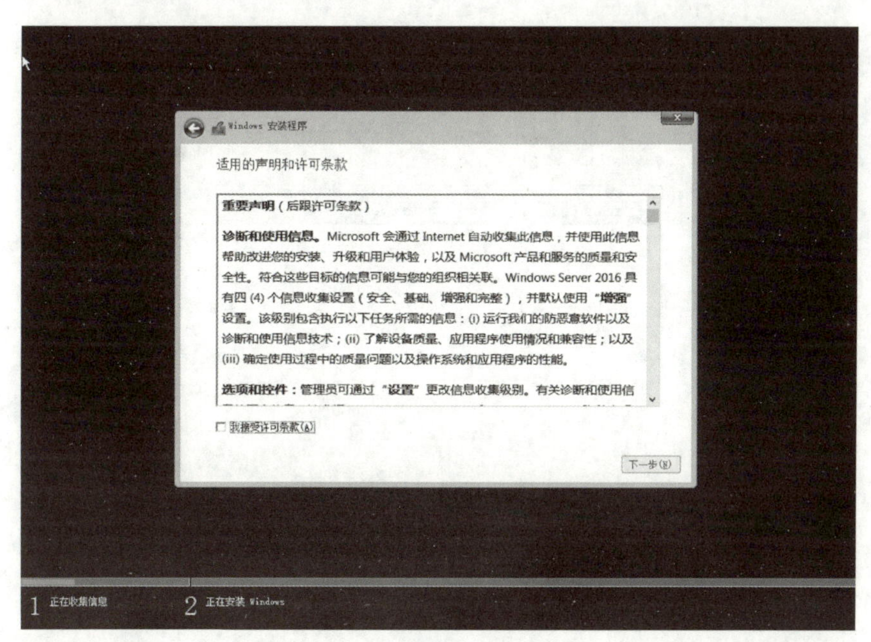

图 1-4

在出现的新的界面中，第一项为在现有的操作系统的基础上升级到 Windows Server 2016，第二项为安装全新的操作系统。这里我们选择第二项，如图 1-5 所示。

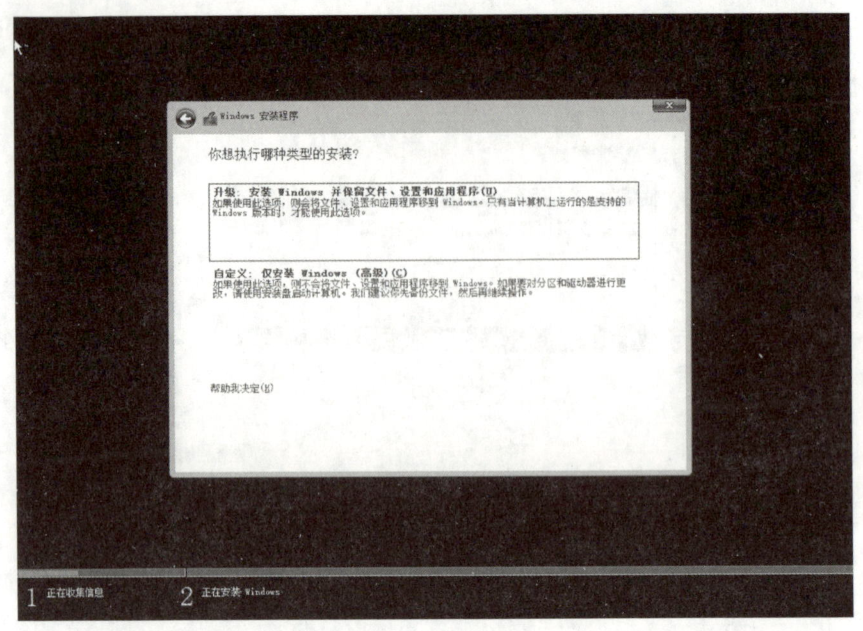

图 1–5

选择当前的硬盘进行分区操作。单击“新建”按钮，如图 1–6 所示。

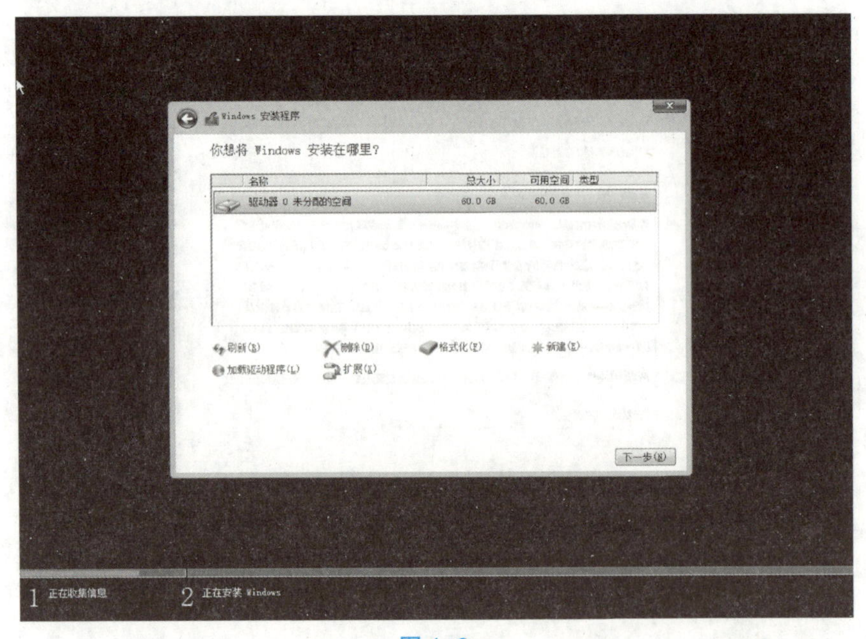

图 1–6

创建适当大小的分区。注意：该操作会格式化当前的硬盘，请注意备份原硬盘数据。选择“主分区”，单击“下一步”按钮，如图 1–7 所示。

此时 Windows Server 2016 操作系统开始安装，请等待系统安装完成，该过程计算机会重启若干次。

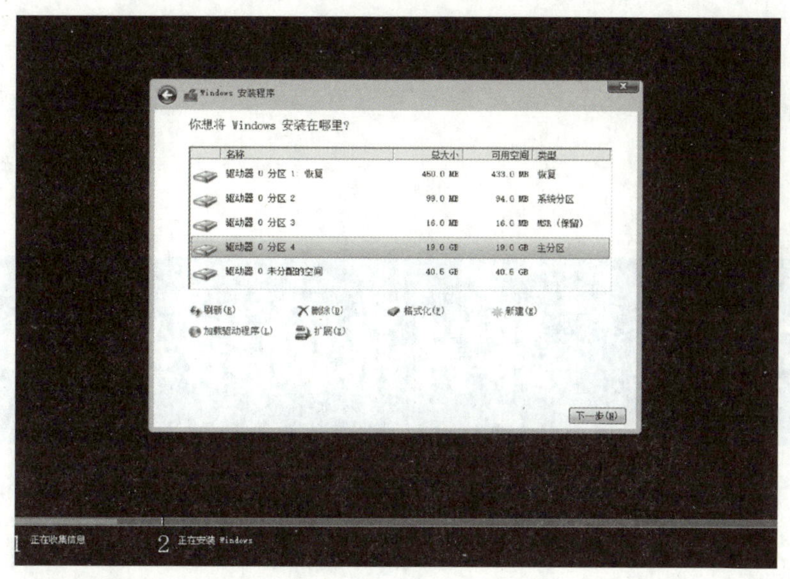

图 1–7

2. 设置符合系统要求的登录密码

操作系统安装完毕，需要你设置一个管理员账户“Administrator”的密码。该密码必须要满足密码复杂度（至少包含大写字母、小写字母、数字、特殊字符中的 3 种），密码长度不作要求。输入密码后单击“完成”按钮，如图 1-8 所示。

图 1–8

任务总结

通过对该任务的学习，读者学会使用该方法，根据项目方案设计，进行 Windows Server 2016 操作系统的安装。

任务 2　部署基础系统环境

任务目标

部署 Windows Server 2016 基础配置、网络环境配置及防火墙配置。

任务描述

Windows Server 2016 基础配置

Windows Server 2016 单网络环境配置

Windows 防火墙环境配置

2.1 Windows Server 2016 基础配置

安装完基础系统后可以进行部分的基础配置，比如 Windows 桌面的登录选项的设置、基础网络环境配置、基础防火墙配置，通过基础配置，使项目更好地实施。

1. 取消使用“Ctrl+Alt+Del”组合键登录

Windows Server 2016 操作系统安装完毕，为了安全性，操作系统默认会启用“Ctrl+Alt+Del”组合键登录，你可以在组策略中关闭该功能。按“Windows+R”组合键，在打开的“运行”对话框中输入“gpedit.msc”，单击“确定”按钮，如图 2-1 所示。

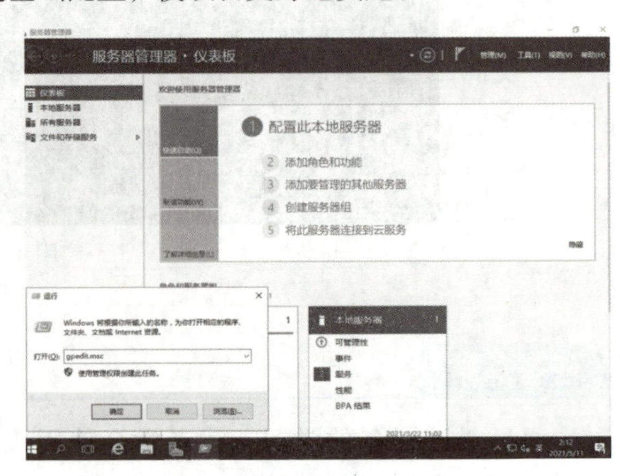

图 2-1

在打开的“本地组策略编辑器”窗口中依次选择“计算机配置”–“Windows 设置”–“安全设置”–“本地策略”–“安全选项”–“密码策略”，将“交互式登录：无须按 Ctrl+Alt+Del”策略设置为“已启用”，如图 2–2 所示。

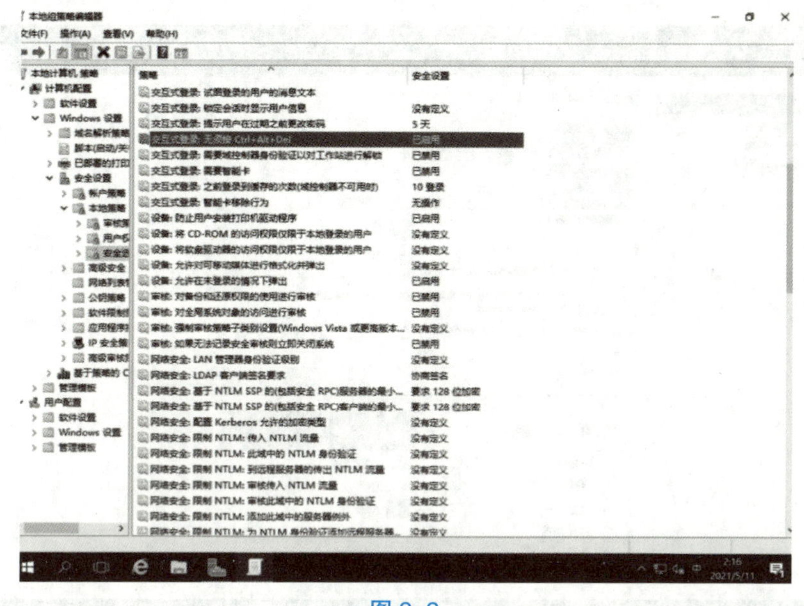

图 2–2

2. 关闭服务器管理器自动弹出

要设置服务器管理器不自动弹出，首先打开“服务器管理器”窗口。按“Windows+R”组合键打开“运行”对话框，输入“servermanager”，单击“确定”按钮，如图 2–3 所示。

图 2–3

在打开的“服务器管理器”窗口中单击“管理”按钮，在其下拉菜单中选择“服务器管理器属性”选项，在打开的“服务器管理器属性”对话框勾选“在登录时不自动启动服务器管理器”复选框，单击“确定”按钮，如图 2-4 所示。

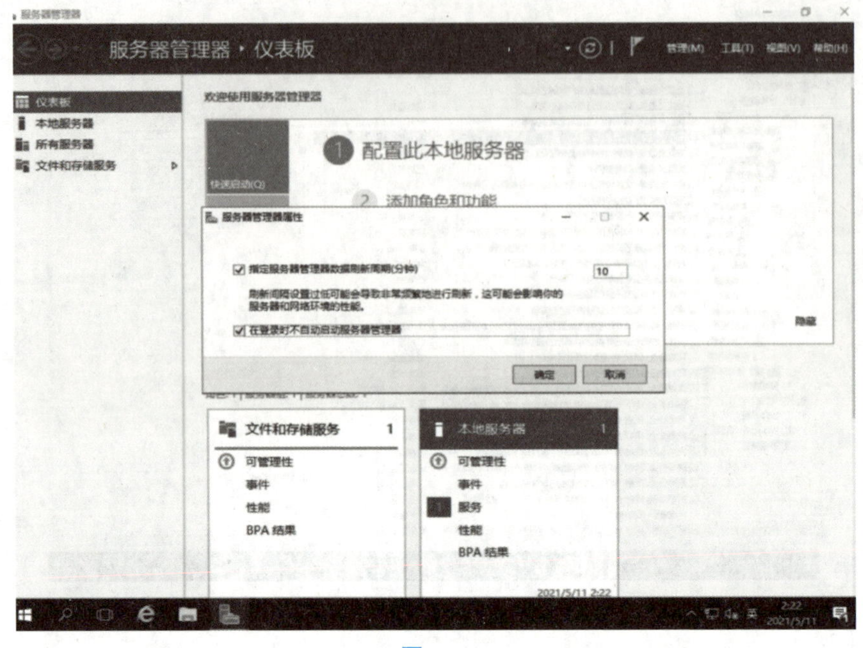

图 2-4

3. 设定适合的密码策略

Windows Server 2016 默认对密码有复杂度要求，你可以在“本地组策略编辑器”窗口中进行对应的设置以适合你的项目要求。按“Windows+R”组合键，在打开的“运行”对话框中输入“gpedit.msc”，单击“确定”按钮，如图 2-1 所示。

在打开的“本地组策略编辑器”窗口中依次选择“计算机配置”-“Windows 设置”-“安全设置”-“帐户策略”-“密码策略”，将“密码必须符合复杂性要求”策略设置为“已禁用”。密码复杂性指的是密码至少包含大写字母、小写字母、数字、特殊字符中的 3 种。

2.2 Windows Server 2016 单网络环境配置

1. 使用图形化工具配置网络环境

要进一步的完成项目实施，必须对当前的 Windows Server 2016 进行网络环境的设定。网络环境的设置对象包含主机名、网络地址、子网掩码及网关。在 Windows Server 2016 中，配置网络环境有多种方法，在本任务中，我们将使用图形化工具进行环境配置，按“Windows+R”组合键，在打开的“运行”对话框中输入“ncpa.cpl”，如图 2-5 所示。

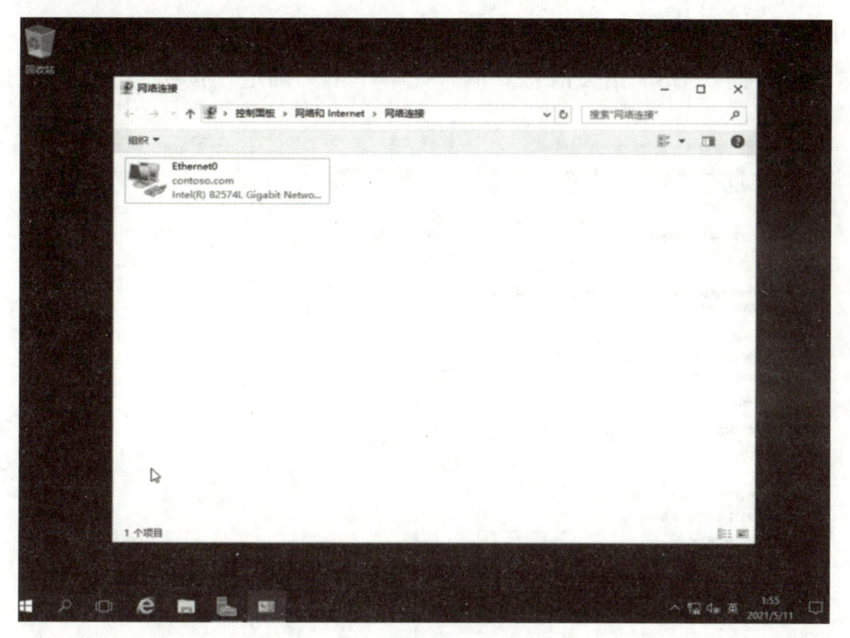

图 2-5

在"Ethernet0"图标上单击鼠标右键，在弹出的快捷菜单中选择"属性"，在打开的"Ethernet0 属性"对话框中双击"Internet 协议版本 4(TCP/IPv4)"复选框，如图 2-6 所示。说明：TCP 为传输控制协议（Transmission Control Protocol）的缩写，IPv4 为第 4 版互联网协议（Internet Protocol Version 4）的缩写。

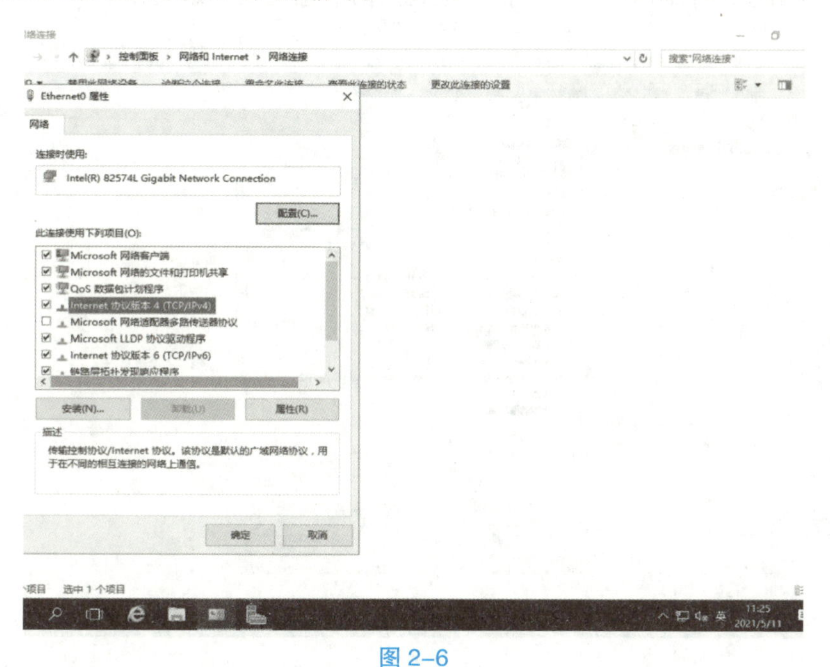

图 2-6

在打开的"Internet 协议版本 4（TCP/IPv4）属性"对话框中单击选中"使用下面的 IP 地址"单选按钮，在"IP 地址"输入框、"子网掩码"输入框、"默认网关"输入框输入项目要求的相关信息。单击选中“使用下面的 DNS 服务器地址”单选按钮，在“首选 DNS 服务器”输入框中输入 DNS 相关信息。输入完毕单击“确定”按钮，如图 2–7 所示。

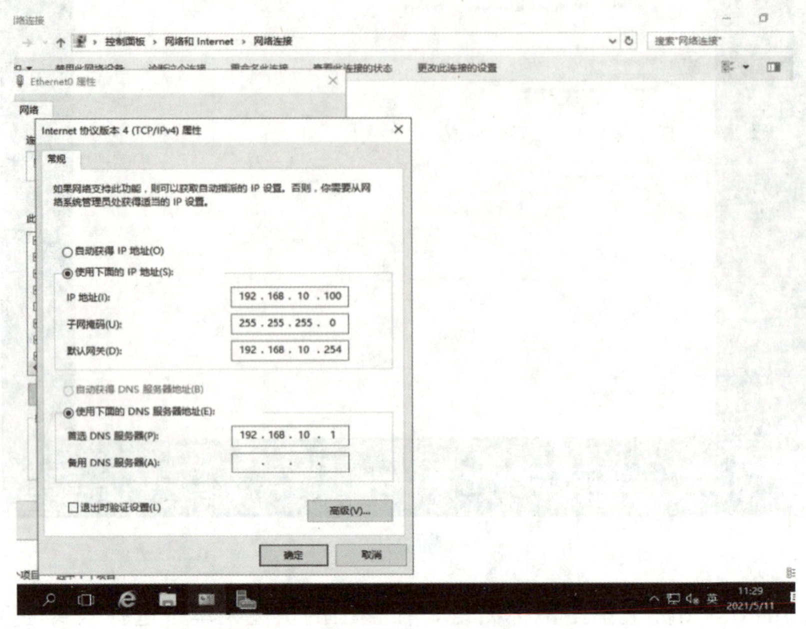

图 2–7

双击“Ethernet0”图标，在打开的“Ethernet0 状态”对话框中单击“详细信息”按钮，打开“网络连接详细信息”对话框，检查网络信息配置，如图 2–8 所示。

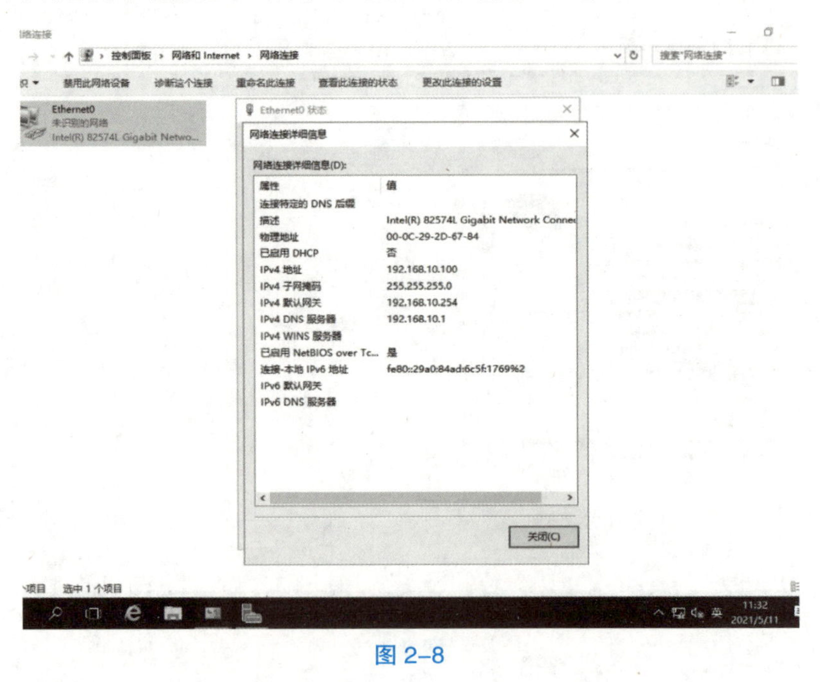

图 2–8

主机名的修改可通过“系统属性”对话框进行。在“运行”对话框中输入“sysdm.cpl”，单击“确定”按钮，如图 2–9 所示。

图 2–9

在打开的“系统属性”对话框中单击“更改”按钮，打开“计算机名 / 域更改”对话框，如图 2–10 所示。

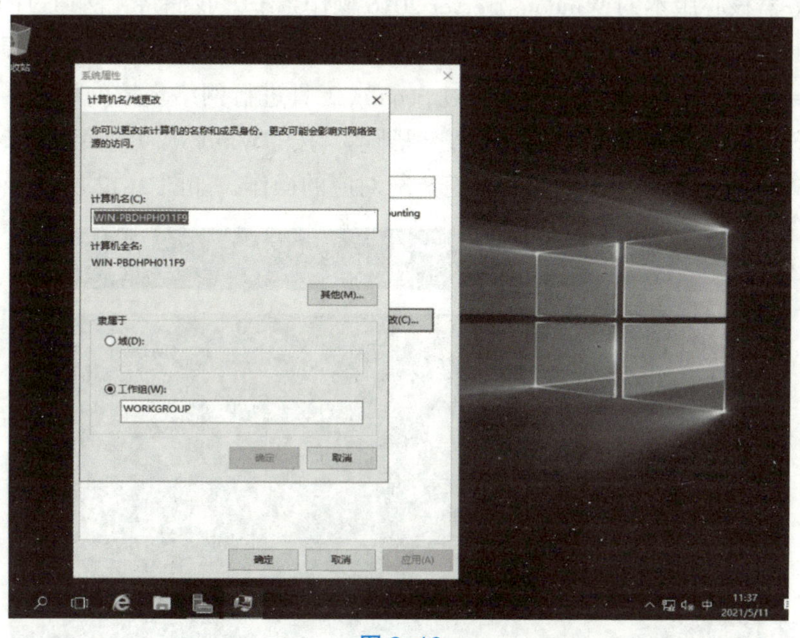

图 2–10

在“计算机名”输入框中输入项目所需的计算机名称，单击“确定”按钮，如图 2–11 所示。

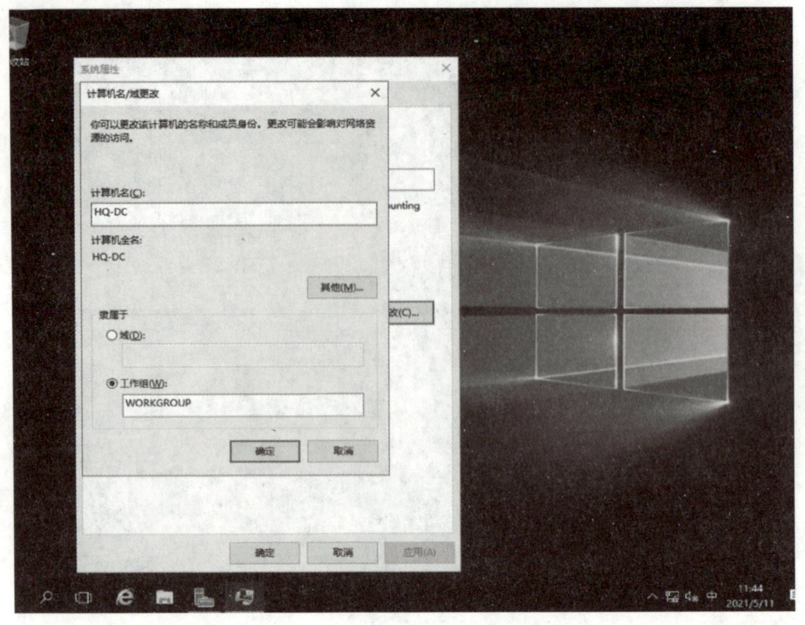

图 2-11

2. 使用命令提示符工具配置网络环境

对于服务器核心版本的 Windows Server 2016 操作系统，我们将无法通过图形化工具进行网络环境的设定，因为在服务器核心版本的 Windows Server 2016 操作系统是不带用户界面（User Interface，UI），此时，可以通过 Sconfig 工具进行网络环境的管理。Sconfig 工具是 Windows Server 2016 自带的一款系统管理脚本，按“Windows+R”组合键，在“运行”对话框输入“sconfig”，跟根据命令提示符进行对应的操作，如图 2-12 所示。

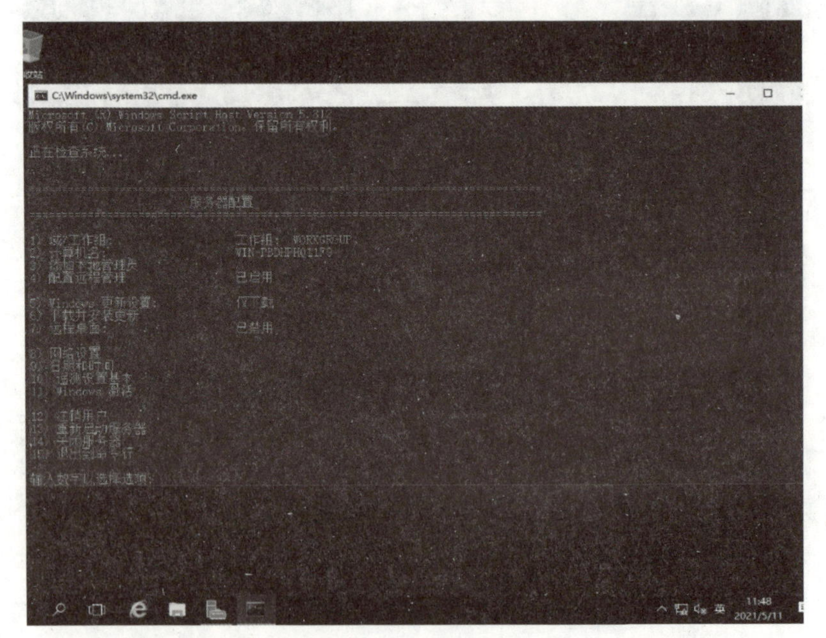

图 2-12

2.3 Windows 防火墙环境配置

1. Windows 防火墙概念

Windows 防火墙，顾名思义就是 Windows 操作系统自带的软件防火墙。

防火墙是一种协助确保信息安全的设备，会依照特定的规则，允许或限制传输的数据通过。防火墙可以是一台专属的硬件，也可以是架设在一般硬件上的一套软件。总而言之，防火墙的功能就是帮助计算机网络于其内、外网之间构建一道相对隔绝的保护屏障。

对于只使用浏览、电子邮件等系统自带的网络应用软件，Windows 防火墙根本不会产生影响。也就是说，用 Internet Explorer、OutlookExpress 等系统自带的软件进行网络连接，防火墙是默认不干预的。

Windows Server 2016 默认启用了防火墙功能，Windows 防火墙会在系统新增服务时自动放行该端口，例如，当一台安装 Windows Server 2016 的计算机安装了 Web 功能，那么防火墙也会对应地放行相应端口。这是因为 Windows Server 2016 操作系统内置了预设的规则，你也可以去手动地启动这些规则。

在 Windows 防火墙中，包含入站规则与出站规则。

2. Windows 防火墙环境设置

在本书的项目方案中，并没有严格要求将防火墙用于系统环境，在部署环境初期，我们可以将部分 Windows 防火墙规则进行启用以达到功能测试的目的，在项目的最后一部再去完善防火墙规则。需要注意的是，在现实生产环境中，防火墙的规则设定非常严格，切勿尝试于生产环境中关闭防火墙。

以下配置只是作为演示而出现，放行 Windows Server 2016 的互联网控制报文协议（Internet Control Message Protocol，ICMP）流量。

按“Windows+R”组合键，在“运行”对话框中输入“firewall.cpl”。

打开“Windows 防火墙”窗口，选择“高级设置”，如图 2–13 所示。

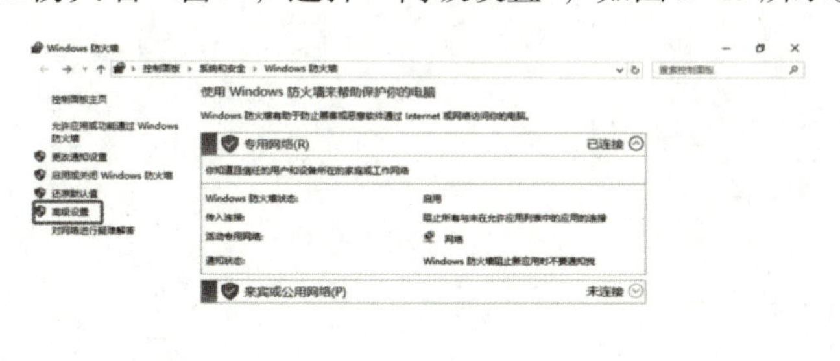

图 2–13

在“高级安全 Windows 防火墙”窗口，选择“入站规则”，寻找“文件和打印机共享（回显请求 – ICMPv4–In）”，启用规则，如图 2–14 所示。

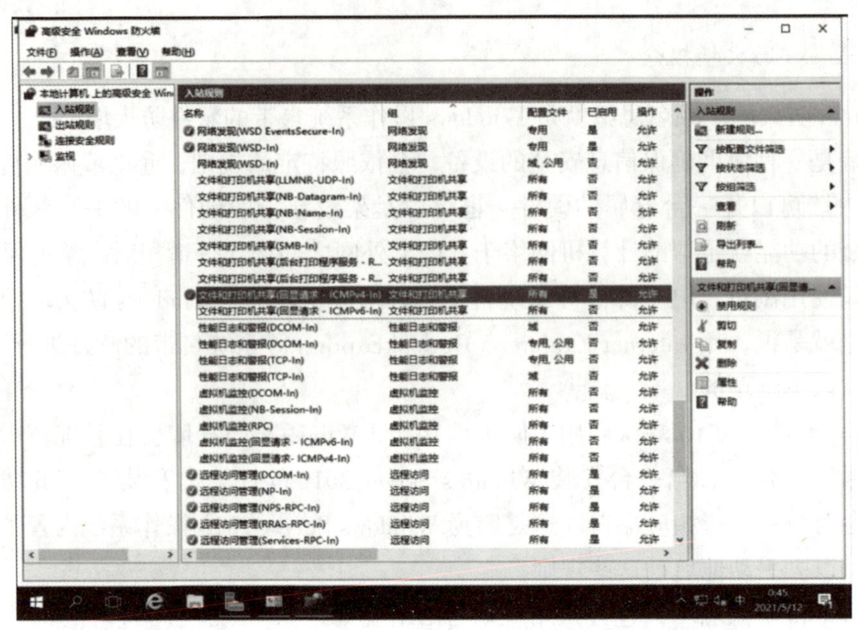

图 2–14

任务总结

通过以上任务的学习，你可以对你的 Windows Server 2016 的基础环境及网络环境进行设置，使其更贴合你的项目方案。同时，通过本任务的学习，你也应初步地掌握 Windows 防火墙的概念。

任务 3　部署基础网络环境

任务目标

学习 Windows Server 路由服务、DHCP 服务及网络连接指示器的理论基础与实际操作。

任务描述

Windows Server 路由服务
Windows Server DHCP 服务
网络连接指示器

3.1 路由服务

1. 什么是路由服务

Windows Server 路由服务，全称路由和远程访问服务（Routing and Remote Access Service，RRAS）是 Windows Server 操作系统中的一组网络服务，使服务器能够执行常规路由器的服务。RRAS 包括一个应用程序接口（Application Program Interface，API），可促进用于管理一系列网络服务的应用程序和过程的开发。

Windows Server 2000、Windows Server 2003 和 Windows Server 2008 与各种网络服务和特定的 API 集成在一起，这些特定的 API 使服务器能够提供数据和网络路由功能。这些 API 包括 RRAS，它将 Windows Server 转换为虚拟 / 软件路由器。RRAS 应用程序涵盖了网络路由和启用服务的广泛领域，可以由服务器域控制器进行集中管理。

2. 路由服务工作原理

RRAS 通过安全的 VPN 连接为远程用户提供对内部网络的访问。我们可以使用典型的基于 IP 地址的 VPN 通过 Internet 部署此连接，或者像因特网服务提供方（Internet Service Provider，ISP）一样，可以通过允许远程用户在身份验证后与组织网络连接从而通过拨号服务进行部署。RRAS 还支持两个不同的远程服务器之间的直接连接或站点到站点连接。

3. 路由服务所包含的服务

根据微软公司的说法，RRAS 套件中包括的服务如下。

- 远程访问。
- 拨号远程访问服务器。
- VPN 远程访问服务器。
- 用于连接网络子网的 IP 路由器。
- 网络地址翻译服务。
- 其他特定于路由器的服务。
- 拨号和 VPN 站点间请求拨号路由器。

4. 实践环节

在本任务中，我们将对 RRAS 进行配置，并且启用局域网（Local Area Network，LAN）路由，使网卡之间能够互相通信，实现路由器功能。

本任务仅需要使用路由服务进行基础网络搭建，其余的远程访问及 VPN 服务等功能将在其他任务中详细讲解。

按“Windows+R”组合键，在“运行”对话框中输入“Servermanager”，打开“服务器管理器”窗口，单击“管理”按钮，在弹出的下拉菜单中选择“添加角色和功能”命令，在弹出的“添加角色和功能向导”对话框中单击“下一步”按钮，如图 3–1 所示。

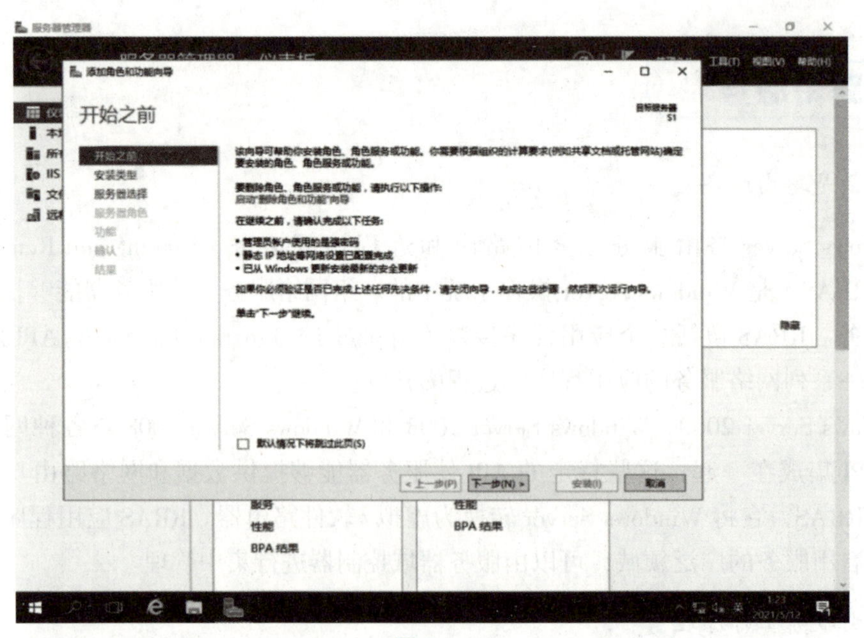

图 3–1

在“添加角色和功能向导”对话框中保持默认，单击“下一步”按钮，在“服务器角色”选项卡，勾选“远程访问”下的“路由”复选框，单击“下一步”按钮，其余步骤保持默认至“确认”选项卡设置完毕，单击“安装”按钮，如图 3–2 所示。

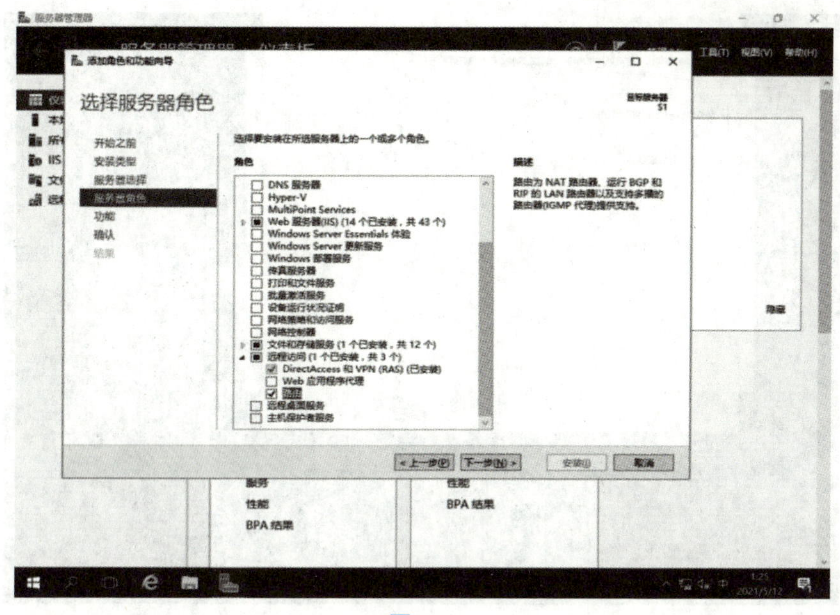

图 3–2

安装完毕后，按“Windows+R”组合键，在“运行”对话框中输入“rrasmgmt.msc”打开“路由和远程访问”窗口。

在窗口左侧“S1（本地）”上单击鼠标右键，在弹出的快捷菜单中选择“配置并启用路由和远程访问”，如图 3–3 所示。

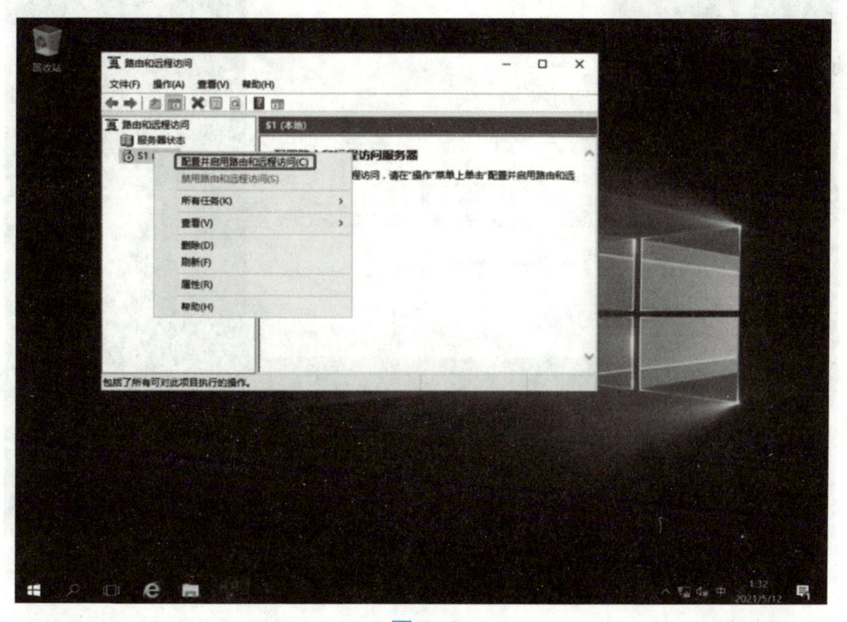

图 3–3

在打开的“路由和远程访问服务器安装向导”对话框中单击“下一步”按钮，选择“自定义配置”，单击“下一步”按钮，勾选“LAN 路由”复选框，单击“下一步”按钮，如图 3-4 所示。

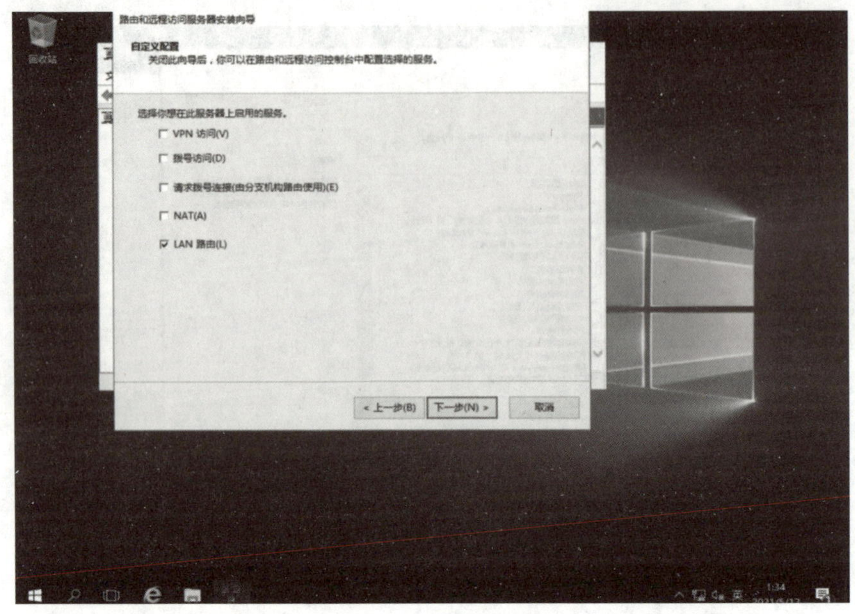

图 3-4

在接下来的步骤保持默认即可，直到安装完成，弹出“路由和远程访问”对话框，单击“启动服务”按钮，如图 3-5 所示。

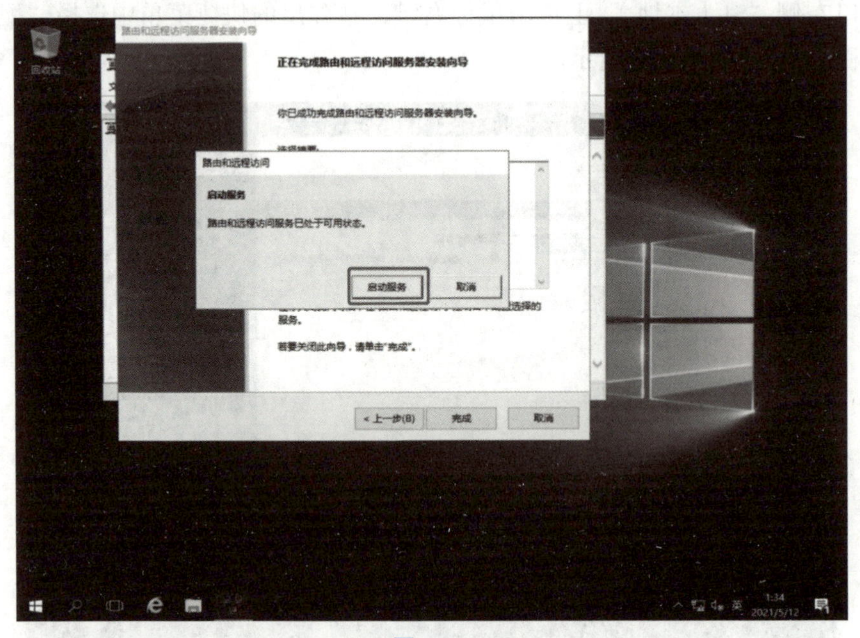

图 3-5

完成路由和远程访问服务器安装后，可以使用 ping 命令进行功能测试，提供的 IP 地址参数应该是该服务器两个网卡的 IP 地址，如图 3–6 所示。

图 3–6

3.2 DHCP 服务

1. 什么是 DHCP 服务器

DHCP 服务器是网络服务器，可自动向客户端设备提供和分配 IP 地址、默认网关和其他网络参数。它依靠动态主机配置协议来响应客户端的广播查询。

DHCP 服务器自动发送所需的网络参数，以使客户端在网络上正确通信。没有它，网络管理员必须手动设置每个加入网络的客户端，这很麻烦，尤其是在大型网络中。DHCP 服务器通常为每个客户端分配一个唯一的动态 IP 地址，当该 IP 地址的客户端租约到期时，客户端的 IP 地址会更改。

2. DHCP 的工作原理

DHCP 的工作过程共分为 4 个阶段：发现阶段、提供阶段、选择阶段和确认阶段。

发现阶段，即 DHCP 客户机寻找 DHCP 服务器的阶段。DHCP 客户机以广播方式（因为 DHCP 服务器的 IP 地址对于客户机来说是未知的）发送 DHCP discover（发现）信息来寻找 DHCP 服务器，即向 IP 地址 255.255.255.255 发送特定的广播信息。网络上每一台安装了传输控制协议 / 互联网协议（Transmission Control Protocol/Internet Protocol，TCP/IP）的主机都会接收到这种广播信息，但只有 DHCP 服务器才会做出响应，如图 3–7 所示。

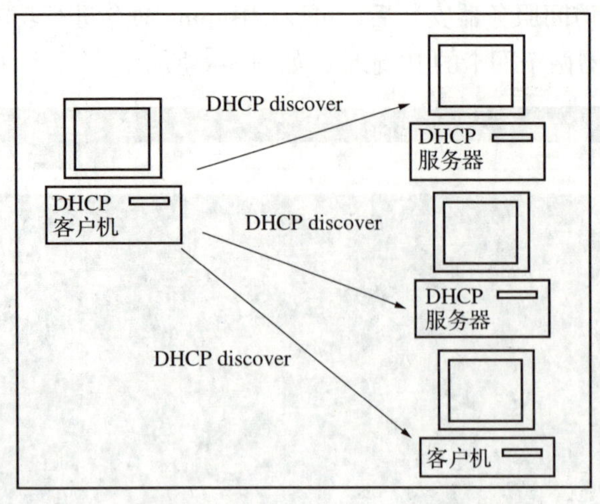

图 3–7

提供阶段，即DHCP服务器提供IP地址的阶段。在网络中接收到DHCP discover（发现）信息的DHCP服务器都会做出响应，它们从尚未出租的IP地址中挑选一个分配给DHCP客户机，向DHCP客户机发送一个包含出租的IP地址和其他设置的DHCP offer（提供）信息，如图3–8所示。

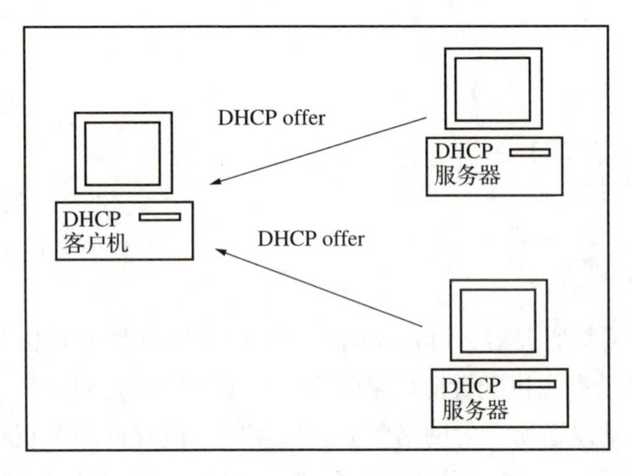

图 3–8

选择阶段，即DHCP客户机选择某台DHCP服务器提供的IP地址的阶段。如果有多台DHCP服务器向DHCP客户机发来DHCP offer（提供）信息，则DHCP客户机只接受第一个收到的DHCP offer（提供）信息，然后以广播方式回答一个DHCP request（请求）信息，该信息中包含向它所选定的DHCP服务器请求IP地址的内容。之所以要以广播方式回答，是为了通知所有的DHCP服务器，它将选择某台DHCP服务器所提供的IP地址，如图3–9所示。

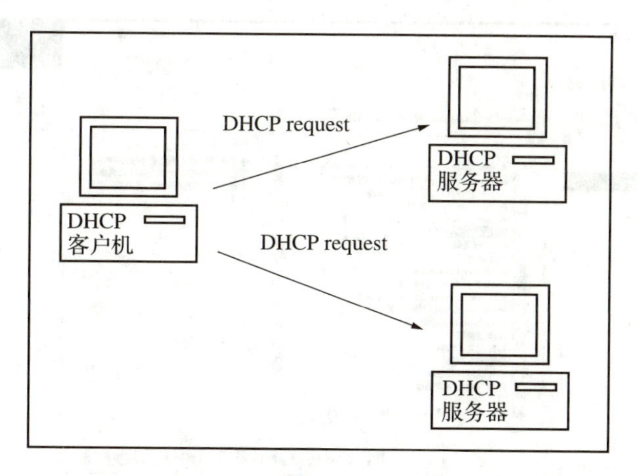

图 3-9

确认阶段，即 DHCP 服务器确认所提供的 IP 地址的阶段。DHCP 服务器收到 DHCP 客户机回答的 DHCP request（请求）信息之后，便向 DHCP 客户机发送一个包含它所提供的 IP 地址和其他设置的 DHCP ack（确认）信息，告诉 DHCP 客户机可以使用它所提供的 IP 地址。然后 DHCP 客户机便将其 TCP/IP 与网卡绑定。另外，除 DHCP 客户机选中的 DHCP 服务器外，其他的 DHCP 服务器都将收回曾提供的 IP 地址，如图 3-10 所示。

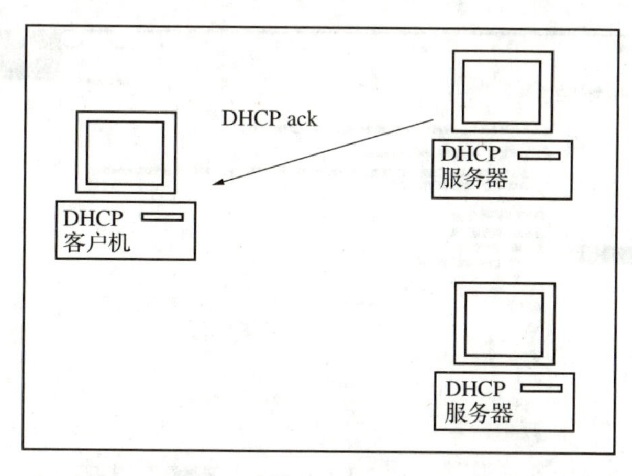

图 3-10

3. 实践环节

在本任务中，将安装 DHCP 服务器及配置 DHCP 服务器。按“Windows+R”组合键，在“运行”对话框中输入“servermanager”，打开“服务器管理器”窗口，选择“添加角色和功能”，在“添加角色和功能向导”对话框“服务器角色”选项卡中勾选“DHCP 服务器”复选框，添加 DHCP 服务器，其余保持默认，如图 3-11 所示。

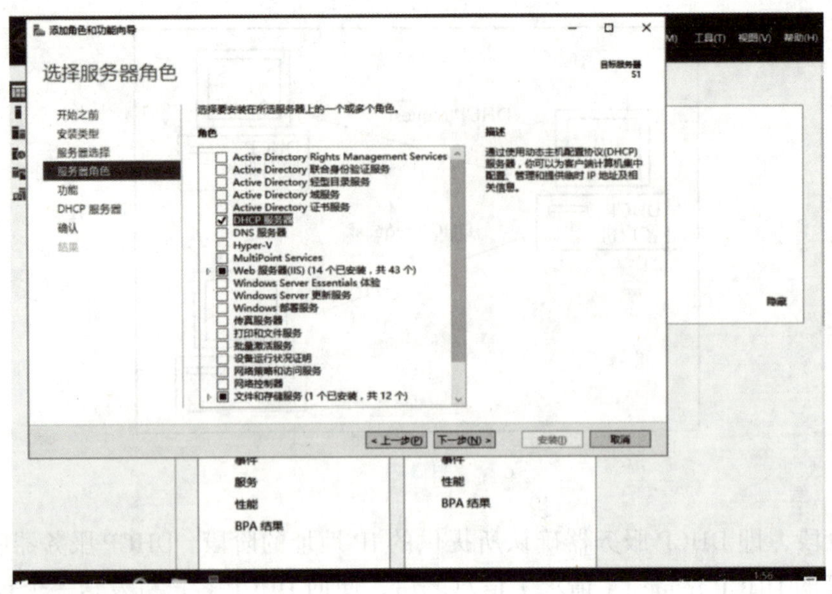

图 3–11

在安装 DHCP 服务器过程中，保持默认，单击“下一步”按钮，直到图 3–12 所示步骤，单击“安装”按钮。

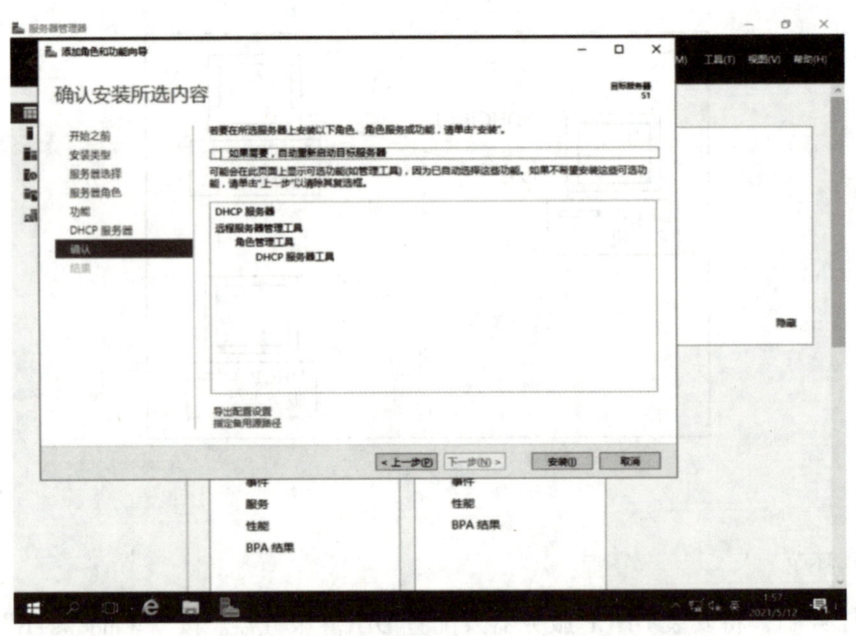

图 3–12

成功安装 DHCP 服务器后，按“Windows+R”组合键，在“运行”对话框中输入“dhcpmgmt.msc”，打开“DHCP”窗中。

在窗口左侧单击当前服务器，在其下的“IPv4”上单击鼠标右键，在弹出的快捷菜单中选择“新建作用域”，在打开的“新建作用域向导”对话框中单击“下一步”按钮，如图 3–13 所示。

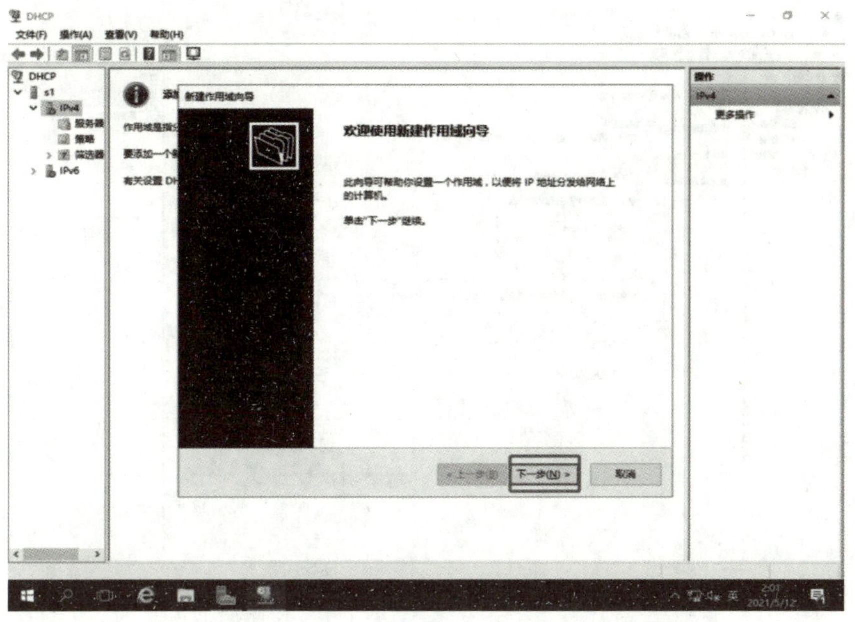

图 3-13

在“名称”文本框中输入该作用域名称，作用域名称无强制规格要求，并单击“下一步”按钮，如图 3-14 所示。

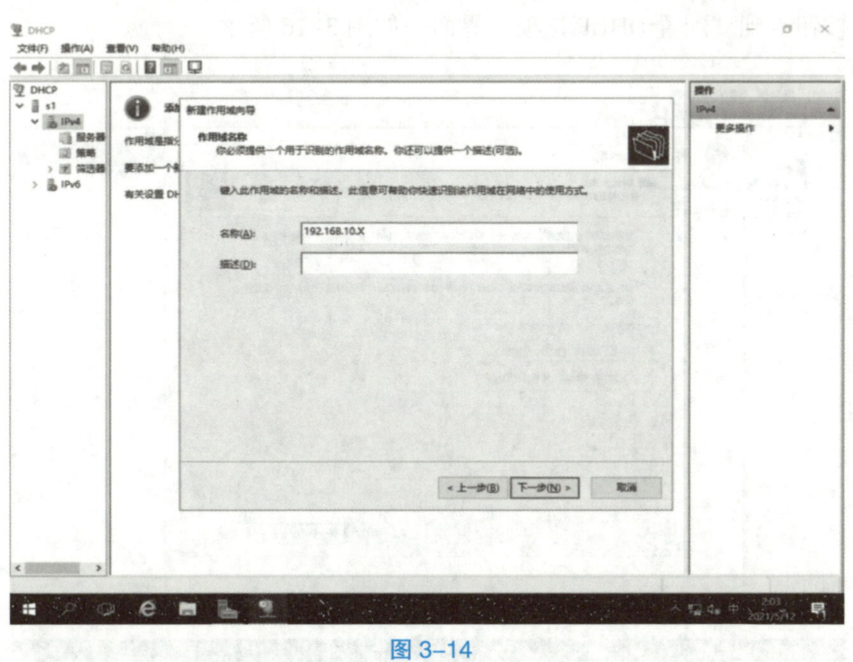

图 3-14

在“IP 地址范围”界面中的“起始 IP 地址”“结束 IP 地址”输入框中输入你的网段的起始 IP 地址与结束 IP 地址，以及在“子网掩码”输入框中输入掩码值，单击“下一步”按钮，如图 3-15 所示。

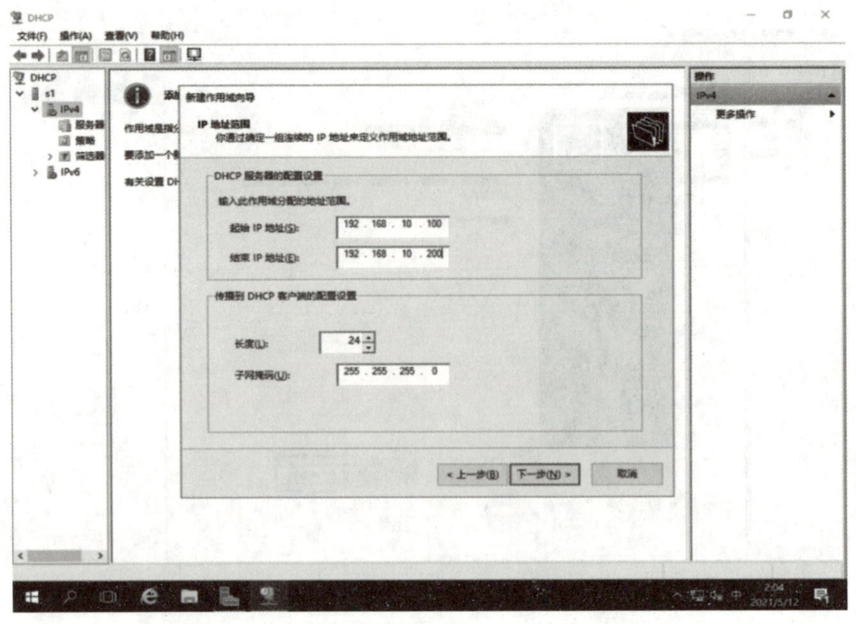

图 3–15

在“添加排除和延迟”界面，可以设置 DHCP 作用域网段不分配的地址或保留地址。下一个界面中的子网延迟功能设置，在本任务跳过，不做功能演示。保持默认设置，单击“下一步”按钮直到“配置 DHCP 选项”界面，如图 3–16 所示。

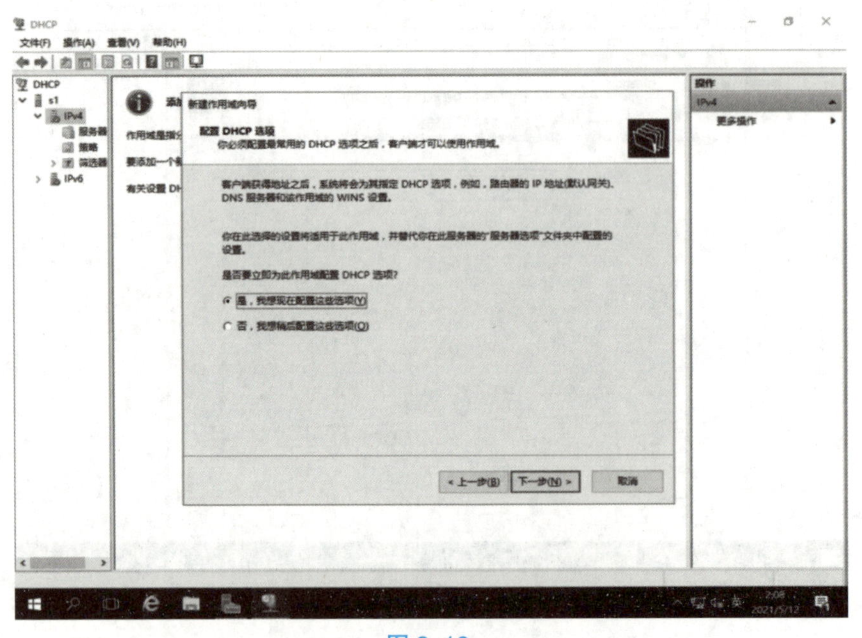

图 3–16

单击“下一步”按钮，在“路由器（默认网关）”界面设置路由器 IP 地址，并且单击“添加”按钮，再单击“下一步”按钮，如图 3–17 所示。

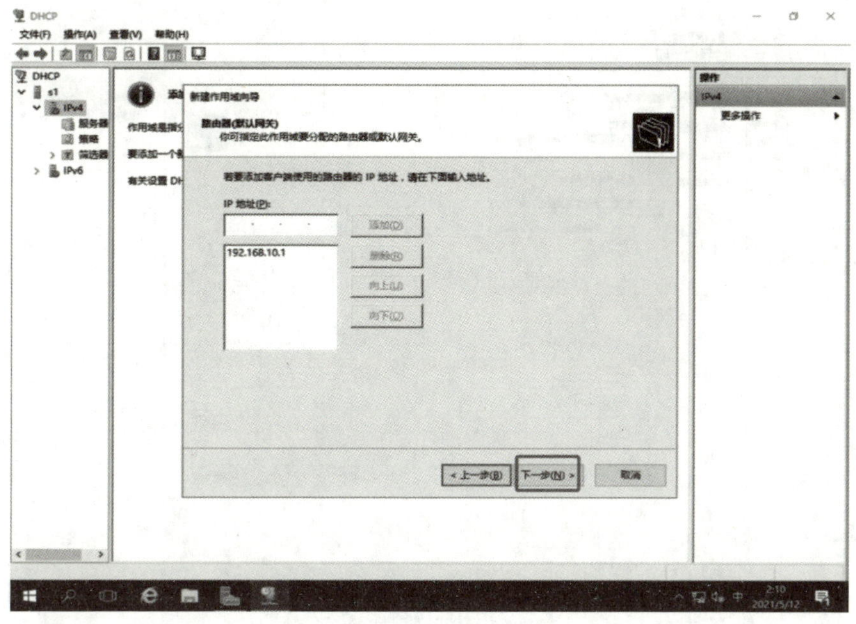

图 3–17

在“域名和 DNS 服务器”界面填入 DNS 服务器 IP 地址，单击“下一步”按钮，如图 3–18 所示。

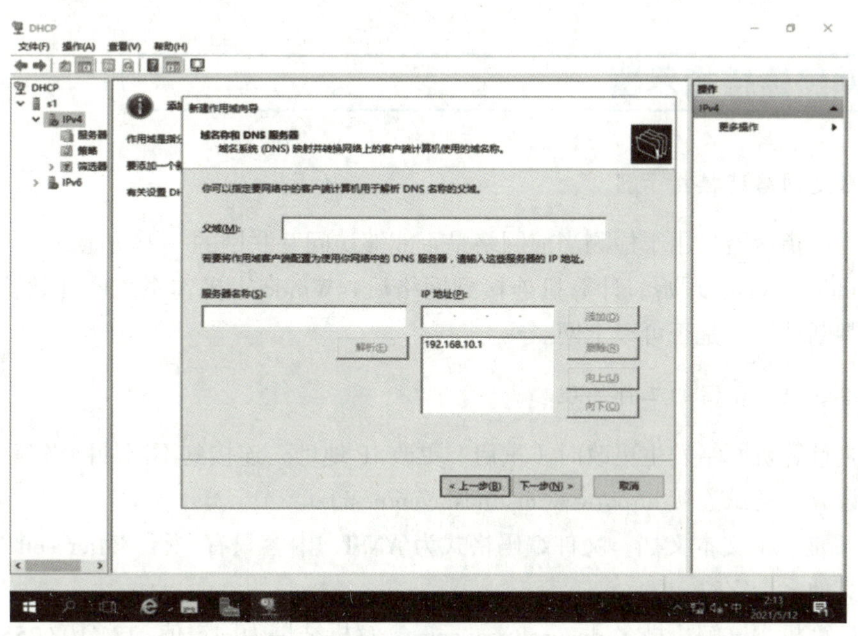

图 3–18

在剩余步骤中，DHCP 服务器保持默认设置，单击“下一步”按钮，在“激活作用域”界面选择“是，我想现在激活此作用域”单选按钮，单击“下一步”按钮，如图 3–19 所示。

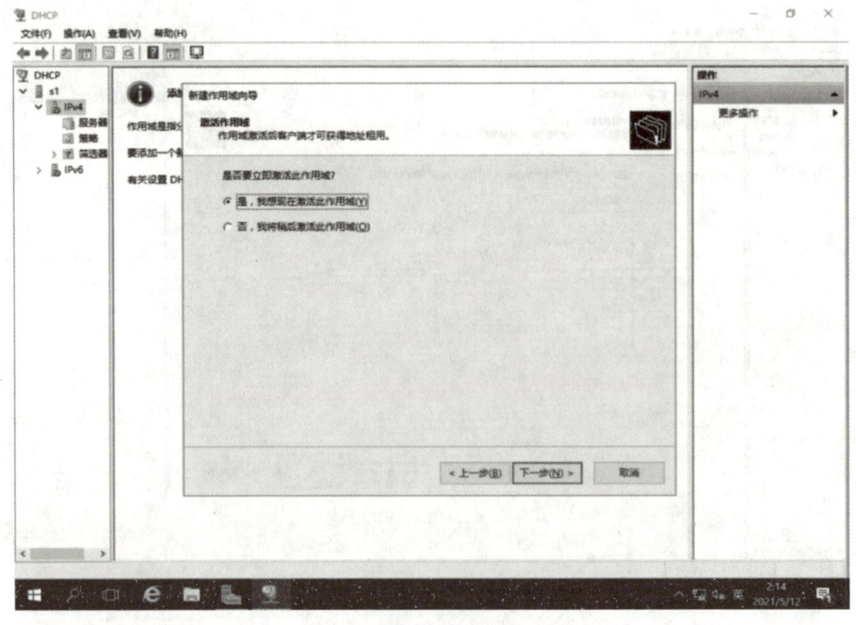

图 3-19

在最后的步骤，单击“完成”按钮，完成 DHCP 作用域配置。

3.3 网络连接指示器

1. 什么是网络连接指示器

网络连接指示器是用于检测当前网络是否能够访问互联网的一个功能。

从 Windows Vista 开始，计算机连接到网络后，Windows 操作系统就开始检测网络连接状态，判断计算机是否可以上网。

2. 网络连接指示器的工作原理

（1）当计算机网络发生更改时（重启、更改 IP 地址、连接到不同的网络等）启动。

（2）计算机尝试连接 http://www.msftncsi.com/ncsi.txt。

ncsi.txt 是一个文本文档，文件编码格式为 ANSI，内容只有一行“Microsoft NCSI”，无回车符等其他多余字符。

（3）计算机尝试解析域名 dns.msftncsi.com，解析结果为固定值: 131.107.255.255。

当计算机打开 ncsi.txt 和解析 dns.msftncsi.com 正确时，则提示可以正常连接网络。

有部分新的操作系统，对网络检测的域名进行了更改，它不是访问 www.msftncsi.com/ncsi.txt 获得状态，而是访问 http://www.msftconnecttest.com /connecttest.txt 获得状态，在 connecttest.txt 中得出的结果是“Microsoft Connect Test”。

3. 实践环节

配置 NCSI（Network Connectivity Status Indicator，网络连接状态指示器）服务使无法访问互联网的用户生效。要使用网络连接状态指示器，需要使 NCSI 服务生效，客户端必须要拥有默认网关，在 Windows Server 2016 配置 Web 及 DNS 服务，首先进行 Web 与 DNS 服务的安装，在 Powershell 中使用命令安装更快捷，如图 3-20 所示。

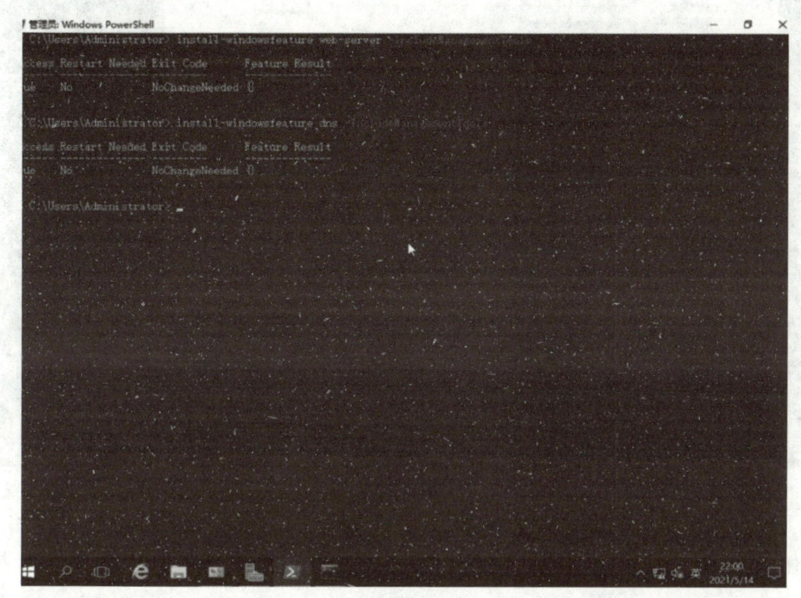

图 3-20

需要配置 DNS 服务，按“Windows+R”组合键，在“运行”对话框中输入 DNSMGMT.MSC，打开“DNS 管理器”窗口，创建 msftncsi.com（主要区域），在弹出的“新建区域向导”对话框中单击“下一步”按钮至完成，如图 3-21 所示。

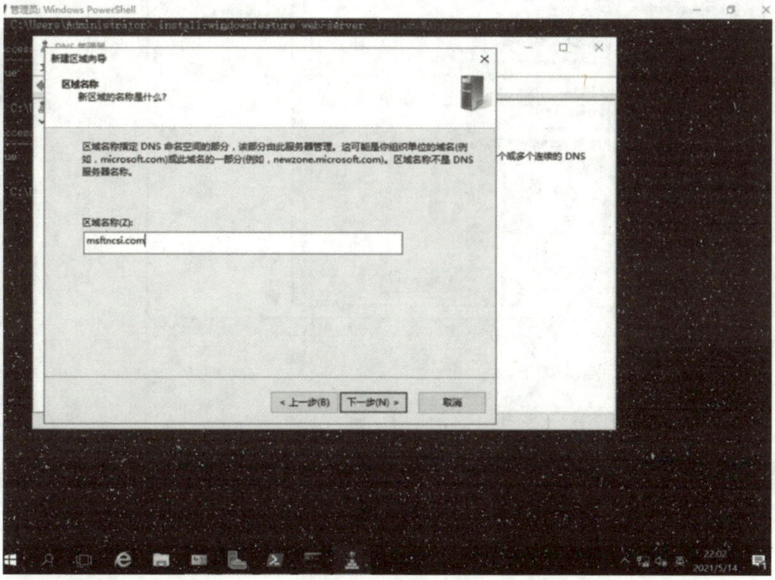

图 3-21

在 msftncsi.com 创建 dns.msftncsi.com 的 A 记录，并且将 A 记录 IP 地址指向 131.107.255.255，如图 3-22 所示。

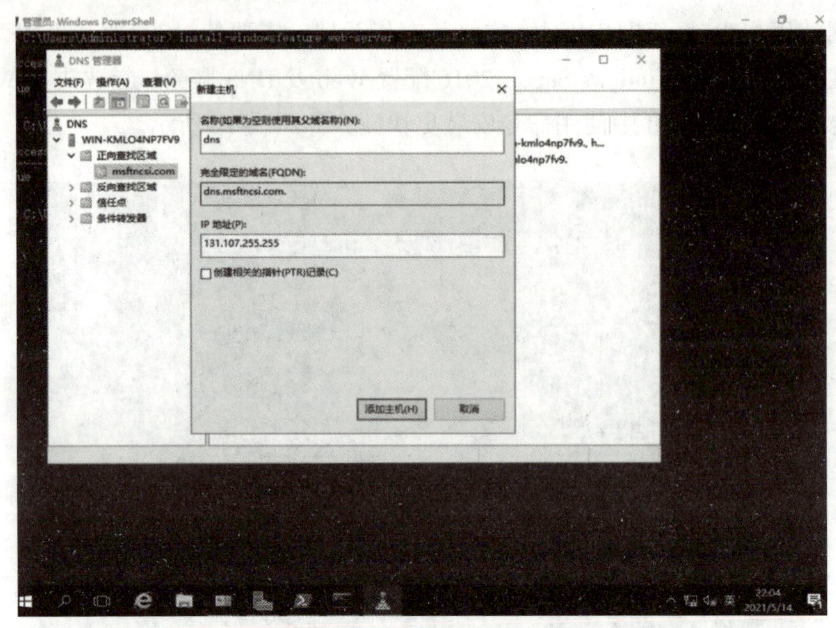

图 3-22

创建 msftconnecttest.com（主要区域），在弹出的对话框中单击“下一步”按钮至完成。完成之后在 msftconnecttest.com 区域创建 www 的 A 记录，A 记录 IP 地址指向 Web 服务器地址，如图 3-23 所示。

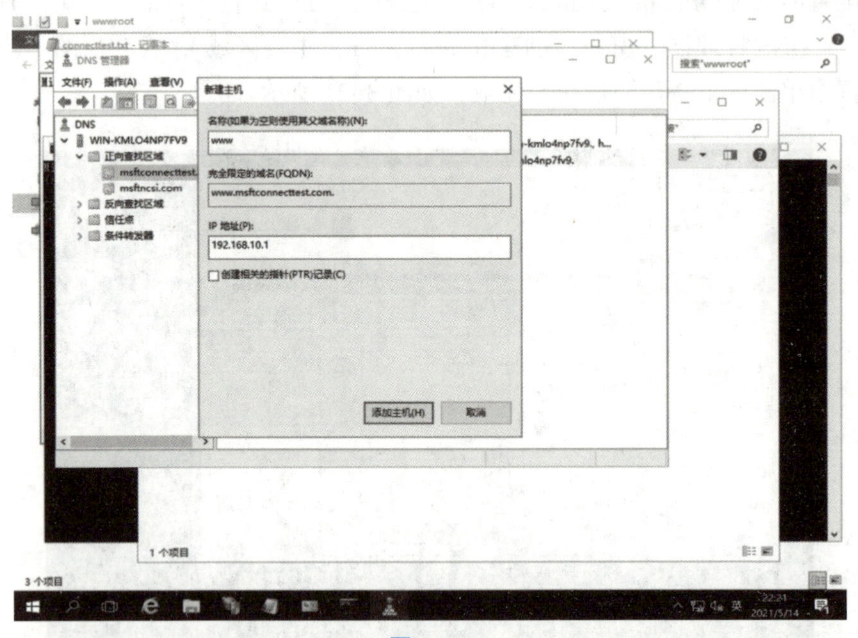

图 3-23

DNS 服务配置完毕，接下来需要对 Web 服务进行配置，按“Windows+R”组合键，在“运行”对话框中输入 INETMGR，打开“Internet Information Services（IIS）管理器”窗口。

在窗口中导航至当前的“Default web site”站点，并且单击“浏览”按钮，进入本地目录，如图 3-24 所示。

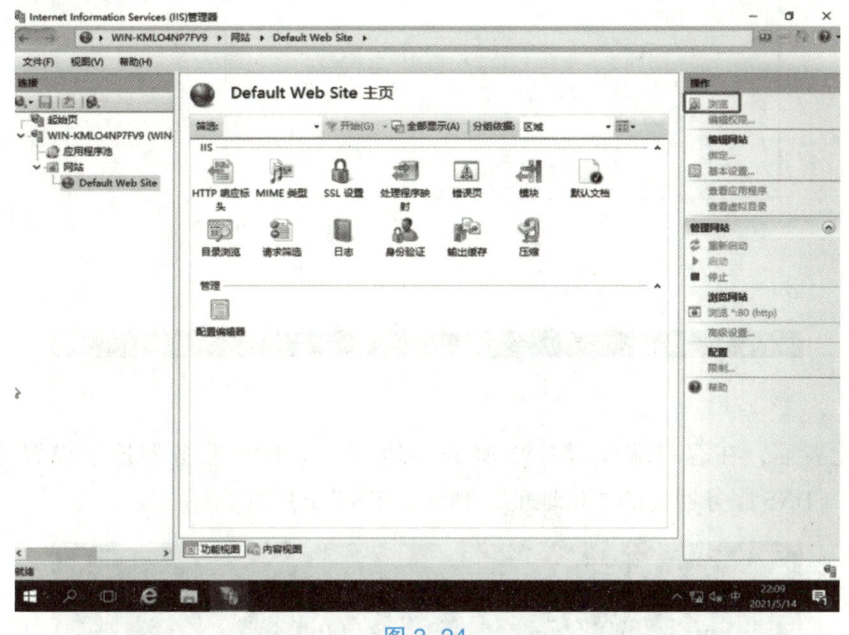

图 3-24

在本地目录中创建 connecttest.txt 文件，并且在文件中输入“Microsoft Connect Test”，保存文件，如图 3-25、图 3-26 所示。

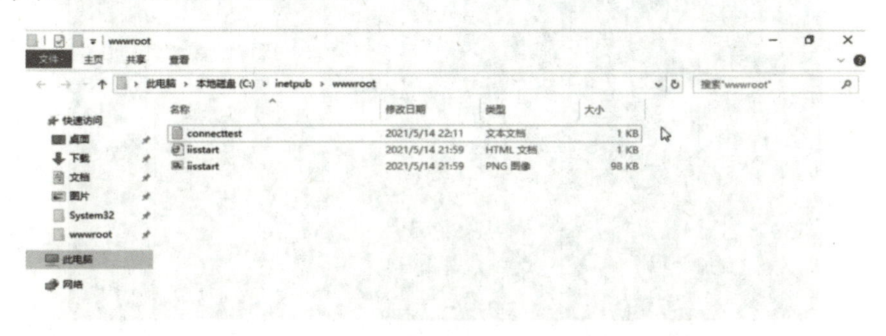

图 3-25

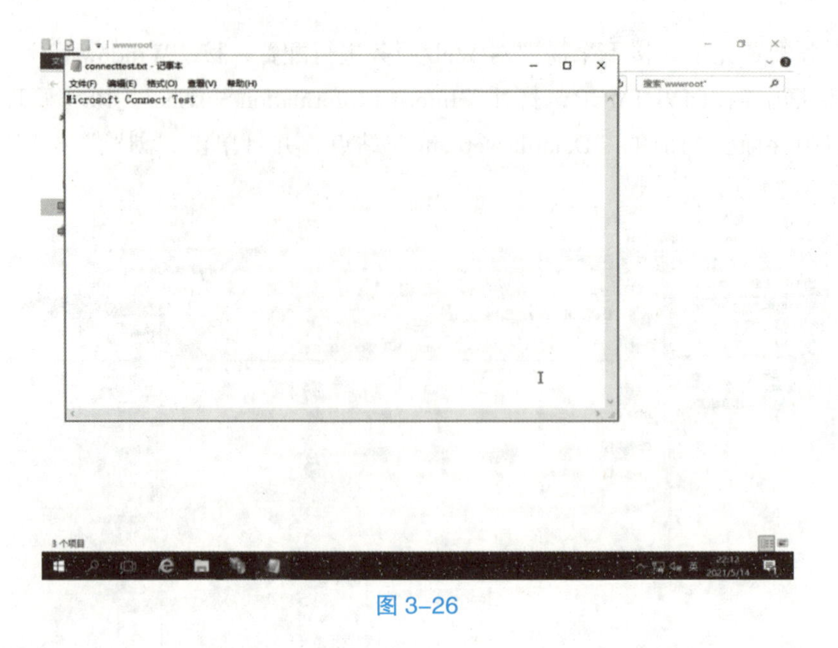

图 3–26

完成配置后，在客户端设置 DNS 服务器地址，将 DNS 服务器地址设置为 Windows Server 2016（DNS 服务器）的主机地址，测试结果如图 3–27 所示。

图 3–27

任务总结

通过本任务的学习，学习者掌握 Windows 路由服务包含功能的种类及路由功能的配置，同时也深入理解 DHCP 的实现原理，并初步了解 DHCP 服务器的配置。

本任务除了对以上服务进行理论概述和实操配置之外，也对 NCSI 的配置做了相应的演示，为后续的 Direct Access 解决方案做准备。

任务 4　部署基础设施环境

任务目标

学习并掌握 Windows Server 的 DNS 服务、活动目录域服务及其一系列管理和证书颁发机构服务的概念及配置。

任务描述

Windows Server DNS 服务

Windows Server 活动目录域服务

Windows Server 活动目录域管理（信任与站点）

Windows Server 活动目录域组策略管理

Windows Server 证书颁发机构服务

4.1 DNS 服务

1. DNS 服务器概念

DNS 是包含 TCP/IP 的行业标准协议套件之一。DNS 客户端和 DNS 服务器共同为计算机和用户提供计算机名称到 IP 地址的映射名称解析服务。

在 Windows Server 2016 中，DNS 是服务器角色，我们可以使用服务器管理器或 Windows PowerShell 命令来安装。如果要安装新的活动目录（Active Directory，AD）林（由多个域组成）和域（由域控制器与若干成员服务器组成），则 DNS 将与 AD 一起自动安装该林和域的全局编录服务器。

AD 域服务使用 DNS 作为其域控制器定位机制。当执行任何主要的 AD 操作（例如身份验证、更新或搜索）时，计算机将使用 DNS 来定位 AD 域控制器。此外，域控制器使用 DNS 相互定位。

DNS 客户端服务包含在 Windows 操作系统的所有客户端和服务器版本中，并且在操作系统安装后默认运行。当使用 DNS 服务器的 IP 地址配置 TCP/IP 网络连接时，DNS 客户端查询 DNS 服务器以发现域控制器，并将计算机名称解析为 IP 地址。例如，当具有 AD 用户账户的网络用户登录到 AD 域时，DNS 客户端服务将查询 DNS 服务器以查找 AD 域的域控制器。当 DNS 服务器响应查询并向客户端提供域控制器的 IP 地址时，客户端将与域控制器联系，然后身份验证过程即可开始。

Windows Server 2016 DNS 服务器和 DNS 客户端服务使用 TCP/IP 协议套件中包含的 DNS 协议。DNS 是 TCP/IP 参考模型的应用层的一部分，如图 4-1 所示。

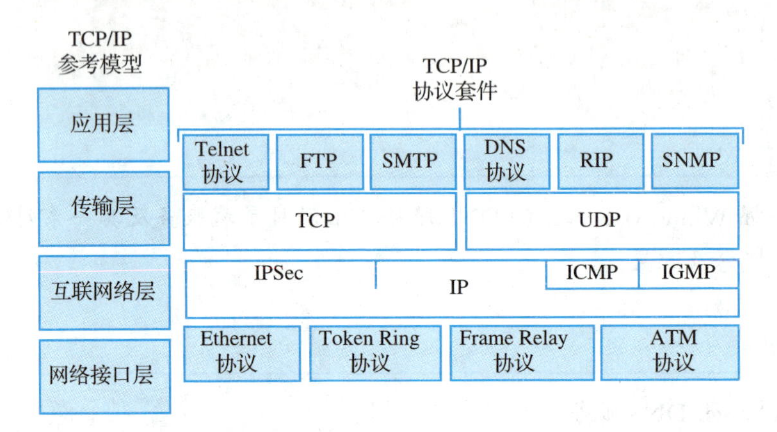

图 4-1

图中英文名词说明: Telnet，远程上机; FTP，文件传送协议（File Transfer Protocol）; SMTP，简单邮件传送协议（Simple Mail Transfer Protocol）; RIP，路由信息协议（Routing Information Protocol）; SNMP，简单网络管理协议（Simple Network Management Protocol）; UDP，用户数据报协议（User Datagram Protocol）; IPsec，互联网络层安全协议（Internet Protocol Security）; ICMP，互联网控制报文协议（Internet Control Message Protocol）; IGMP，互联网组管理协议（Internet Group Management Protocol）; Ethernet，以太网; Token Ring，令牌环; Frame Relay，帧中继; ATM，异步传输方式（Asynchronous Transfer Mode）。

2. DNS 服务器的工作原理

DNS 服务器工作原理如图 4-2 所示。

（1）检查当前主机客户端 DNS 缓存，如果缓存区域存在该“IP 地址 - 域名”对应表，就直接采用该对应表的结果进行访问。

（2）如果缓存区域没有对应表，就会去检查本机的 hosts 文件。

（3）如果 hosts 文件中并没有需要查询的条目才会进行 DNS 查询，这时候查询请求来到 DNS 服务器上。

（4）如果 DNS 服务器上的 DNS 缓存有当前查询域名对应的条目，则会直接使用当前 DNS 服务器缓存中对应的信息进行回复，并且回复是权威的。

（5）如果条目不存在，则进行递归或者迭代查询。

（6）以上查询都失败的情况下，则会使用备用 DNS 服务器进行二次查询。

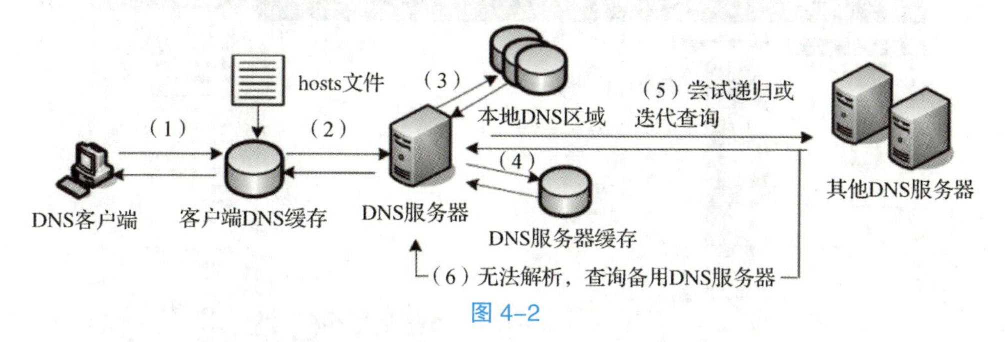

图 4–2

3. DNS 服务器配置演示

按“Windows+R”组合键，在“运行”对话框中输入 Servermanager，打开“服务器管理器”窗口，单击“添加角色和功能”。

在“添加角色和功能向导”对话框“选择服务器角色界面，勾选“DNS 服务器”复选框，如图 4–3 所示。

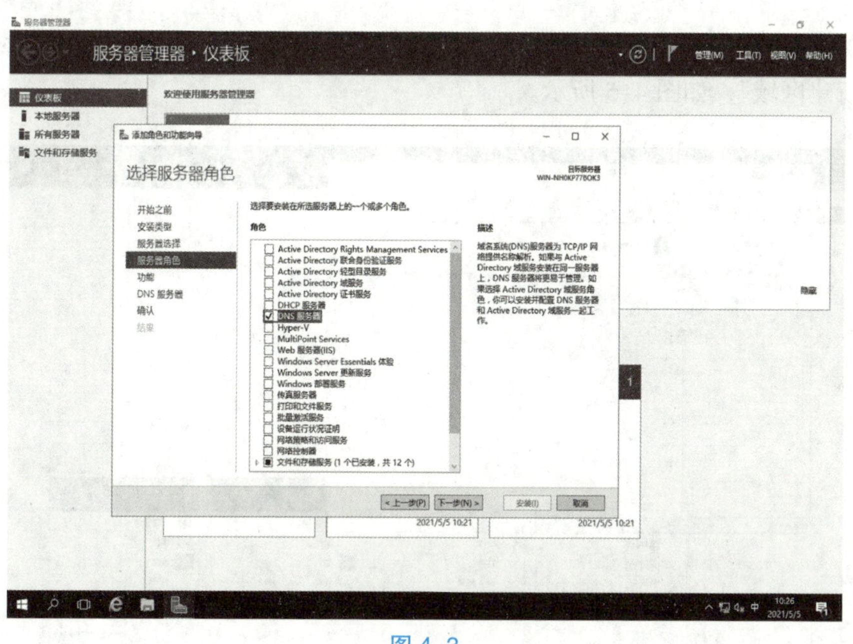

图 4–3

单击“下一步”按钮，其余步骤保持默认，直至“确认安装所选内容”界面，单击“安装”按钮。

在“服务器管理器”窗口，单击“工具”按钮，在弹出的下拉菜单中选择“DNS”，打开“DNS 管理器”窗口，如图 4–4 所示。

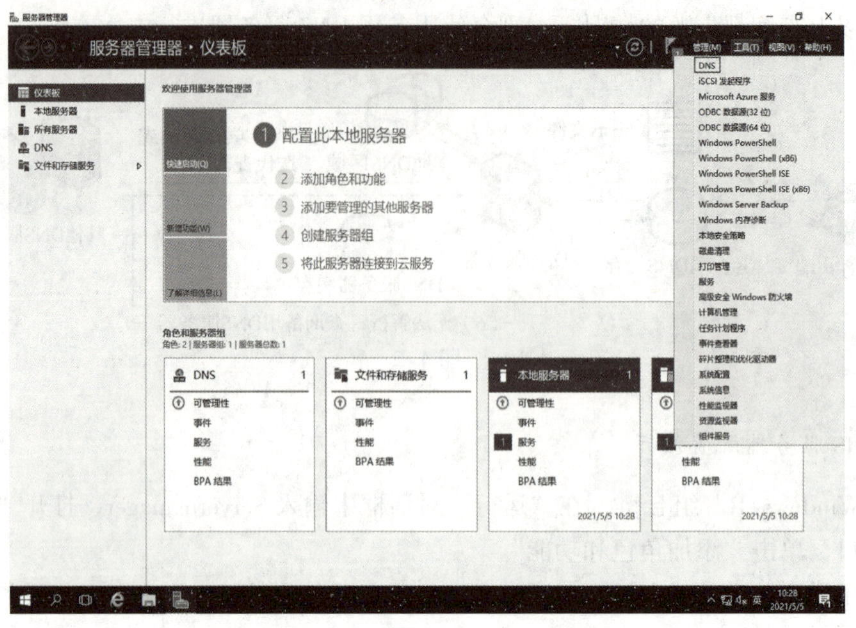

图 4-4

在“DNS 管理器”窗口左侧的“正向查找区域”上单击鼠标右键，在弹出的快捷菜单中选择“新建区域”，如图 4-5 所示。

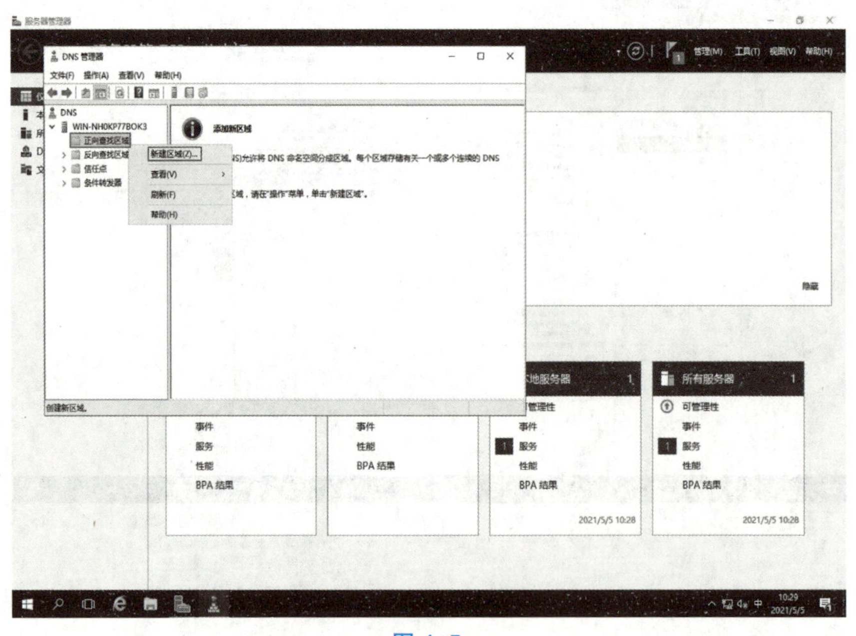

图 4-5

在打开的“新建区域向导”对话框中选择“主要区域”单选按钮，单击“下一步”按钮，如图 4-6 所示。

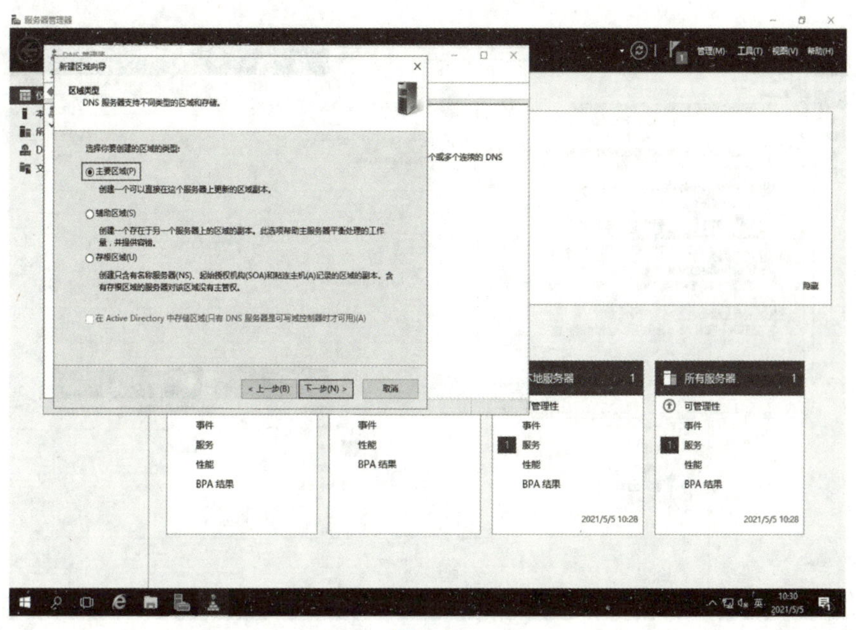

图 4–6

在“区域名称”文本框中输入项目要求的域名，单击“下一步”按钮，如图 4–7 所示。

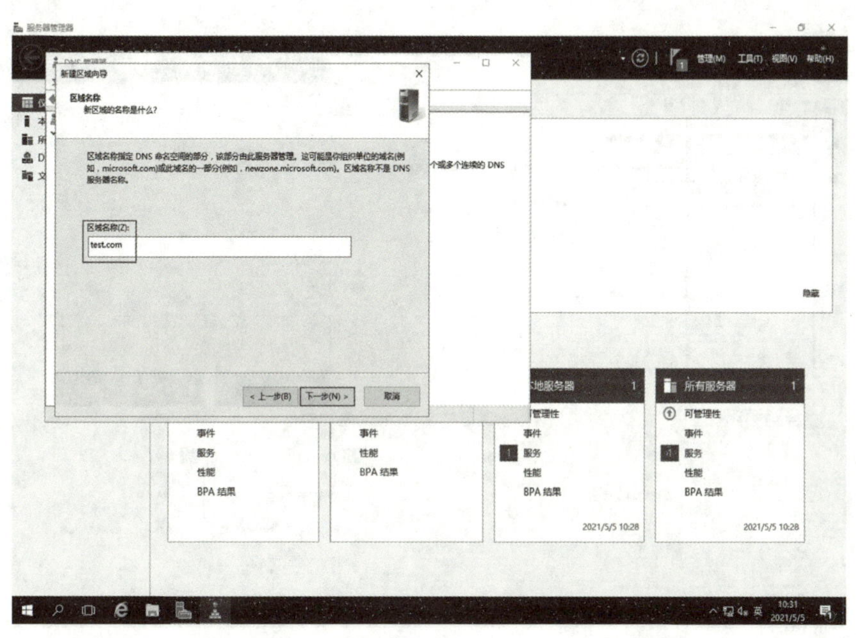

图 4–7

在“创建新文件”界面只需要保持默认即可，单击“下一步”按钮。

在“动态更新”界面，若是独立 DNS 服务器，则选择“不允许动态更新”单选按钮或者“允许非安全和安全动态更新”单选按钮，若是 AD 域 DNS 服务器，需要选择“只允许安全的动态更新”单选按钮，如图 4–8 所示。

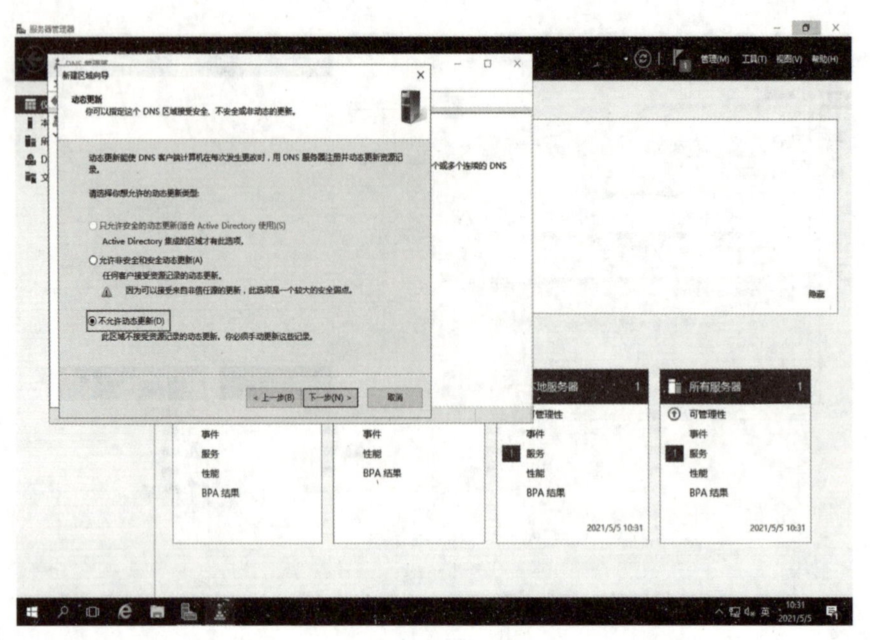

图 4–8

若需要创建反向区域，在“DNS 管理器”窗口左侧的“反向查找区域”上单击鼠标右键，在弹出的快捷菜单中选择“新建区域”，如图 4–9 所示。

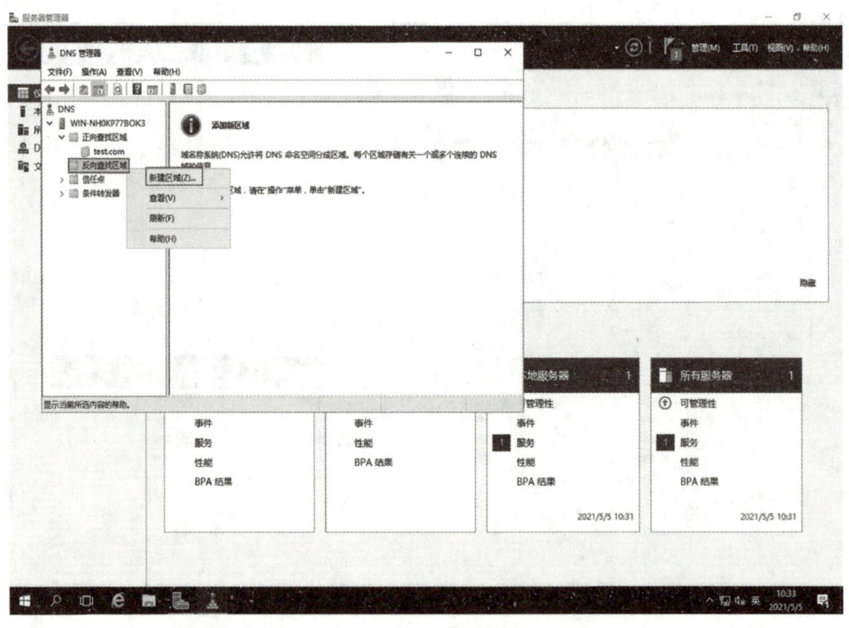

图 4–9

在打开的“新建区域向导”对话框中选择“主要区域”单选按钮，单击“下一步”按钮。

在“反向查找区域名称”界面中选择“IPv4 反向查找区域”单选按钮，单击“下一步”按钮，如图 4–10 所示。

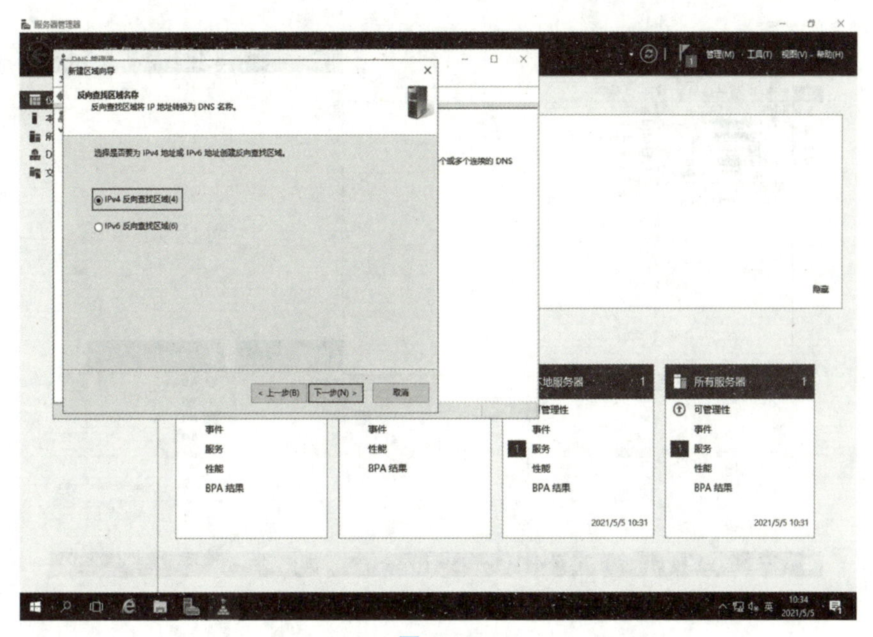

图 4–10

选择“网络 ID”单选按钮，输入项目指定 IP 地址段，如图 4–11 所示。

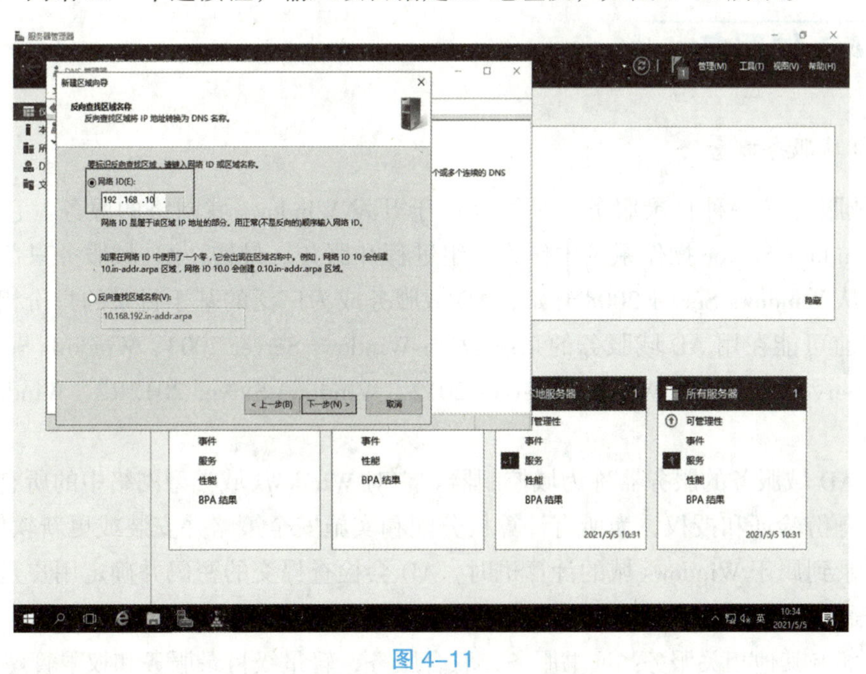

图 4–11

在“区域文件”界面保持默认，单击“下一步”按钮。

在“动态更新”界面中选择“只允许安全的动态更新”单选按钮。

结果如图 4–12 所示。

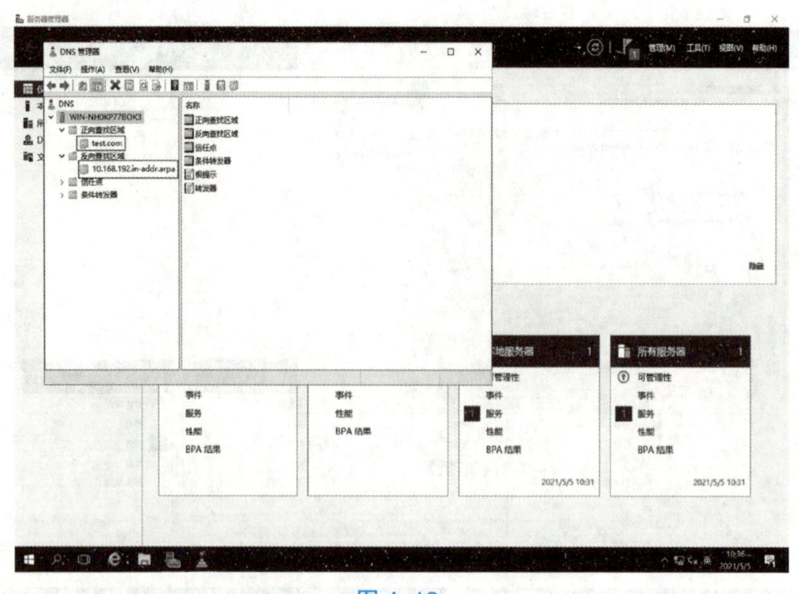

图 4-12

4.2 AD 域服务

1. AD 域服务概念

AD 域服务是一种目录服务，是微软用于开发 Windows 域网络的服务。它被包含在大多数 Windows Server 操作系统中作为一组进程和服务。最初，AD 域服务只负责集中式域管理。从 Windows Server 2008 开始，AD 域服务成为广泛的基于目录的身份相关服务的标题。目前可能在用 AD 域服务的系统版本：Windows Server 2003、Windows Server 2008、Windows Server 2008R2、Windows Server 2012、Windows Server 2012R2、Windows Server 2016。

运行 AD 域服务的服务器称为域控制器。它对 Windows 域类型网络中的所有用户和计算机进行身份验证和授权，为所有计算机分配和实施安全策略并安装或更新软件。例如，当用户登录到属于 Windows 域的计算机时，AD 会检查提交的密码并确定用户是系统管理员还是普通用户。此外，它还允许管理和存储信息，提供身份验证和授权机制，并建立一个框架来部署其他相关服务：证书服务，联合服务，轻量级目录服务和权限管理服务。

AD 存储有关网络中对象的信息，并使管理员和用户可以轻松找到并使用这些信息。AD 使用结构化数据存储作为目录信息的逻辑分层组织的基础。

安全性通过登录验证和对目录中的对象的访问控制与 AD 集成。通过单一网络登录，管理员可以管理整个网络中的目录数据和组织，并且授权的网络用户可以访问网络上的任何位置的资源。基于策略的管理可以简化最复杂网络的管理。

简单地说，使用 AD 域服务的服务器角色，我们可以为用户和资源管理创建可扩展、安全且可管理的基础架构，并且可以为支持目录的应用程序，例如 Microsoft Exchange Server 等应用程序。

2. AD 域服务角色

AD 域服务提供了一个分布式数据库，用于存储和管理来自启用目录的应用程序的网络资源和应用程序特定数据的信息。管理员可以使用 AD 域服务将网络的元素（例如用户、计算机和其他设备）组织为分层包含结构。分层包含结构包括 AD 林，林中的域以及每个域中的组织单位（Organizational Unit，OU）。运行 AD 域服务的服务器称为域控制器。

将网络元素组织成分层包含结构可带来以下好处。

• 林作为组织的安全边界，并为管理员定义权限范围。默认情况下，林包含一个称为林根域的域。

• 可以在林中创建其他域以提供 AD 域服务数据的分区，这使得组织可以仅在需要时才复制数据，使得 AD 域服务可以通过可用带宽有限的网络进行全局扩展。AD 域还支持许多与管理相关的其他核心功能，包括全网用户身份、身份验证和信任关系。

• OU 简化了权限的授权，以便管理大量的对象。通过授权，所有者可以将对象的全部权限或有限权限转移给其他用户或组。授权非常重要，因为它有助于将大量对象的管理任务分发给许多受信任的人员来执行。

3. AD 域服务的主要功能

安全性通过登录身份验证和对目录中资源的访问控制与 AD 域服务集成。通过单一网络登录，管理员可以管理整个网络中的目录数据和组织。授权网络用户还可以使用单一网络登录访问网络中任何位置的资源。基于策略的管理可以简化最复杂网络的管理。

4. 其他 AD 域服务的功能

AD 域服务的其他功能如下。

• 组规则、模式，用于定义目录中包含的对象和属性的类别、这些对象实例的约束和限制及它们的名称格式。

• 全局编录包含有关目录中每个对象的信息。无论目录中的哪个域实际包含数据，用户和管理员都可以使用全局编录查找目录信息。

• 查询和索引机制，以便网络用户或应用程序发布和查找对象及其属性。

• 通过网络分发目录数据的复制服务。域中的所有可写域控制器都参与复制，并包含其域的所有目录信息的完整副本。对目录数据的任何更改都会复制到域中的所有域控制器。

• 操作主角色（也称为灵活单主操作）。持有操作主角色的域控制器被指定执行特定任务以确保一致性并消除目录中冲突的条目。

5. 活动目录域服务配置

在“服务器管理器”窗口中添加角色，在“添加角色和功能向导”对话框的“选择服务器角色”界面中勾选“Active Directory 域服务”复选框，单击“下一步”按钮，如图 4-13 所示。

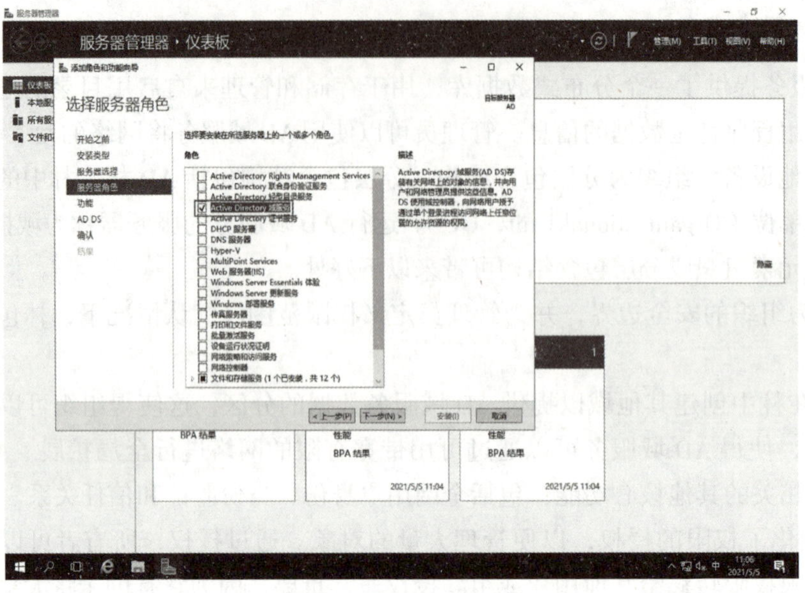

图 4-13

其余配置选项保持默认，在“确认安装所选内容”界面单击“安装”按钮。安装完毕后，单击“将此服务器提升为域控制器”超链接，如图 4-14 所示。

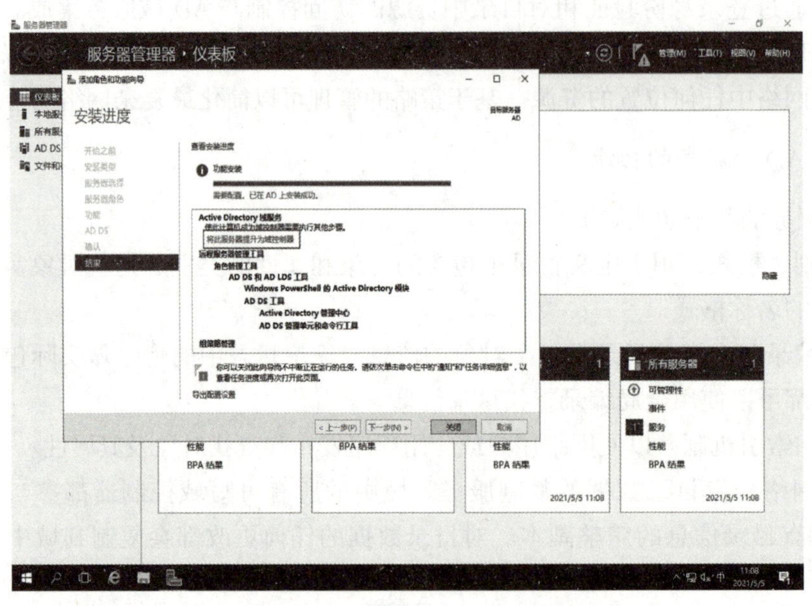

图 4-14

在“Active Directory 域服务配置向导”对话框的“部署配置”界面，选择“添加新林”单选按钮，在“根域名”文本框中输入项目要求的域名，单击“下一步”按钮，如图 4-15 所示。

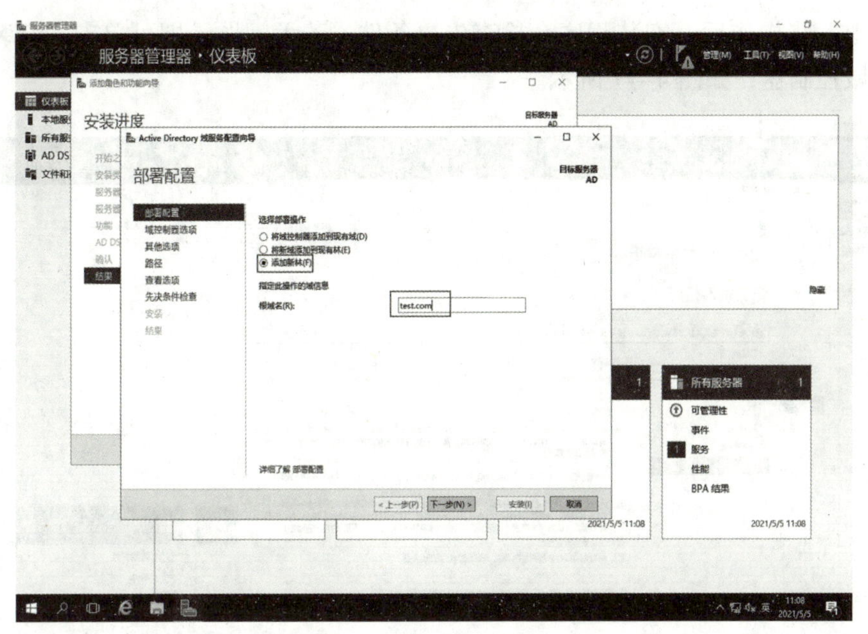

图 4–15

在“域控制器选项”界面输入目录服务还原模式（Directory Services Restore Mode，DSRM）密码，单击“下一步”按钮，如图 4–16 所示。

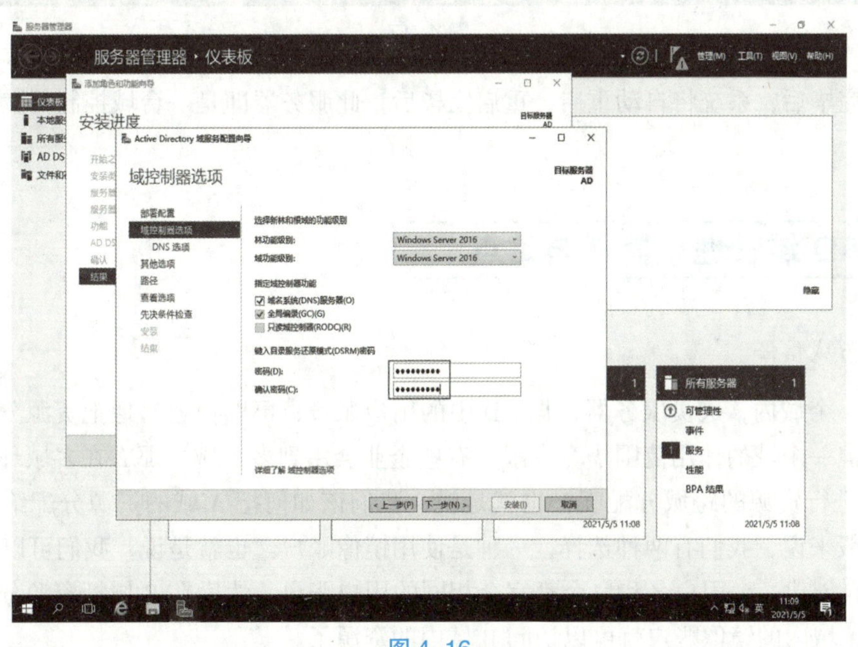

图 4–16

在“其他选项”界面，netbios 域名保持默认，单击“下一步”按钮。

在“路径”界面，提供存储数据库与日志的路径，此路径需要为 NTFS 格式路径，保持默认即可，单击“下一步”按钮。

在“查看选项”界面做最后检查，单击“下一步”按钮。

完成上一步操作后，安装程序会检查先决条件，若无问题，即可单击“安装”按钮，开始升级域控制器，如图 4–17 所示。

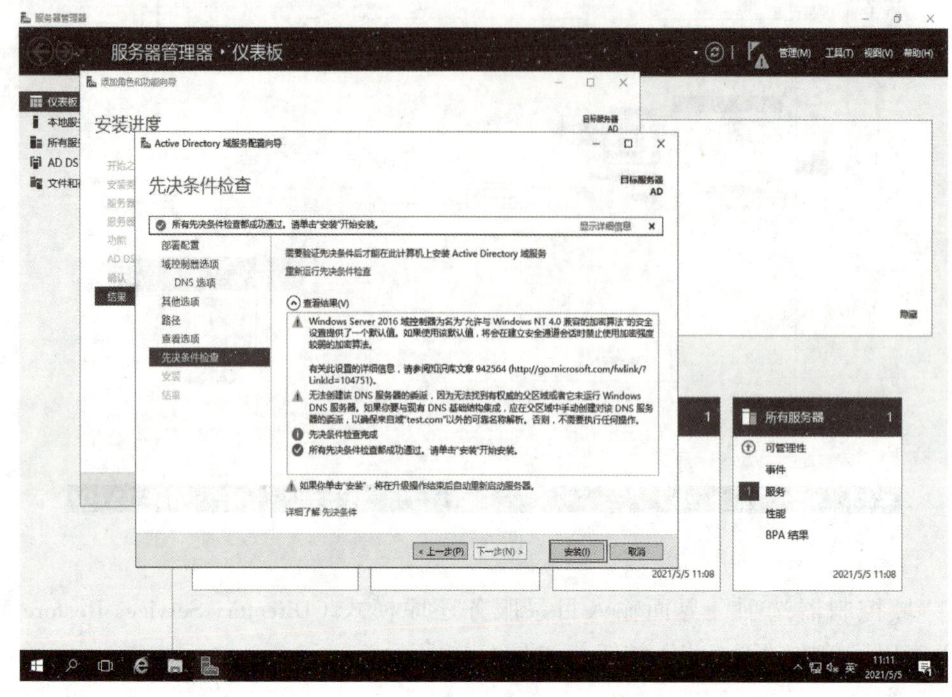

图 4–17

安装完毕后，系统将自动重启，重启完毕后，此服务器即是一台域控制器。

4.3 AD 域管理（信任与站点）

1. 林与域信任

在同一个域内，成员服务器根据 AD 中的用户账号，可以很容易地把资源分配给域内的用户。但一个域的作用范围毕竟有限，有些企业会用到多个域，那么在多域环境下，我们该如何进行资源的跨域分配呢？也就是说，我们该如何把 A 域的资源分配给 B 域的用户呢？一般来说，我们有两种选择，一种是使用镜像账户。也就是说，我们可以在 A 域和 B 域内各自创建一个用户名和口令都完全相同的用户账户，然后在 B 域把资源分配给这个账户后，A 域内的镜像账户就可以访问 B 域内的资源了。

镜像账户的方法显然不是一个好的选择，至少账户的重复建设就很让管理员头疼。资源跨域分配的主流方法还是创建域信任关系，在两个域之间创建了信任关系后，资源的跨域分配就非常容易了。域信任关系是有方向性的，如果 A 域信任 B 域，那么 A 域的资源可以分配给 B 域的用户，但 B 域的资源并不能分配给 A 域的用户，如果想将 B 域的资源分配给 A 域的用户，需要让 B 域信任 A 域才可以。

如果A域信任了B域，那么A域的域控制器将把B域的用户账号复制到自己的AD中，这样A域内的资源就可以分配给B域的用户了。从这个过程来看，A域信任B域首先需要征得B域的同意，因为A域信任B域需要先从B域索取资源。这点和我们习惯性的理解不同，信任关系的主动权掌握在被信任域而不是信任域手中。

A域信任B域，意味着A域的资源有分配给B域用户的可能性，但并非必然性。如果不进行资源分配，B域的用户无法获得任何资源。以为只要两个域之间存在信任关系，被信任域的用户就一定可以无条件地获得信任域内的所有资源，这个理解是错误的，因为访问条件还需要根据信任的权限配置。我刚工作时在一家港资企业担任网络管理工作，企业的香港公司是一个域，深圳公司也是一个域。有一次我们需要把两家公司的Exchange服务器进行站点连接，这个操作需要两个域建立信任关系，但当时一位老工程师坚决不同意建立信任关系。他的理由是只要建立信任关系，香港公司的资料就全被深圳公司的员工看到了。这个理由很山寨，很明显对域信任关系的理解有些是是而非。我通过一个实验纠正了他的错误概念，事实证明，深圳公司和香港公司建立了域信任关系后，安全性并没有因此降低。

在Windows NT 4.0的域时代，信任关系是不具有传递性的。也就是说如果A域信任B域，B域信任C域，那么A域和C域没有任何关系。如果信任关系有传递性，那么我们就可以推导出A域是信任C域的。信任关系没有传递性极大地降低了灵活性，你可以想象如果70个域都要建立完全信任关系，那么需要多么大的工作量。而且这种牺牲灵活性的做法也没有获得安全上的补偿，因此微软公司在Windows 2000发布时，允许在林和林内进行信任关系的传递，在Windows 2003中更是允许在林之间进行信任关系的传递。

2. 信任方向

内传（内向信任，Direct Inbound）：信任此域的域，这个域（当前域）中的用户，可以在指定域、受此域信任的域或林中得到身份验证。

外传（外向信任，Direct Outbound）：受此域信任的域，指定的域或林中的用户可以在这个域中得到身份验证。

双向：同时包括内传和外传。

3. 信任传递

企业内部来自间接信任域的用户可以在信任域中进行身份验证。

4. 信任类型

外部信任：林外部的两个域之间的不可传递的信任。

林信任：两个林之间的可传递信任，允许一个林中的任何域中用户在另一个林中的任何域收到身份验证。只有林的根域之间才可以使用这一信任类型。

5. 身份验证级别

全域性身份验证：Windows操作系统将自动对指定域用户使用本地域的所有资源进行

身份验证，在默认情况下可以进行 IPC 连接。

选择性身份验证：Windows 将不会自动对指定域的用户使用本地域内的任何资源进行身份验证，需要由管理员向指定域用户授予每个服务器的访问权。

6. 六种信任关系

（1）父子域信任。

• 具有双向传递性。

• 用途：一个域树下的信任。

（2）树状根信任。

• 具有双向传递性。

• 用途：林根域于其他域树根域之间的信任。

（3）快捷方式信任。

• 可决定单双向，并且有向下传递性（也就是说，这两个域之间的子域之间会有信任关系）。

• 用途：缩短同林验证用户身份验证时间（两个域树之间的子域）。

（4）林信任。

• 可决定单双向，第三方非传递性。

• 用途：建立两个不同的林的信任，林与林之间可决定双向与单向。

• 一旦建立信任，将拥有树状根信任与父子域信任的功能特性，但是仅仅是两个林之间，不能传递到第三个林。

（5）外部信任。

• 可决定单双向非传递性。

• 用途：两个不同林内的域之间通过外部信任建立关系，可以理解成跨林的快捷信任。

（6）领域信任。

• 可决定单双向可切换传递性。

• 用途：与支持 Kerberos 领域的非 Windows 操作系统建立信任关系。

7. 域信任配置演示

配置演示中，用到了两个域，分别是 A.com 与 B.com，两个域不属于同一个林，进行信任配置之前，必须要能够相互解析，建议配置 DNS 辅助区域。在 A.com 打开“DNS 管理器”窗口，在“正向查找区域”选项上单击鼠标右键，在弹出的快捷菜单中选择“新建区域向导”命令，打开“新建区域向导”对话框，如图 4-18 所示。

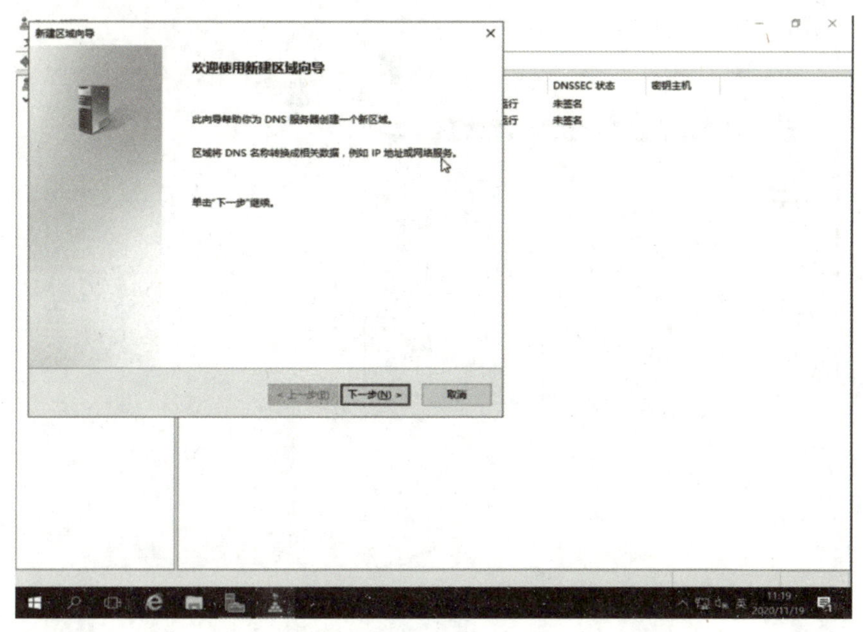

图 4–18

在“新建区域向导”对话框中选择“辅助区域”单选按钮，单击“下一步”按钮，如图 4–19 所示。

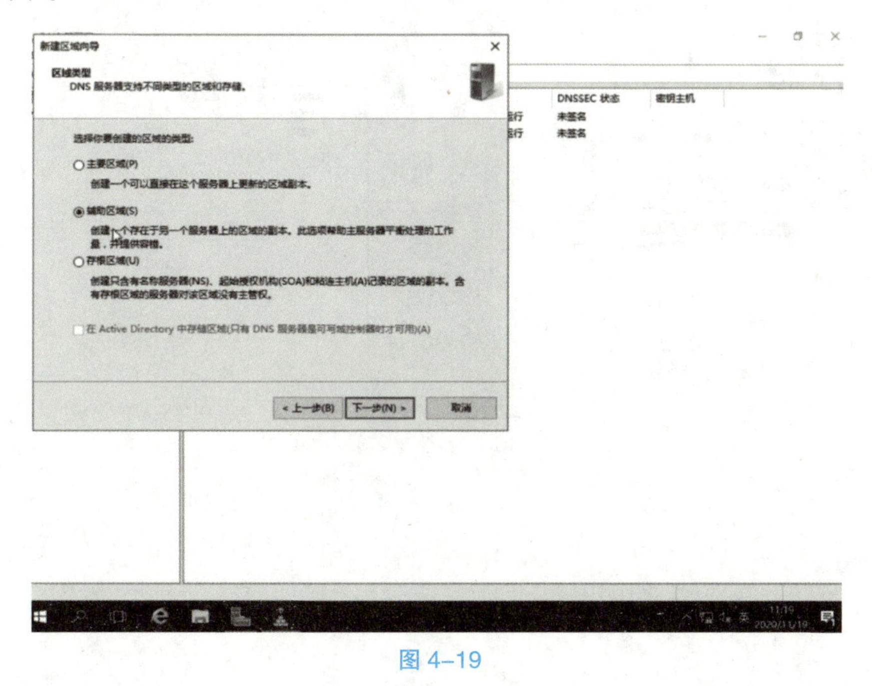

图 4–19

在“区域名称”文本框中输入希望与其建立信任的域的域名，如图 4–20 所示，单击“下一步”按钮。

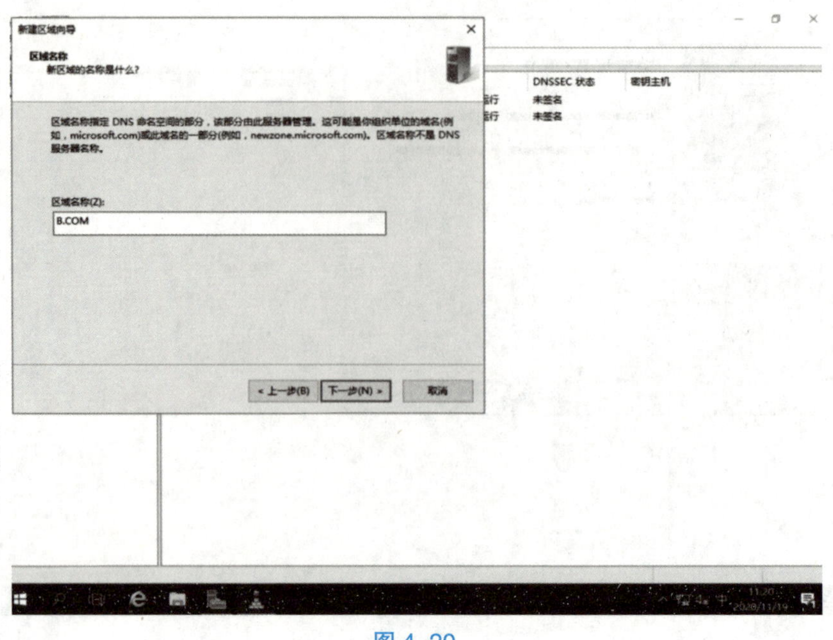

图 4-20

在“主服务器”列表框中输入能够解析对方 AD 域服务域名的 DNS 服务器地址，单击“下一步”按钮，完成新建区域操作，如图 4-21 所示。

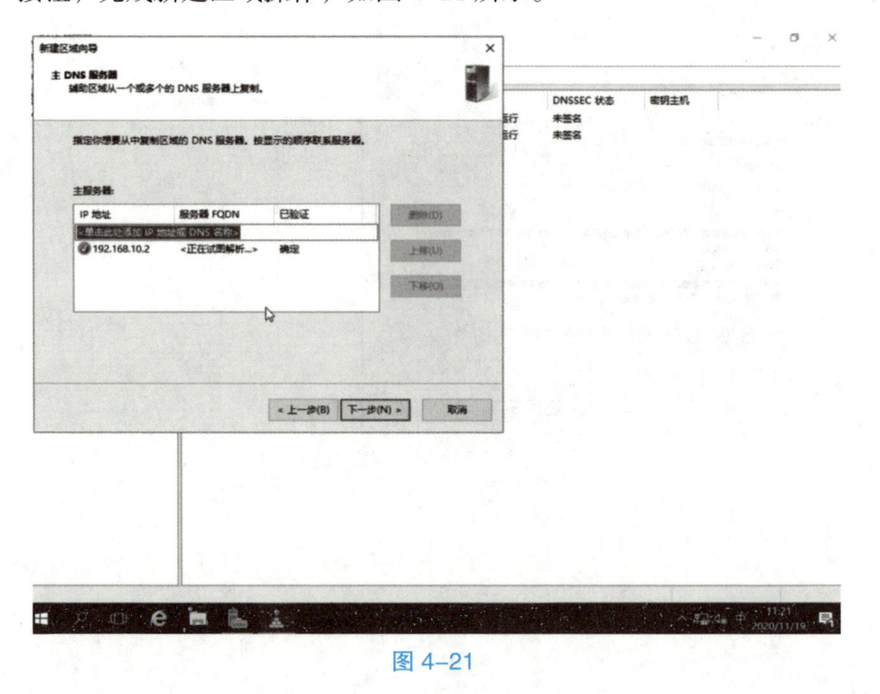

图 4-21

在 B.com 的 DNS 服务器重复以上操作，只需要将区域名称和主 DNS 服务器地址更换为 A.com 的即可。

设定当前区域允许区域传送，在 B.com 重复此操作，如图 4-22 所示。

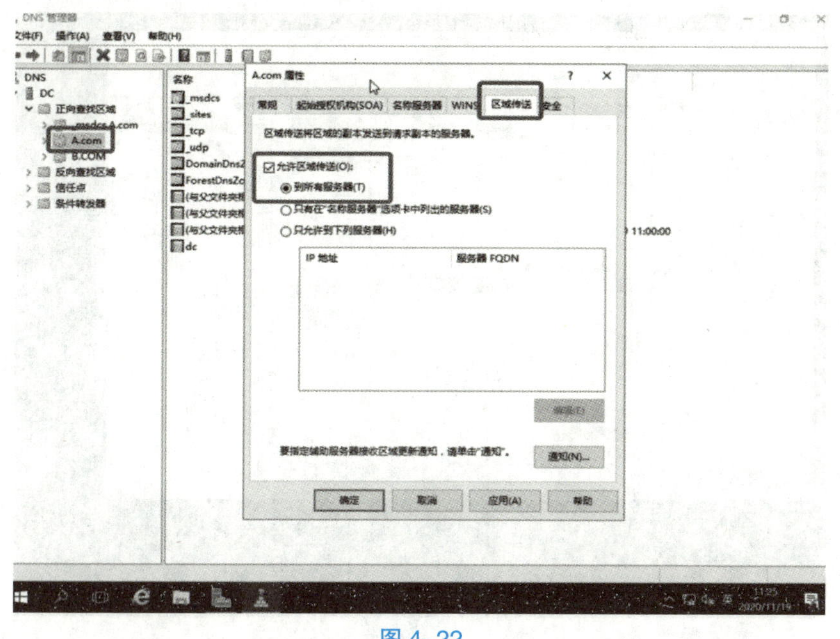

图 4-22

配置完成后，等待区域传送成功，结果如图 4-23 所示。

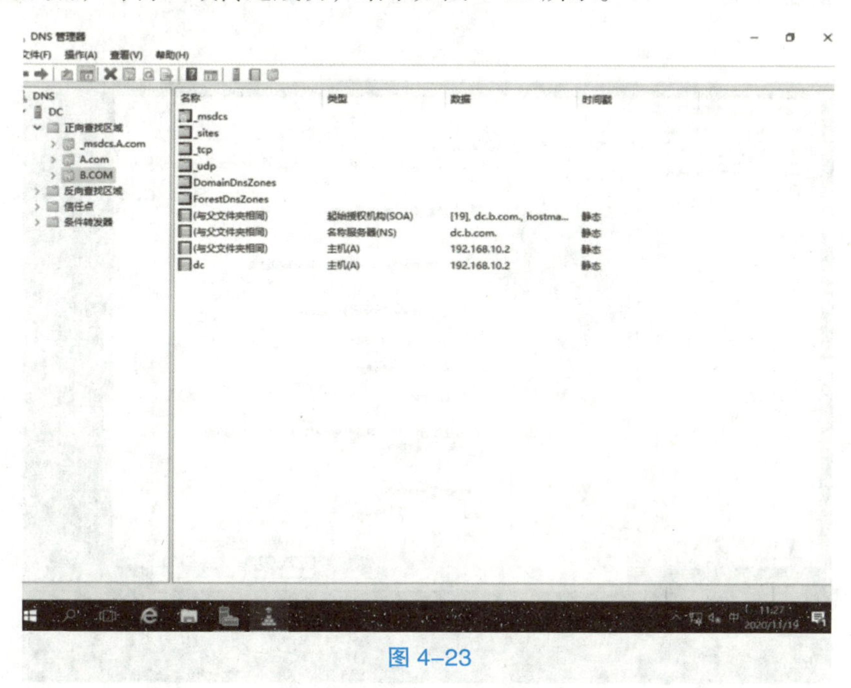

图 4-23

接下来需要创建域信任关系，按“Windows+R”组合键，在“运行”对话框中输入domain.msc，打开“Active Directory 域和信任关系”窗口。

在窗口左侧的“A.com”上单击鼠标右键，在弹出的快捷菜单中选择“属性”，在打开的“A.com 属性”对话框中单击“信任”选项卡，如图 4-24 所示。

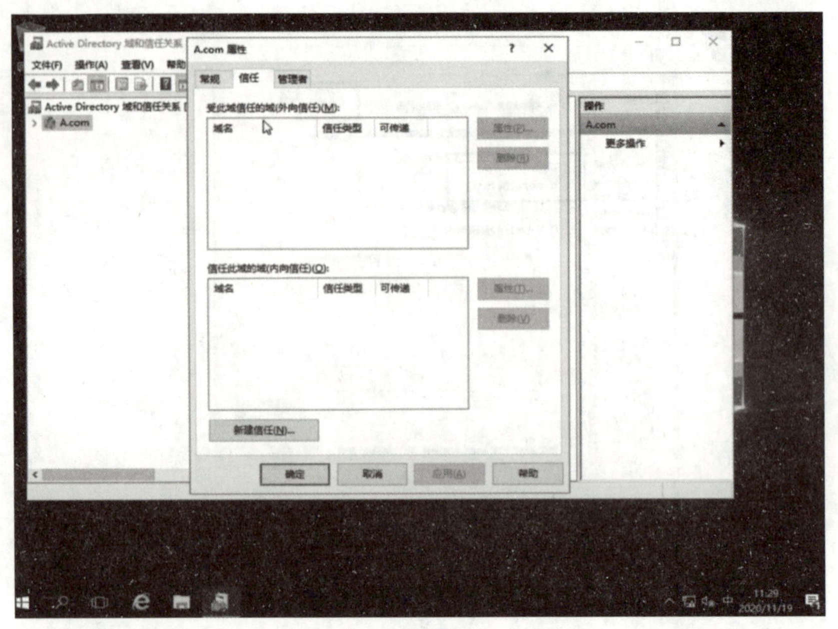

图 4–24

单击“新建信任”按钮，打开“新建信任向导”对话框，单击“下一步”按钮，如图 4–25 所示。

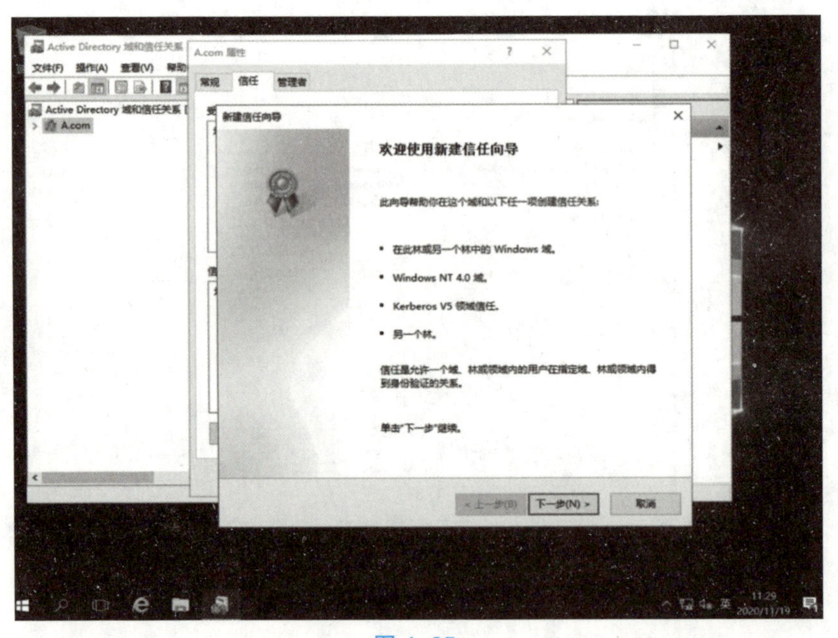

图 4–25

在“信任名称”界面，输入需要与其建立信任的 AD 域服务器的域名，单击“下一步”按钮，如图 4–26 所示。

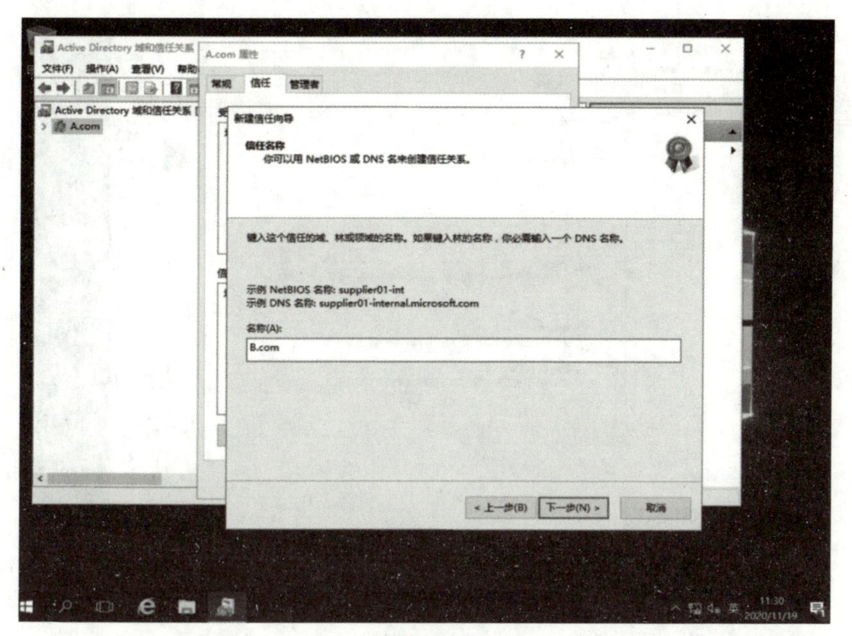

图 4–26

在“信任类型”界面，选择需要使用的信任关系，此处选择“林信任”单选按钮，单击“下一步”按钮，如图 4–27 所示。

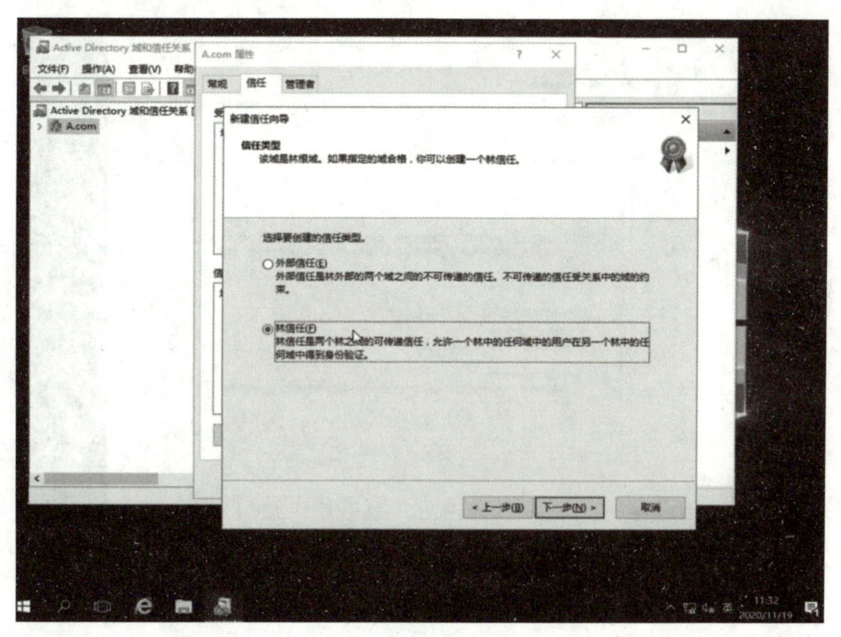

图 4–27

在“信任方向”界面选择“双向”单选按钮，单击“下一步”按钮，如图 4–28 所示。

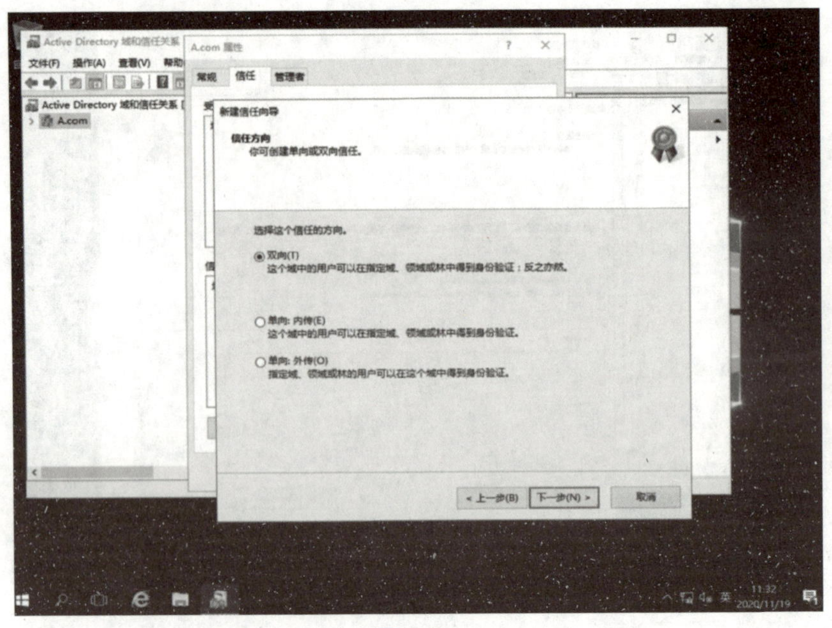

图 4-28

在“信任方”界面选择“此域和指定的域”单选按钮（这样选择的原因是比较快捷，不需要再到对端的信任管理器进行配置），单击“下一步”按钮，如图 4-29 所示。

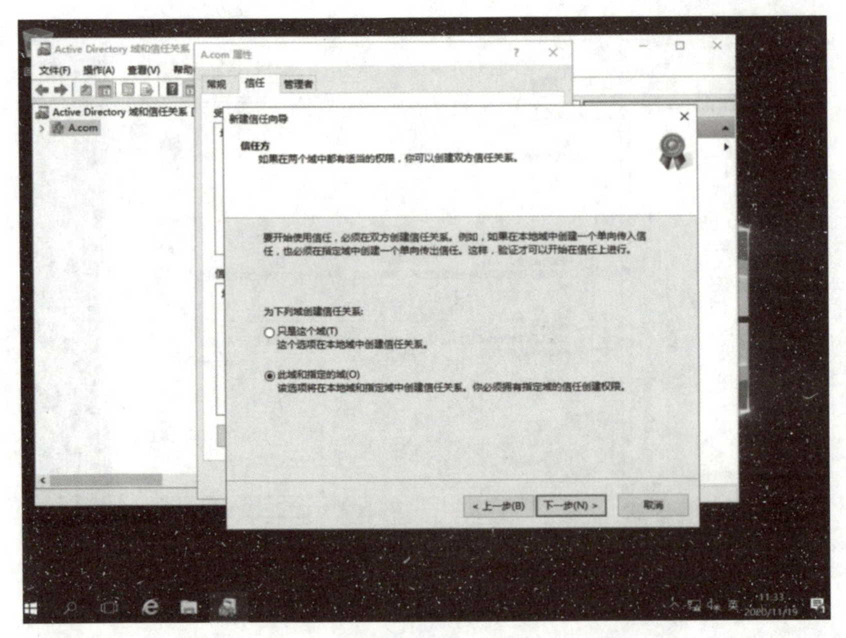

图 4-29

在“用户名和密码”界面，指定对端 AD 域服务器的用户名和密码用于反向信任创建，如图 4-30 所示。

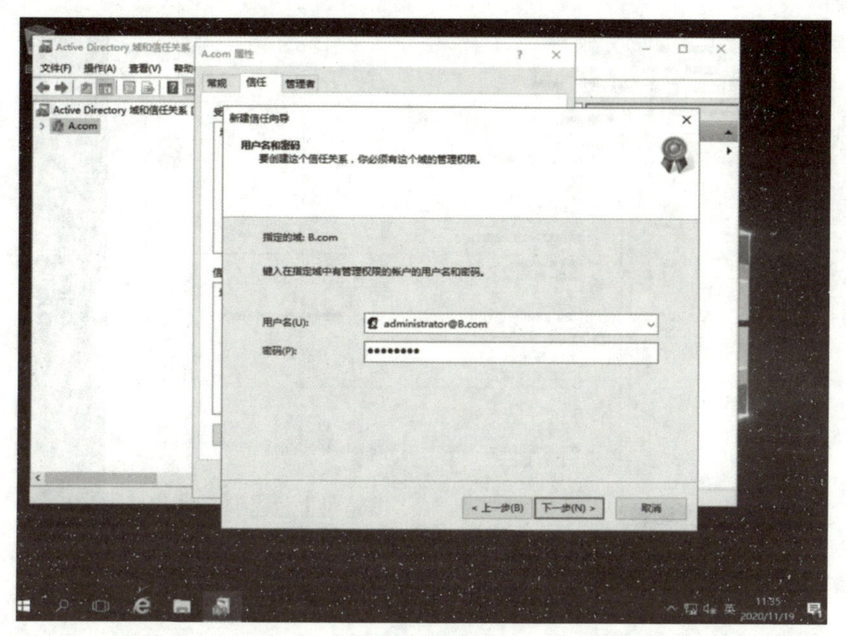

图 4–30

在“传出信任身份验证级别 – 本地林”界面，可以选择身份验证的类型，此处选择“全林性身份验证”单选按钮，如图 4–31 所示。

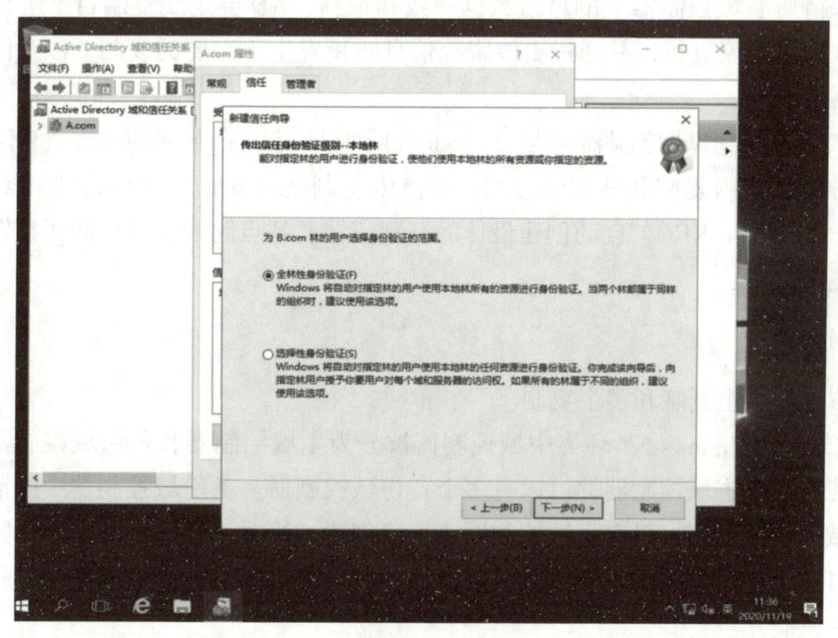

图 4–31

在“选择信任完毕”界面进行信任确认检查，单击“下一步”按钮，如图 4–32 所示。

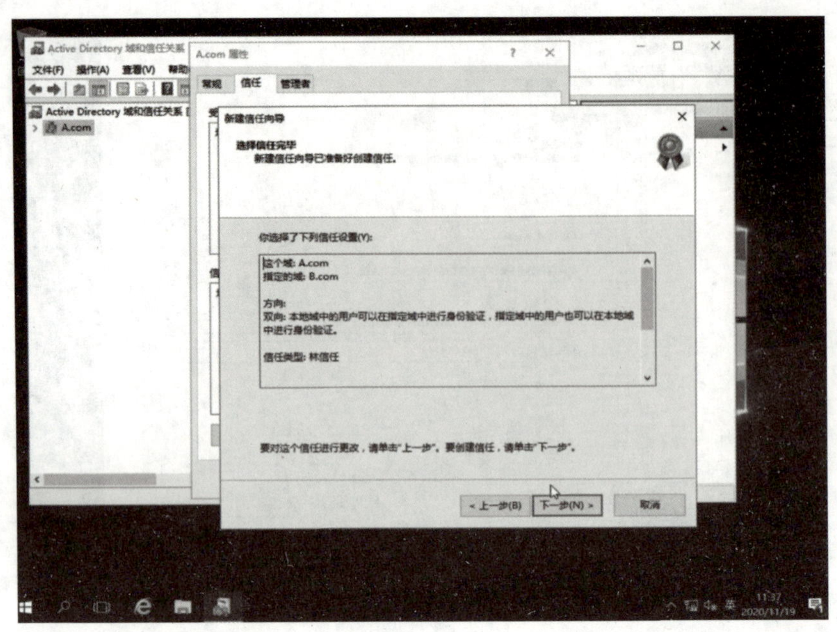

图 4-32

8. 站点与 AD 域服务数据库复制概念

为了保持所有域控制器上的目录数据一致和最新，AD 会定期复制目录进行更改。复制根据标准网络协议进行，并通过更改跟踪信息防止发生不必要的复制，以及使用链接值复制以提高效率。

复制仅发生在多域控制器环境中，如果域中只有一台域控制器，将不会产生复制。复制分为站点内复制和站点间复制。站点内复制通过知识一致性检查器（Knowledge Consistency Checker，KCC）自动创建最佳的复制拓扑，站点间通过站点间拓扑发生器创建站点间的复制链接。

9. 复制方式

复制方式有单主复制和多主复制。

- 单主复制：Windows NT 环境中域控制器被分为主域控制器和备份域控制器两类。每个域中只能有一个主域控制器，可以有多个备份域控制器。备份域控制器中的活动目录数据库从主域控制器复制，只有主域控制器才可以创建、修改、删除域中的用户账号、计算机账号、打印机等对象数据，备份域控制器活动目录数据库是只读数据库。这种复制模型被称为单主复制。
- 多主复制：从 Windows Server 2000 开始，活动目录使用多主复制架构，即每个域控制器都可以自主地修改域对象，域中不再有主域控制器和备份域控制器的区别（实质上还是有区别），任何一个域控制器都可以修改活动目录的内容。为了维护活动目录的权威性，所有域控制器上的活动目录数据库内容应该都相同。

AD 域服务采用多主复制方式，多主复制在对等域控制器之间复制活动目录数据库，每个域控制对活动目录数据库具备完全控制的权限。采用多主复制的域控制器使用 KCC 自动创建域控制器之间的复制链接（最大约点数不超过 3 台域控制器），每台域控制器会根据站点的带宽，自动地计算出最佳复制拓扑。管理员也可以在特定用户环境以手动方式配置复制拓扑。

多主复制架构模式下，林内任何域控制器都可处理和更新复制，所以只要一台或多台服务器仍维持运作，管理员和应用程序便可以更新数据并如往常一样持续工作，但是要注意灵活的单主机操作（Flexible Single Master Operations，FSMO）角色的位置。

域控制器采用多主复制的优点是高效，缺点是产生大量的网络流量。AD 域服务自动创建复制拓扑，当任何域控制器信息变更时，会通过域控制器的复制伙伴，然后复制伙伴初始化。初始化成功后，数据库之间开始复制，直到所有的域控制器同步。

10. 复制协议

域控制器之间复制数据时，采用以下协议。

- IP——站点内或者站点间都可以使用该协议复制数据，数据复制时将使用加密和身份验证机制。
- SMTP——该协议只能在站点间使用。

11. 复制伙伴

复制伙伴分为直接复制伙伴和间接复制伙伴。

- 直接复制伙伴。

源域控制器（发生数据更新的域控制器）不会将更新数据复制给同一个站点内的所有域控制器，而是复制给该域控制器的直接复制伙伴。直接复制伙伴由 KCC 自动创建，源域控制器和直接复制伙伴之间的复制效率最高，同时源域控制器决定哪一台域控制器是该域控制器的直接复制伙伴。复制时，首先复制给直接复制伙伴，再由直接复制伙伴把更新复制到其他域控制器。

- 间接复制伙伴。

间接复制伙伴通过域控制器转发而更新数据的域控制器，它不从源域控制器直接复制数据。

12. 目录分区

目录分区的分类如下。

- 架构目录分区：架构目录分区存储所有对象和属性的定义，以及建立和控制的规则。整个林内所有域共享一份相同的架构目录分区，该分区会被复制到林中所有域内的所有域控制器。
- 配置目录分区：配置目录分区存储整个活动目录结构的信息，包括域、站点、域控制器。整个林内所有域共享一份相同的配置分区，该分区会被复制到林中所有域内的所有域控制器。
- 域目录分区：每一个域各有一个域目录分区，存储在该域有关的对象，例如用户、组、计算机、组织单位等。每个域各自拥有一份域目录分区，该分区只能被复制到该域内的所有域控制器，并不会被复制到其他域的域控制器。

• 应用程序目录分区：一般来说，应用程序目录分区由应用程序创建，其内存储着与该应用程序有关的数据。应用程序目录分区会被复制到林中的特定域控制器，而不是所有的域控制器。

13. 复制机制

站点复制采用以下机制完成复制的更新。

（1）通知更新复制。

域控制器 A 建立一个用户账号，新建账号属于初始更新。在更新完成以后，域控制器 A 服务器在 15 秒之后发出更新通知。此更新通知并非同时通知所有域内的域控制器，通过复制拓扑通知第一个域控制器 B，域控制器 B 接受到复制信息后，将新的账号复制到域控制器 B 数据库中，仅复制发生改变的数据，属于增量更新，此复制过程属于“拉”复制。3 秒钟后，由域控制器 B 再通知域控制器 C，以此类推，将更新的数据复制到其他域控制器。

复制拓补：

活动目录复制拓扑为环形，通过 KCC 自动创建拓扑。KCC 进程在每个域控制器上运行，帮助域控制器建立到其他域控制器的复制链接对象。如果域控制器和域控制器之间没有创建链接对象，域控制器之间将不能复制。链接对象创建成功后，在复制伙伴前面有一个标识为“< 自动生成 >”。

• 自动拓扑：域控制器之间的拓扑结构建议由 KCC 自动完成。

• 父子域复制拓扑：如果是父子域的复制拓扑，复制可以正常运行，仅复制的数据不同，从父域接收架构分区和配置分区的数据，子域内接收子域域分区的数据，父域内的域控制器接受父域内的域控制器的数据。

（2）紧急复制。

紧急复制以一种“推”的机制强制立即更新域控制器上的 AD 数据，紧急复制运作模式会立刻传递变更通知给所有的复制伙伴，而不会等到暂停时间结束。紧急复制应用于以下场景情况：停用账户、RID 序列号变更、域控制器机器账户变更等场合。域策略支持紧急复制模式，例如在域级别指定了一个账户锁定策略，或者指定了一个密码策略，立即连接并发布复制到所有域控制器。此复制过程属于“推”复制，目标域控制器接受 AD 数据变更和新的策略。

（3）定时检查复制。

定时检查复制是以计划方式在指定时间执行复制，默认每隔一段时间（站点内每个小时、站点间每 3 个小时）检查 1 次复制状态，包括更新通知复制和紧急复制，检测通知更新和紧急复制后的数据是否同步、丢失数据或者复制没有完成等状态。如果出现上述状况，将通知初始域控制器，以“拉”方式复制没有更新的数据，复制将立即执行。

14. 站点复制配置演示

以下案例将演示站点复制，打开“服务器管理器”窗口，在“工具”按钮的下拉菜单中选择“Active Directory 站点和服务”，如图 4–33 所示。

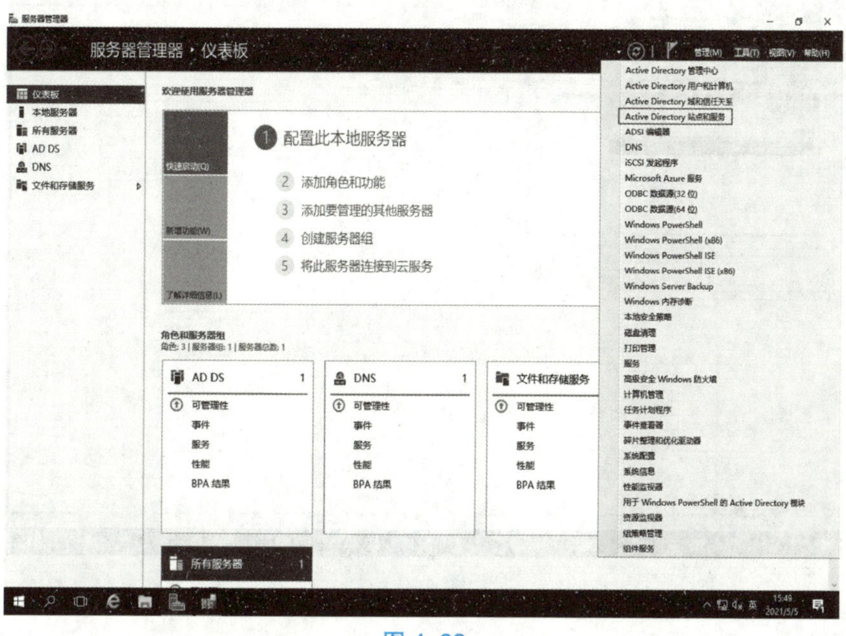

图 4–33

在打开的“Active Directory 站点和服务”窗口左侧“Sites”上单击鼠标右键，在弹出快捷菜单中选择“新站点”，如图 4–34 所示。

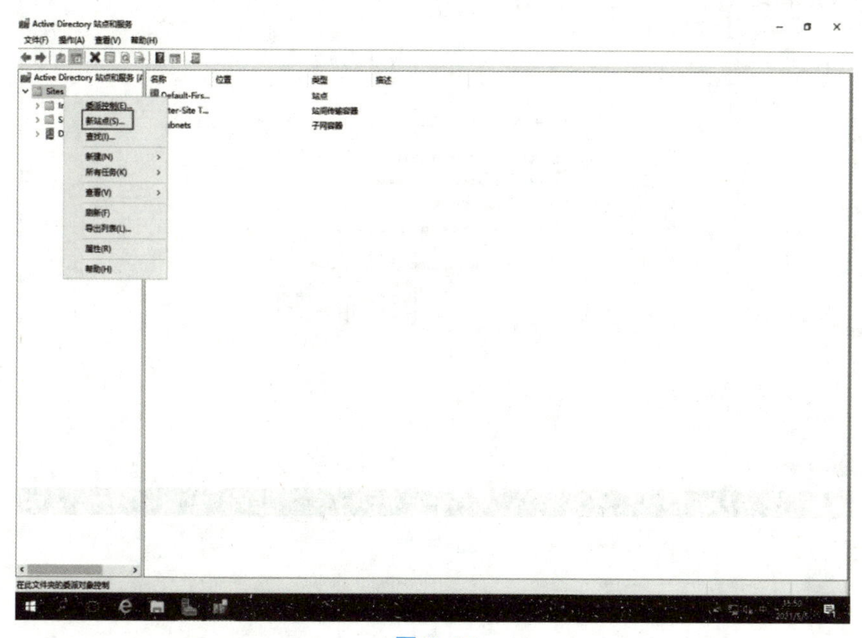

图 4–34

打开“新建对象-站点”对话框，在“名称”文本框中输入“SiteA”，选择“DEFAULT IPSITELINK”，单击“确定”按钮，如图 4–35 所示。

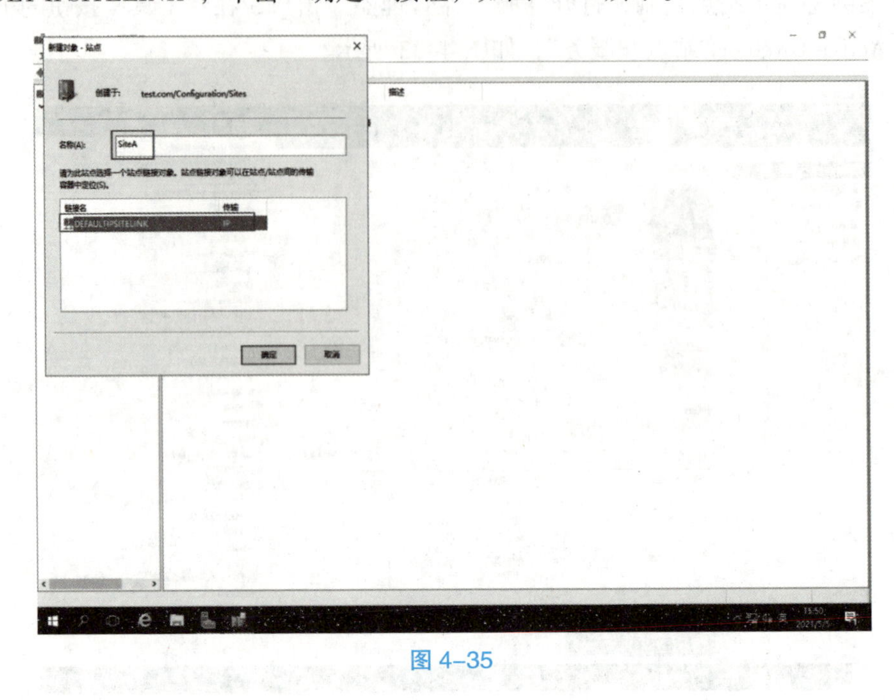

图 4–35

在弹出的“Active Directory 域服务”对话框中，单击“确定”按钮，如图 4–36 所示。

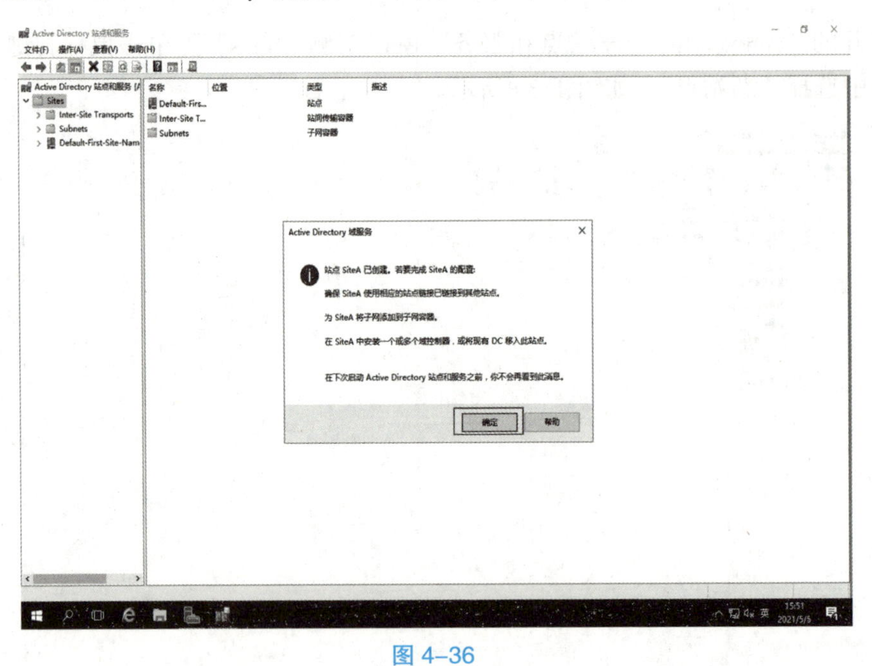

图 4–36

重复以上操作创建 SiteB，如图 4-37 所示。

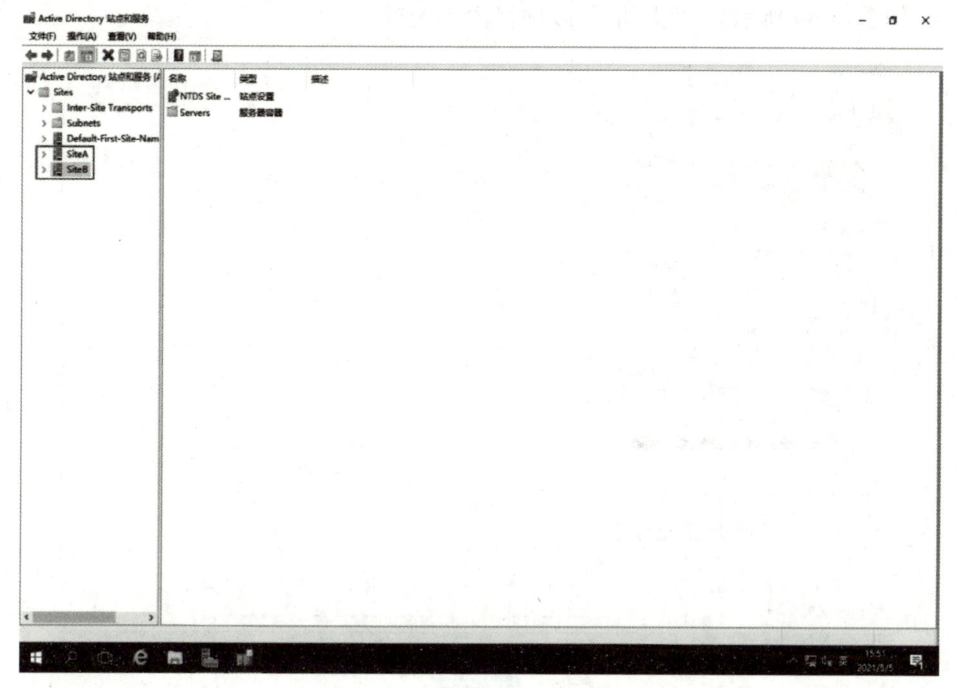

图 4-37

在“Subnets”上单击鼠标右键，选择“新建子网”，如图 4-38 所示。

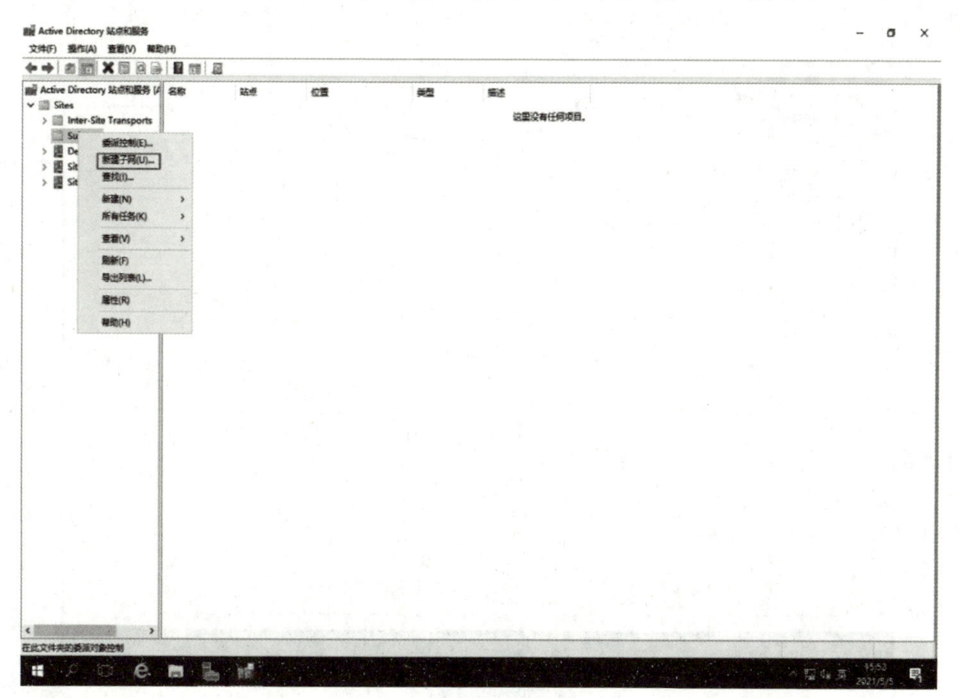

图 4-38

打开“新建对象 – 子网”对话框，在“前缀”文本框中输入“192.168.10.0/24”，选择“SiteA”，如图 4–39 所示。（实际情况以项目内容为准。）

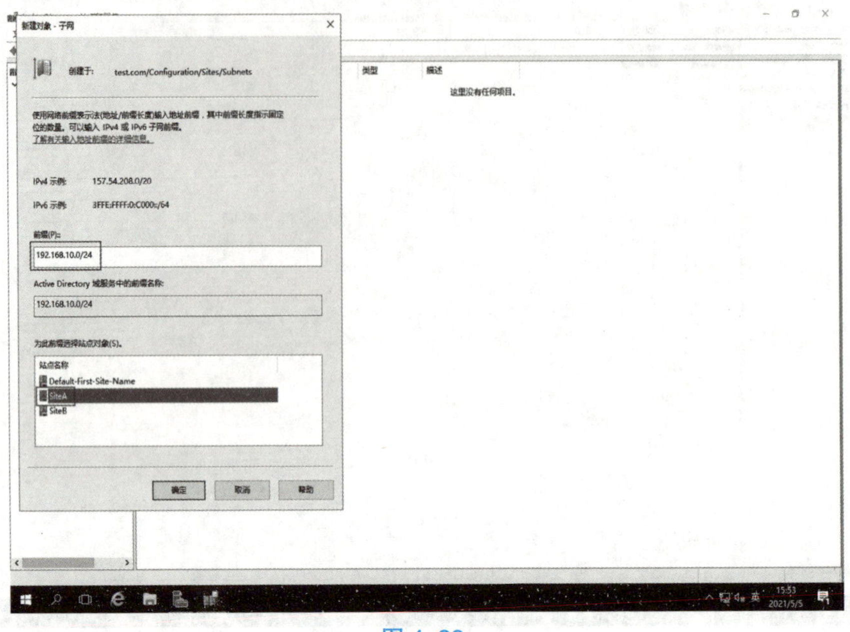

图 4–39

重复以上操作，将 SiteB 加入 192.168.11.0/24，如图 4–40 所示。（实际情况以项目内容为准。）

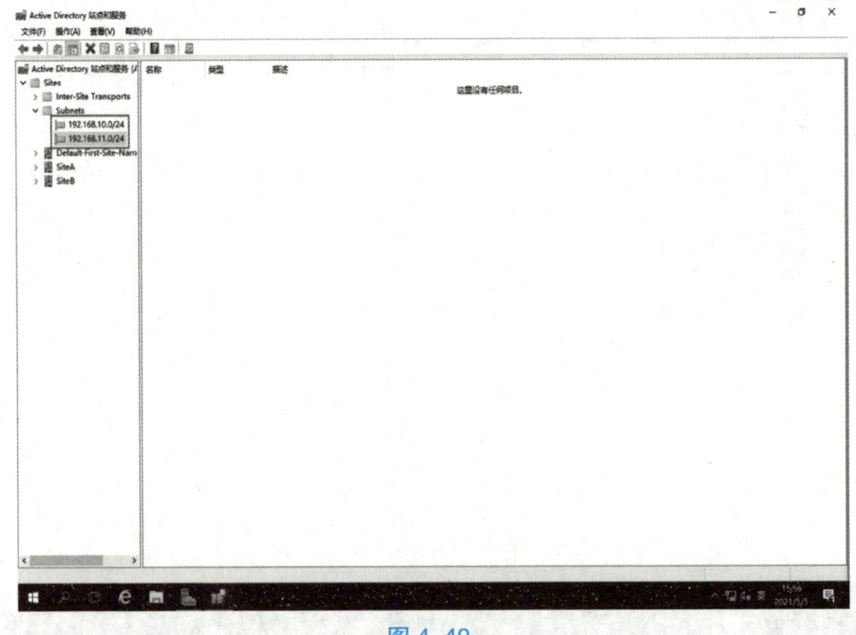

图 4–40

在“IP”上单击鼠标右键，选择“新站点链接”，如图 4-41 所示。

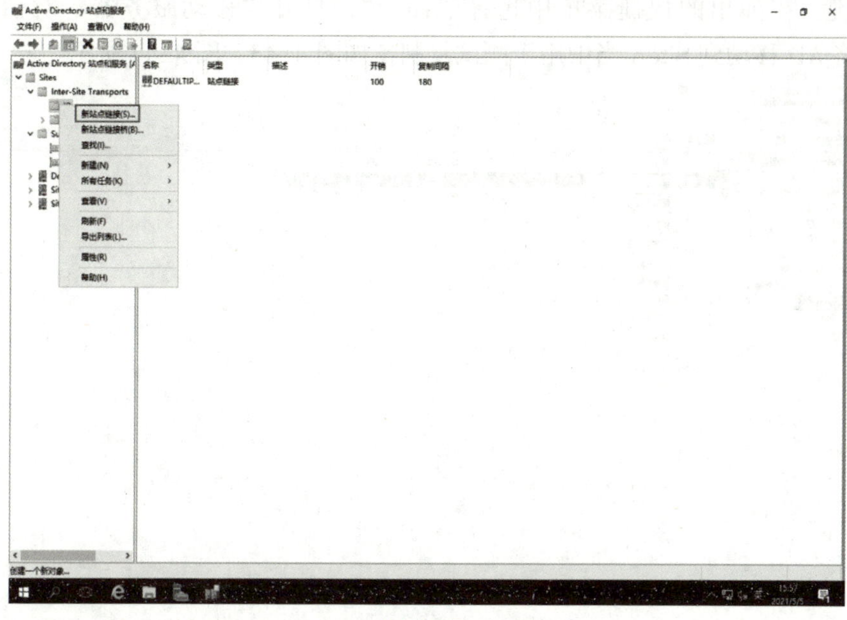

图 4-41

打开“新建对象 - 站点链接”对话框，在“名称”文本框中输入“SiteLinkAB”，将 SiteA 与 SiteB 添加到“在此站点链接中的站点”列表框中，单击“确定”按钮，如图 4-42 所示。

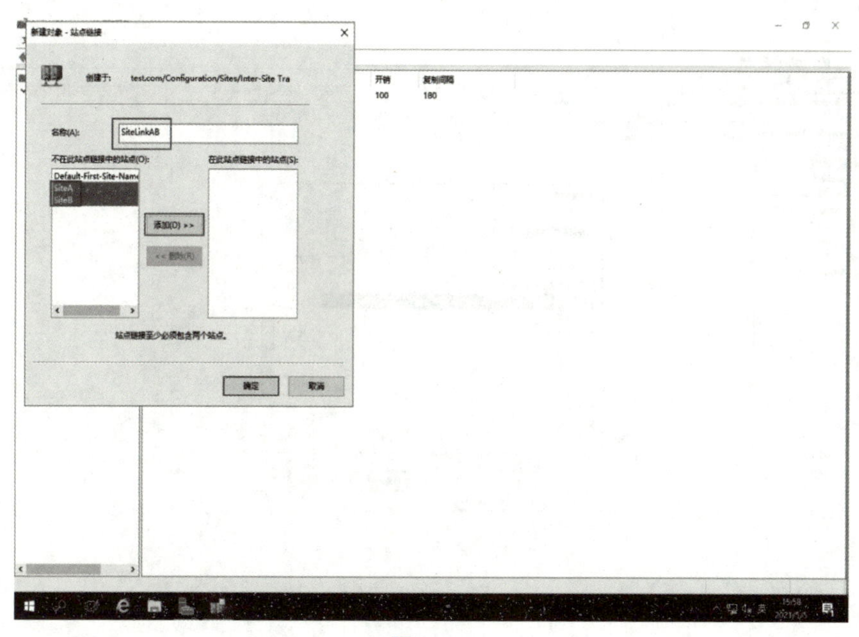

图 4-42

在“Active Directory 站点和服务”窗口左侧选择“Servers”，在右侧的“AD”上单击鼠标右键，在弹出的快捷菜单中选择“移动”，打开“移动服务器”对话框，选择“SiteA”，将 AD 移动到 SiteA 当中用于测试复制，如图 4-43、图 4-44 所示。

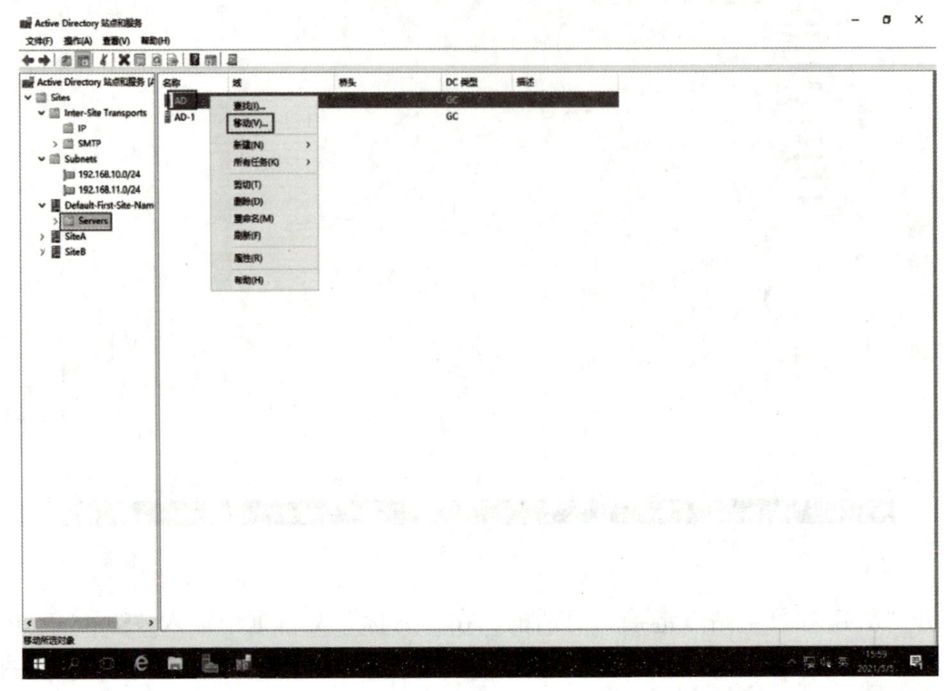

图 4-43

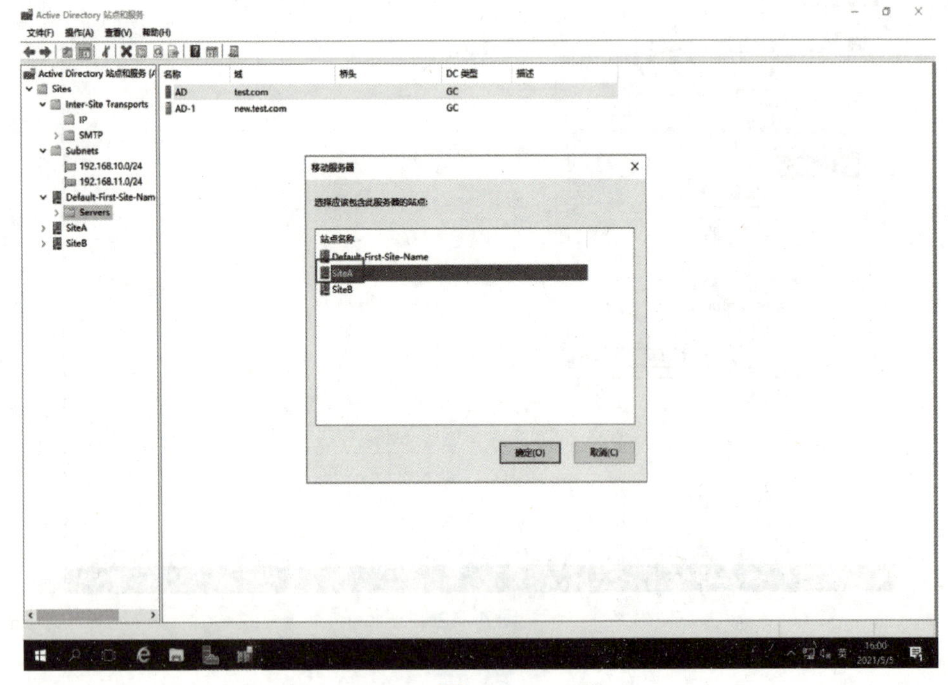

图 4-44

重复以上移动操作，将 AD-1 移动到 SiteB，最终结果如图 4-45 所示。

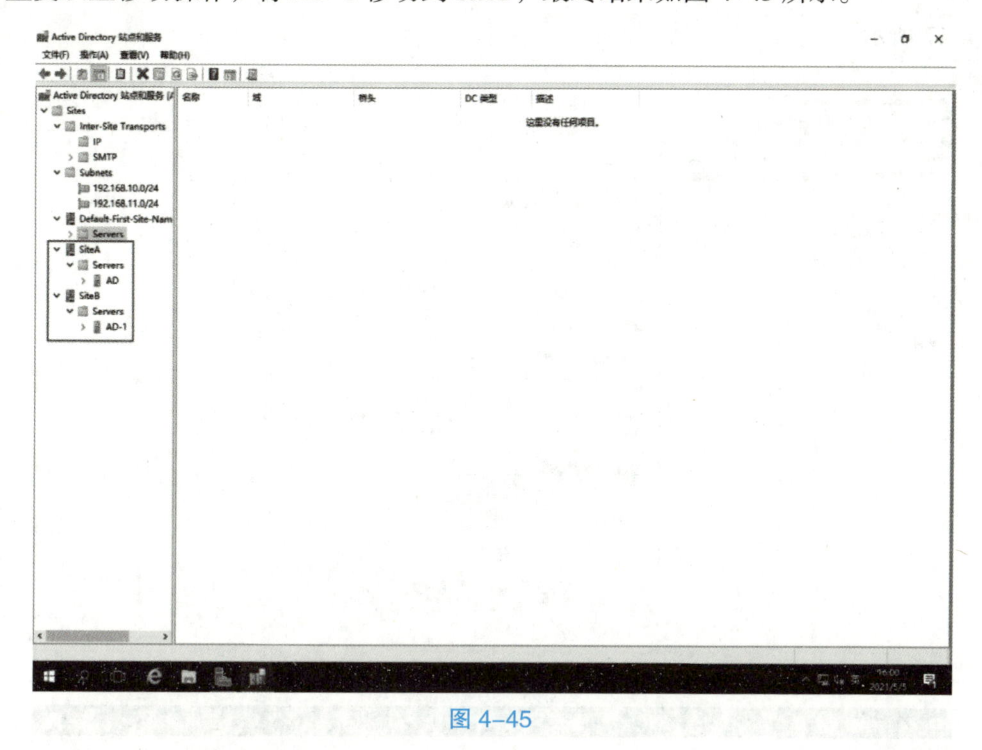

图 4-45

在“Active Directory 站点和服务”窗口左侧的“AD”上单击鼠标右键，在弹出的快捷菜单中选择“属性”，如图 4-46 所示。

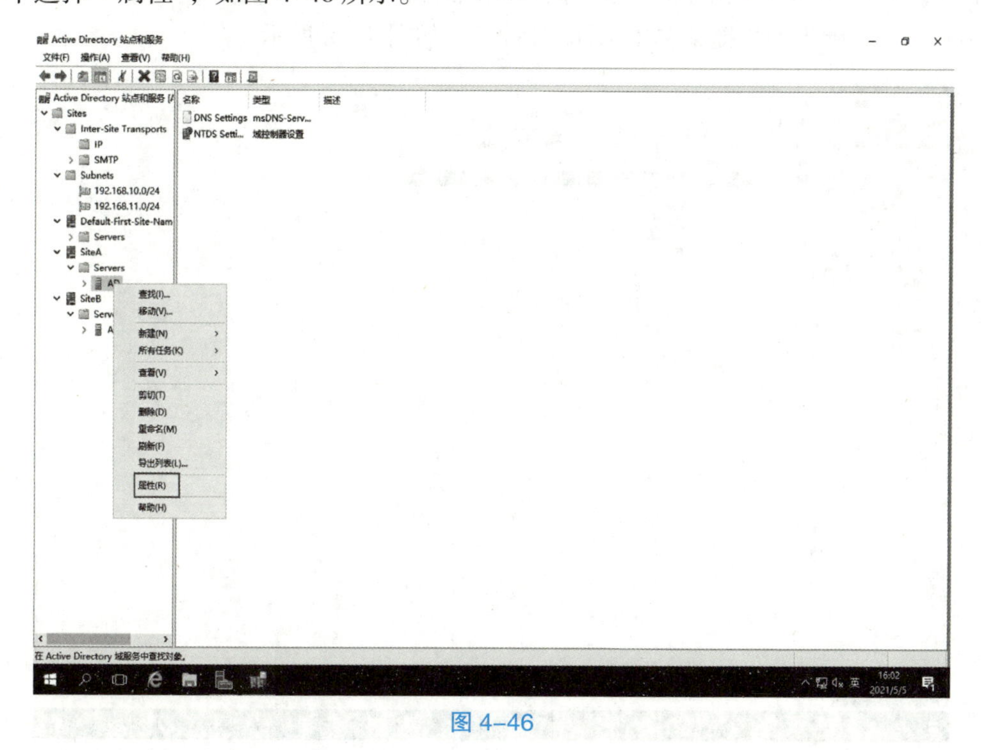

图 4-46

打开“AD 属性”对话框，将“IP”添加到右侧列表框中，将 IP 设置为桥头服务器。如图 4–47 所示。

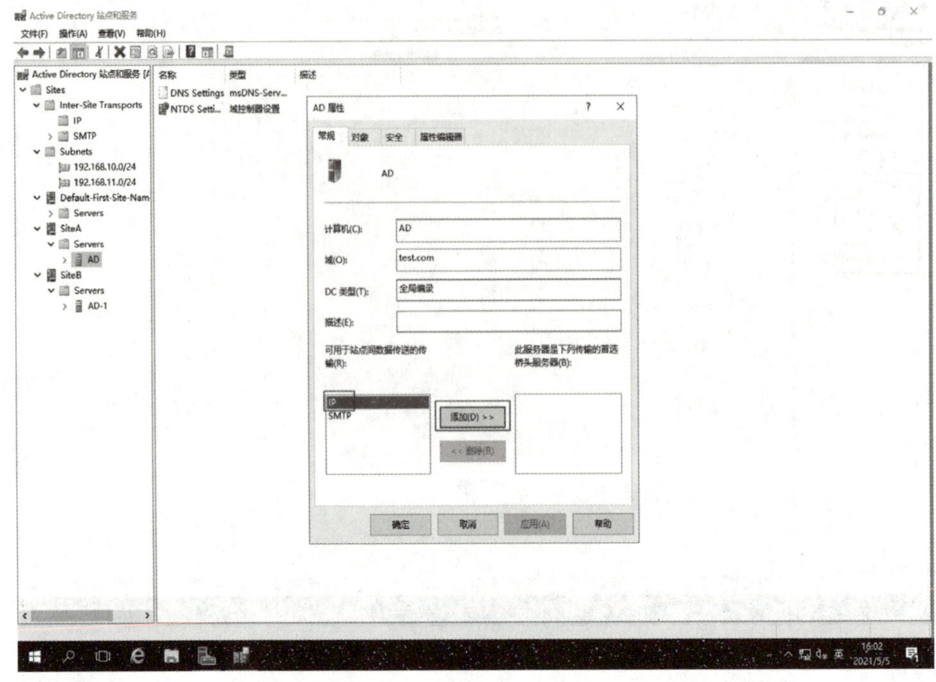

图 4–47

在“Active Directory 站点和服务”窗口左侧选择“IP”，在右侧的“SiteLinkAB”上单击鼠标右键，在弹出的快捷菜单中选择“属性”，如图 4–48 所示。

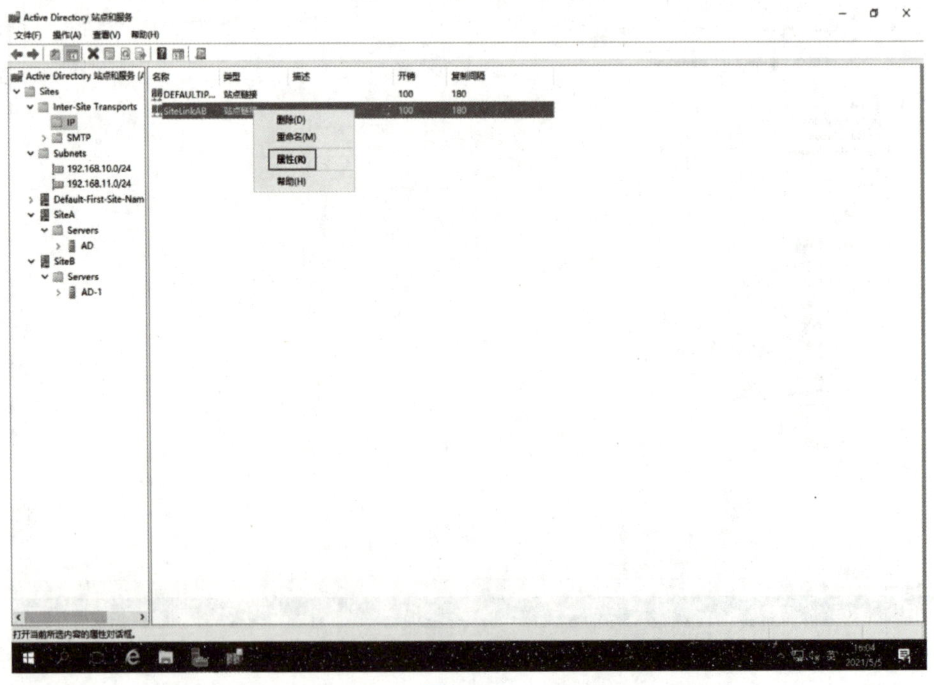

图 4–48

打开“SiteLinkAB 属性”对话框，单击“更改计划”按钮，如图 4–49 所示。

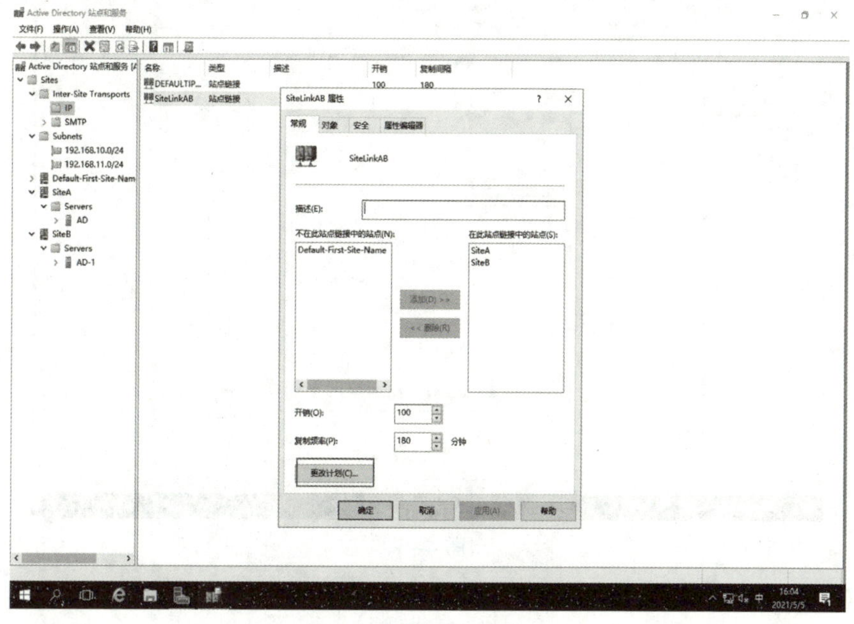

图 4–49

打开“SiteLinkAB 的计划”对话框，设置同步计划时间，如图 4–50 所示。

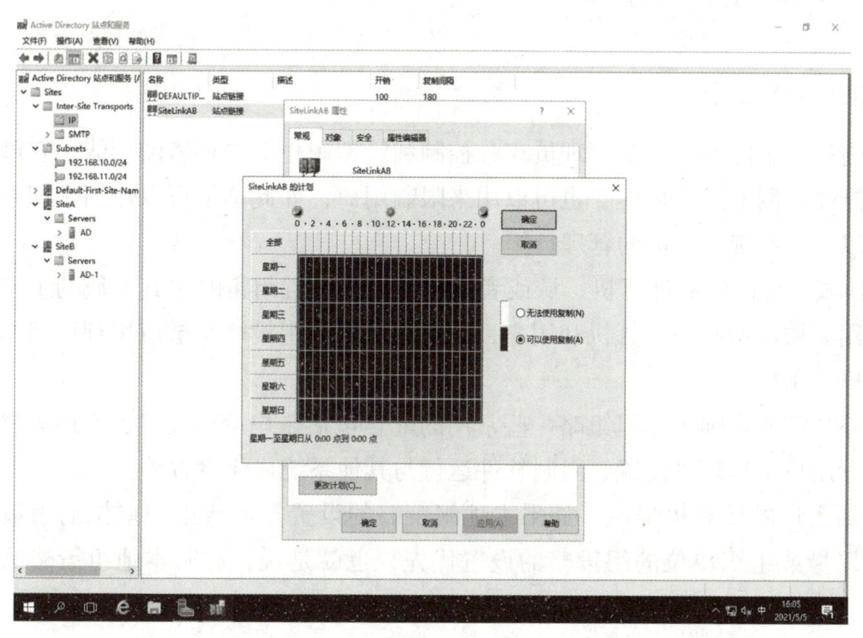

图 4–50

在“Active Directory 站点和服务”窗口左侧“IP”上单击鼠标右键，在弹出的快捷菜单中选择“属性”，打开“IP 属性”对话框，勾选“为所有站点链接搭桥”复选框，单击“确定”按钮，如图 4–51 所示。

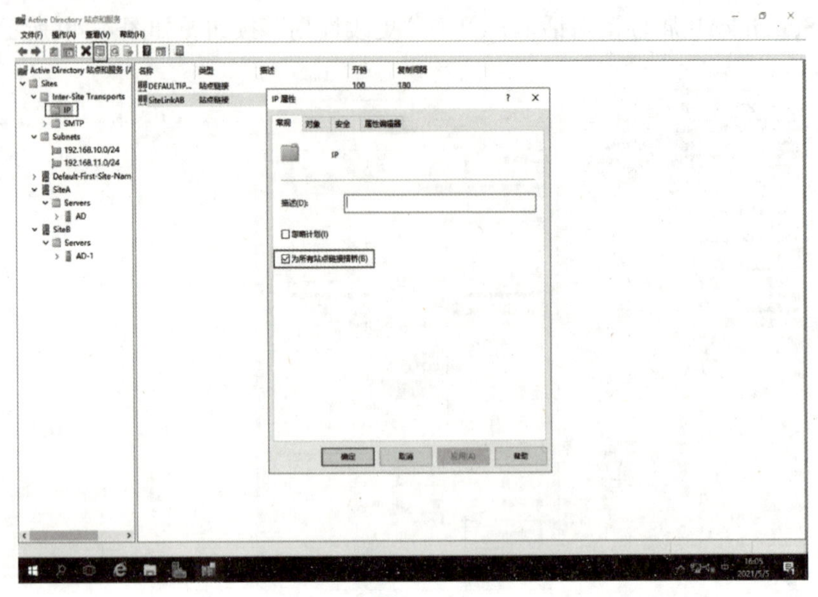

图 4-51

4.4 AD 域组策略管理

1. 组策略对象概念

组策略是一个能够让系统管理员充分控制和管理用户工作环境的功能。它可以用来确保用户拥有受控制的工作环境，也可以用来限制用户，如此不但可以让用户拥有适当的环境，也可以减轻系统管理员的管理负担。

在 AD 域中可以针对计算机、域或者组织单位来设置组策略。其中域的组策略中的设置会被应用到域内所有的计算机和用户，而组织单位的组策略会被应用到该组织单位内的所有计算机和用户。

组策略功能非常强大，组策略一些常用的配置包括账户策略设置、本地策略设置、脚本的设置、用户工作环境设置、限制软件运行与其他系统优化设置等。

对于加入域的计算机来说，如果本地组策略的设置与域或组织单位的组策略设置发生冲突，以域或组织单位的组策略的设置优先，也就是说，此时本地组策略的设置是无效的。

2. AD 中的两个内置组策略对象

Default Domain Controllers Policy（默认域控制器策略）：默认被链接到组织单位，其设置会被应用到所有域控制器上。

Default Domain Policy（一个单独的，存在于域控制器的文件对象）：默认被链接到域，其设置将会被应用到整个域内的所有用户域计算机中。

3. 组策略配置方法

组策略的条目较多，这里只做部分演示，按“Windows+R”组合键，在“运行”对话框中输入 gpmc.msc，打开“组策略管理”窗口。

在窗口左侧“Default Domain Policy”上单击鼠标右键，在弹出的快捷菜单中选择“编辑”，如图 4–52 所示。

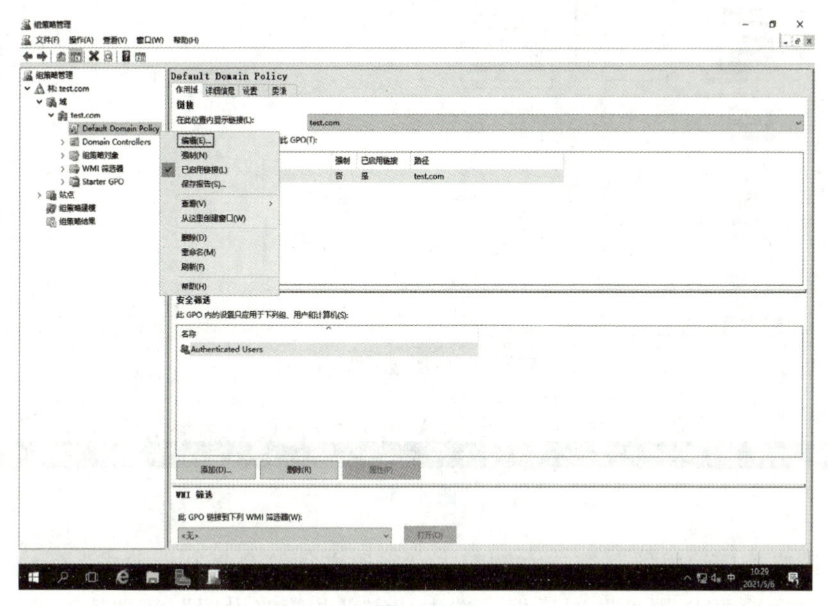

图 4–52

在打开的“组策略管理编辑器”窗口左侧依次选择“计算机配置”–“策略”–“Windows 设置”–“安全设置”–“帐户策略”–“密码策略”，在窗口右侧选择“密码长度最小值”策略，如图 4–53 所示。

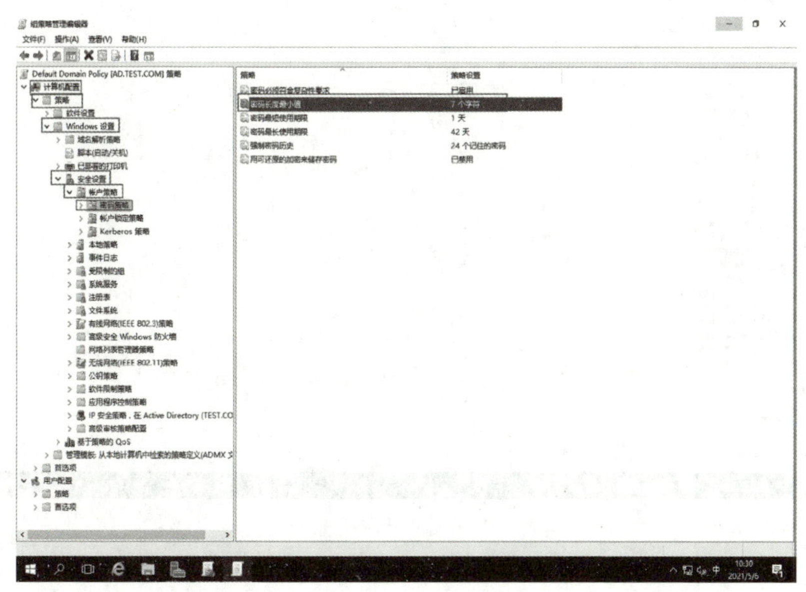

图 4–53

双击打开“密码长度最小值 属性”对话框，选中“定义此策略设置”复选框，将长度设置为0个字符，如图4–54所示。

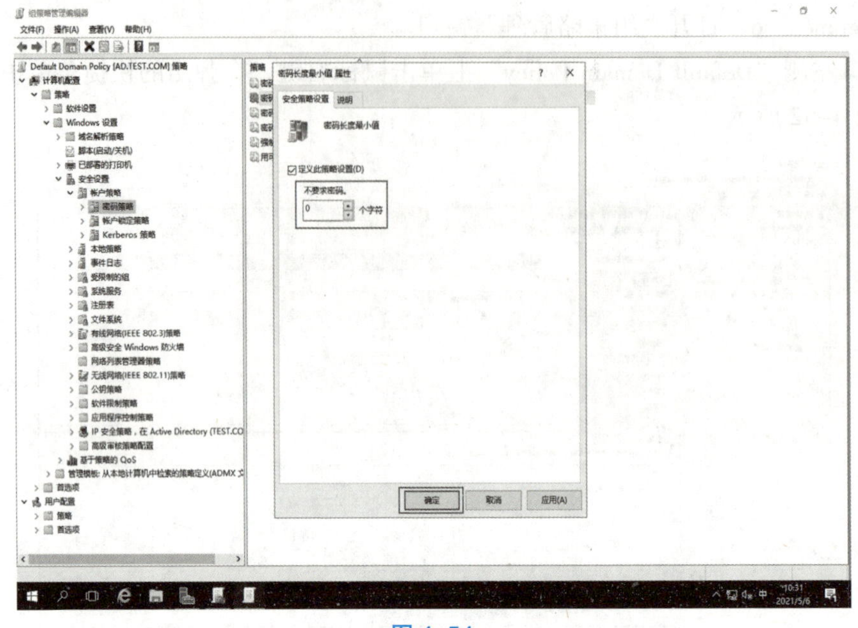

图 4–54

在“组策略管理编辑器”窗口右侧双击“密码必须符合复杂性要求”策略，打开“密码必须符合复杂性要求 属性”对话框，选中“定义此策略设置”复选框，选择“已禁用”单选按钮，单击“确定”按钮，如图4–55所示。

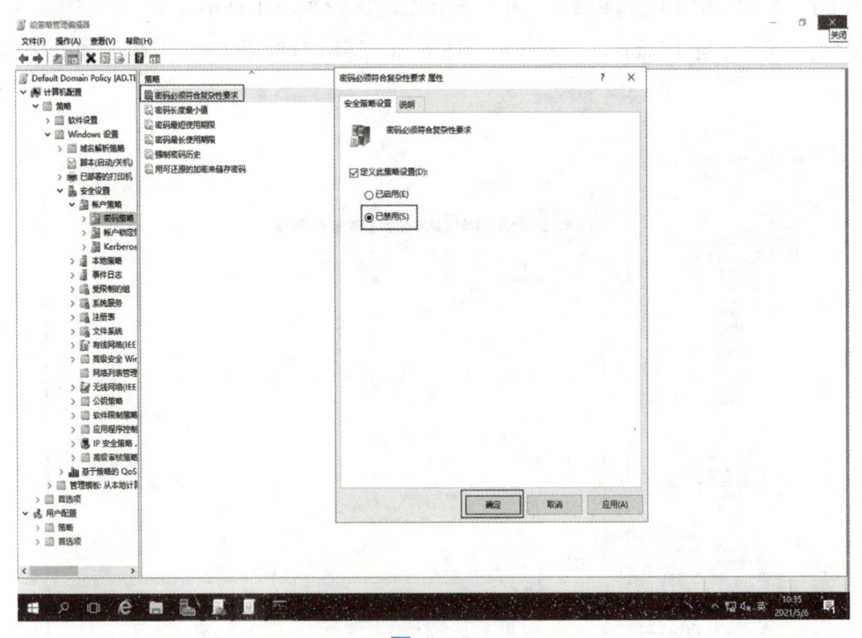

图 4–55

可使用命令提示符工具进行更新组策略。在“运行”对话框中输入 cmd，打开命令提示符窗口，输入 gpupdate 命令进行更新并测试效果，如图 4-56 所示。

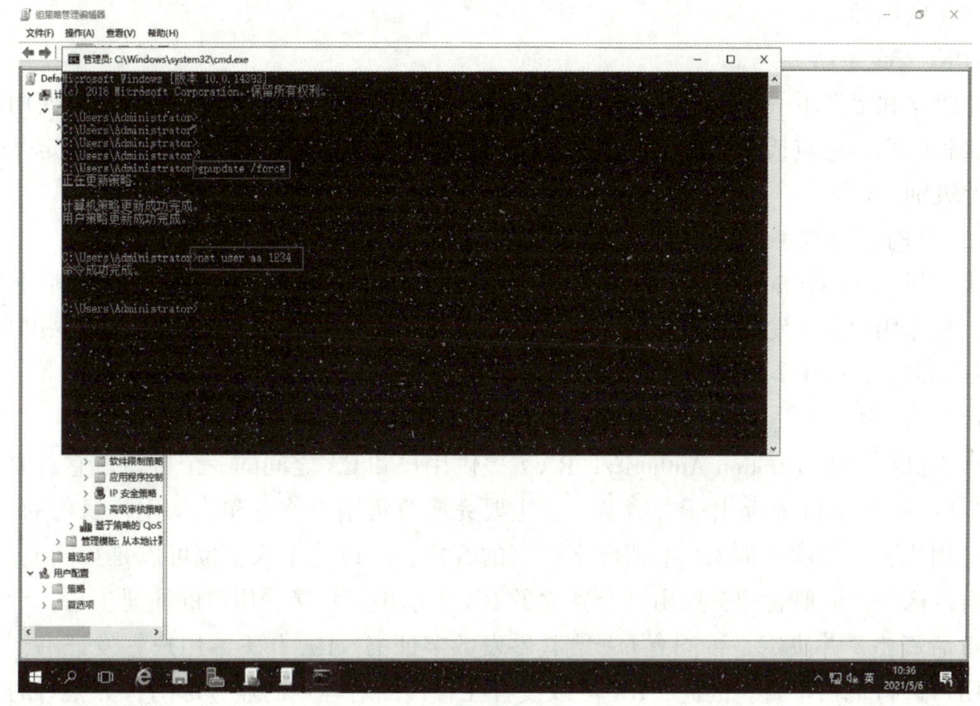

图 4-56

4.5 证书颁发机构服务

1. 证书颁发机构概念

Microsoft Active Directory 证书服务是一个平台，提供用于发布和管理公共密钥基础设施（Public Key Infrastructure，PKI）证书的服务。这些数字证书用于保护超文本传输安全协议（Hypertext Transfer Protocol Secure，HTTPS）连接，验证网络上的设备和用户等。此服务已在 Windows Server 2000 中引入，并且自 Windows Server 2008 R2 起，其在服务器管理器中可用作为服务器角色。

2. 证书颁发机构服务概念

（1）PKI 系统介绍。

PKI 是一个包括硬件、软件、人员、策略和规程的集合，用来实现基于公钥密码体制的密钥和证书的产生、管理、存储、分发和撤销等功能。

PKI 体系是计算机软硬件、权威机构及应用系统的结合。它为实施电子商务、电子政务、办公自动化等提供了基本的安全服务，从而使那些彼此不认识或距离很远的用户能通过信任链安全地交流。

一个典型的 PKI 系统包括 PKI 策略、软硬件系统、认证机构、注册机构、证书发布系统和 PKI 应用等。

• PKI 安全策略。

它建立和定义了一个组织信息安全方面的指导方针，同时也定义了密码系统使用的处理方法和原则。它包括一个组织怎样处理密钥和有价值的信息，根据风险的级别定义安全控制的级别。

• 证机构。

认证机构（Certification Authority，CA）是 PKI 的信任基础，它管理公钥的整个生命周期，其作用包括：发放证书、规定证书的有效期和通过发布证书废除列表（Certification Revocation List，CRL）确保必要时可以废除证书。

• 注册机构。

注册机构（Registration Authority，RA）提供用户和 CA 之间的一个接口，它获取并认证用户的身份，向 CA 提出证书请求。它主要完成收集用户信息和确认用户身份的功能。这里的用户，是指将要向 CA 申请数字证书的客户，可以是个人，也可以是集团或团体、某政府机构等。注册管理一般由一个独立的 RA 来承担。它接受用户的注册申请，审查用户的申请资格，并决定是否同意 CA 给其签发数字证书。RA 并不给用户签发证书，而只是对用户进行资格审查。因此，RA 可以设置在直接面对客户的业务部门，如银行的营业部、机构认识部门等。当然，对于一个规模较小的 PKI 应用系统来说，可让 CA 来完成注册管理的职能，而不设立独立运行的 RA。但这并不是取消了 PKI 的注册功能，而只是将其作为 CA 的一项功能而已。PKI 国际标准推荐由一个独立的 RA 来完成注册管理的任务，可以增强应用系统的安全。

• 证书发布系统。

证书发布系统负责证书的发放，如可以通过用户自己或通过目录服务器发放。目录服务器可以是一个组织中现存的，也可以是 PKI 方案中提供的。

• PKI 应用

PKI 的应用非常广泛，包括应用在 Web 服务器和浏览器之间的通信、电子邮件、电子数据交换（Electronic Data Inter change，EDI）、在 Internet 上的信用卡交易和虚拟私有网等。

通常来说，CA 是证书的签发机构，它是 PKI 的核心。众所周知，构建密码服务系统的核心内容是如何实现密钥管理。公钥体制涉及一对密钥（即私钥和公钥），私钥只由用户独立掌握，无须在网上传输，而公钥则是公开的，需要在网上传输，故公钥体制的密钥管理主要是针对公钥的管理问题，较好的方案是数字证书机制。

（2）PKI 的标准。

PKI 的标准可分为两个部分：一类用于定义 PKI，而另一类用于 PKI 的应用，下面主要介绍定义 PKI 的标准。

ASN.1 基本编码规则的规范——X.209（1988）。ASN.1 是描述在网络上传输信息格式的标准方法。它有两部分：第一部分（ISO 8824/ITU X.208）描述信息内的数据、数据类型及序列格式，也就是数据的语法；第二部分（ISO 8825/ITU X.209）描述如何将各部分数据组成消息，也就是数据的基本编码规则。这两个标准除了在 PKI 体系中被应用外，还被广泛应用于通信和计算机的其他领域。

目录服务系统标准——X.500（1993）。X.500 是一套已经被国际标准化组织（International Organization for Standardi-zation，ISO）接受的目录服务系统标准，它定义了一个机构如何在全局范围内共享其名称和与之相关的对象。X.500 是层次性的，其中的管理域（机构、分支、部门和工作组）可以提供这些域内的用户和资源信息。在 PKI 体系中，X.500 被用来唯一标识一个实体，该实体可以是机构、组织、个人或一台服务器。X.500 被认为是实现目录服务的最佳途径，但 X.500 的实现需要较大的投资，并且比其他方式速度慢，其优势是具有信息模型、多功能和开放性。

IDAP 轻量级目录访问协议——IDAP V3。LDAP 规范（RFC1487）简化了笨重的 X.500 目录访问协议，并且在功能性、数据表示、编码和传输方面部进行了相应的修改。1997 年，LDAP V3 成为互联网标准。IDAP V3 已经在 PKI 体系中被广泛应用于证书信息发布、CRI。信息发布、CA 政策及与信息发布相关的各个方面。

数字证书标准——X.509（1993）。X.509 是国际电信联盟电信标准化部门（ITU-T）制定的数字证书标准。在 X.500 确保用户名称唯一性的基础上，X.509 为 X.500 用户名称提供了通信实体的鉴别机制并规定了实体鉴别过程中广泛适用的证书语法和数据接口。X.509 的最初版本公布于 1988 年，由用户公开密钥和用户标识符组成此外还包括版本号、证书序列号、CA 标识符、签名算法标识、签发者名称、证书有效期等信息。这一标准的最新版本是 X.509 V3，该版数字证书提供了一个扩展信息字段，用来提供更多的灵活性及特殊应用环境下所需的信息传送。

在线证书状态协议。在线证书状态协议（OnIine Certificate Status Protocol，OCSP）是因特网工程任务组（Internet Engineering Task Force，IETF）颁布的用于检查数字证书在某一交易时刻是否仍然有效的标准。该标准给 PKI 用户提供一条方便快捷的数字证书状态查询通道，使 PKI 体系能够更有效、更安全地在各个领域中被广泛应用。

公钥加密标准（the Public-Key Cryptography Standards，PKCS）是南美 RSA 数据安全公司及其合作伙伴制定的一组公钥密码学标准，其中包括证书申请、证书更新、证书作废表发布、扩展证书内容以及数字签名、数字信封的格式等方面的一系列相关协议。

3. 证书颁发机构演示配置

以下配置作为证书颁发机构的配置搭建演示。

在“服务器管理器”窗口单击“添加角色和功能”，打开“添加角色和功能向导”对话框。

在“选择服务器角色”界面勾选“Active Directory 证书服务”复选框，如图 4–57 所示。

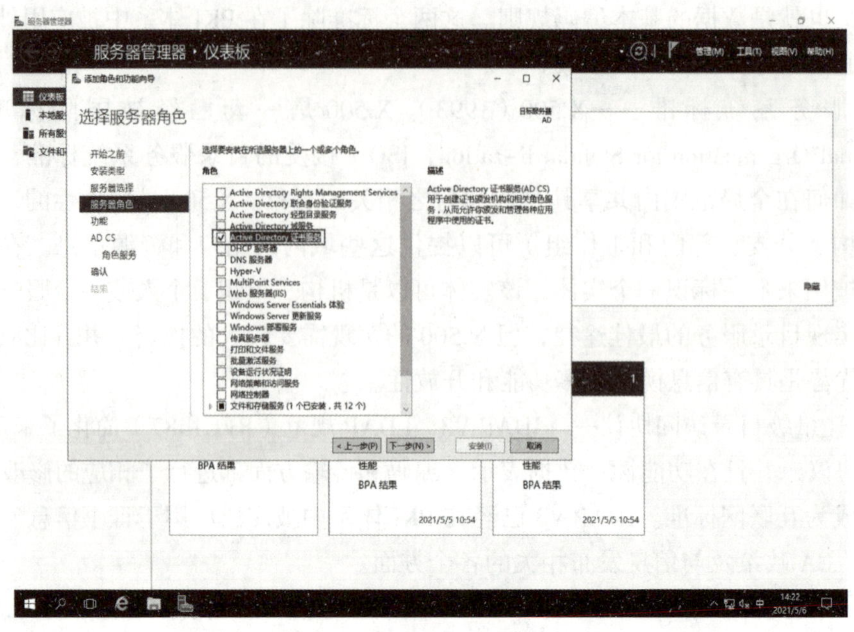

图 4–57

在“选择角色服务”界面勾选“证书颁发机构 Web 注册”复选框，单击“下一步”按钮，如图 4–58 所示。（证书颁发机构 Web 注册能够更方便地注册部分模板，是比较适合初始阶段的一种注册模式。）

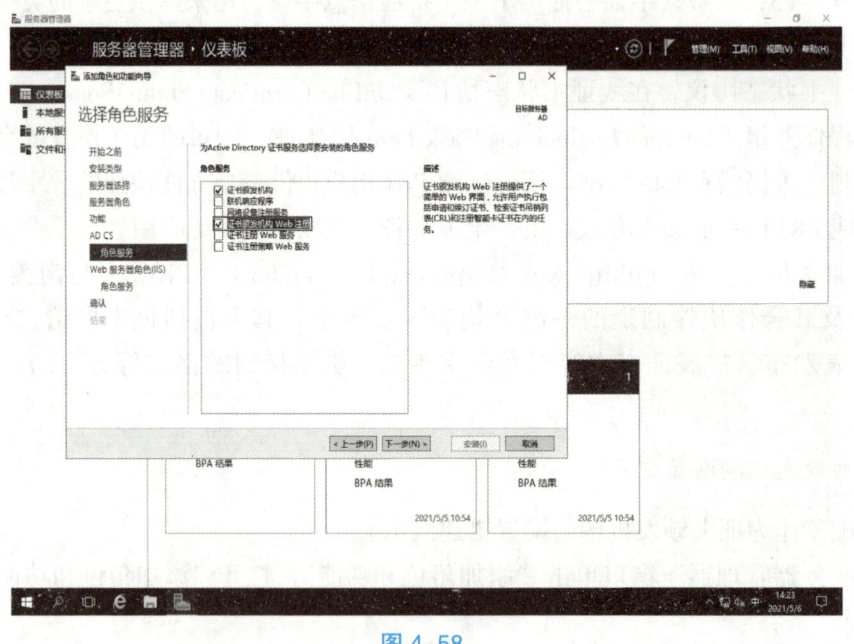

图 4–58

在“确认安装所选内容”界面单击“安装”按钮。

安装完成后，在“服务器管理器”窗口，单击感叹号标识，在弹出的对话框中单击“配置服务器上的 Active Directory 证书服务”超链接，如图 4–59 所示。

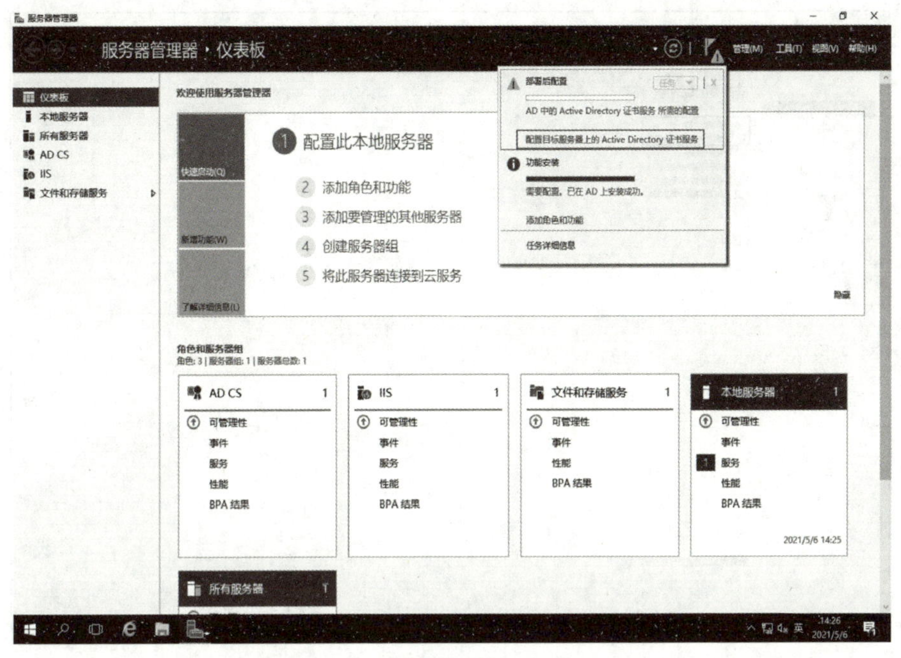

图 4–59

打开“AD CS 配置”对话框，在“凭据”文本框中提供管理员凭证，单击“下一步”按钮如图 4–60 所示。

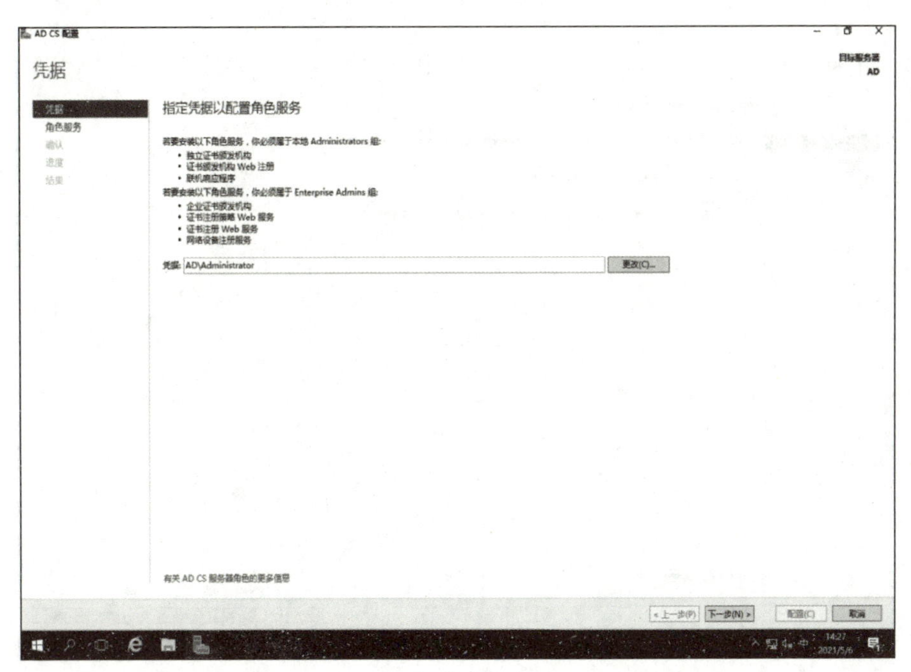

图 4–60

在“凭据”界面，勾选“证书颁发机构”与“证书颁发机构 Web 注册”复选框，单击“下一步”按钮，如图 4-61 所示。

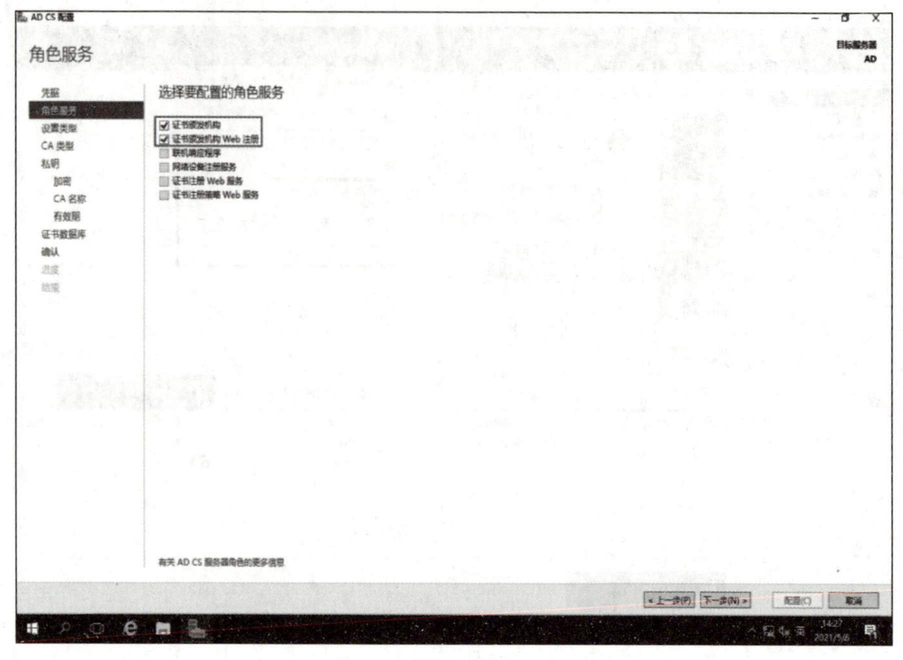

图 4-61

在“设置类型”界面，选择“独立 CA”单选按钮，单击“下一步”按钮，如图 4-62 所示。（企业 CA 需要 AD 环境的支持。）

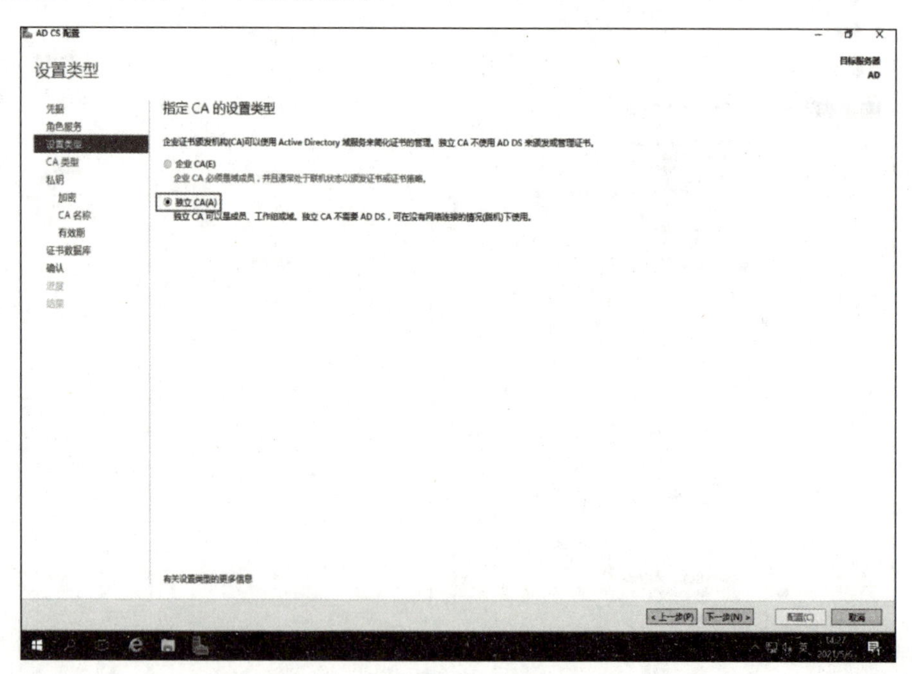

图 4-62

在“CA 类型”界面选择“根 CA”单选按钮，单击“下一步”按钮，如图 4–63 所示。

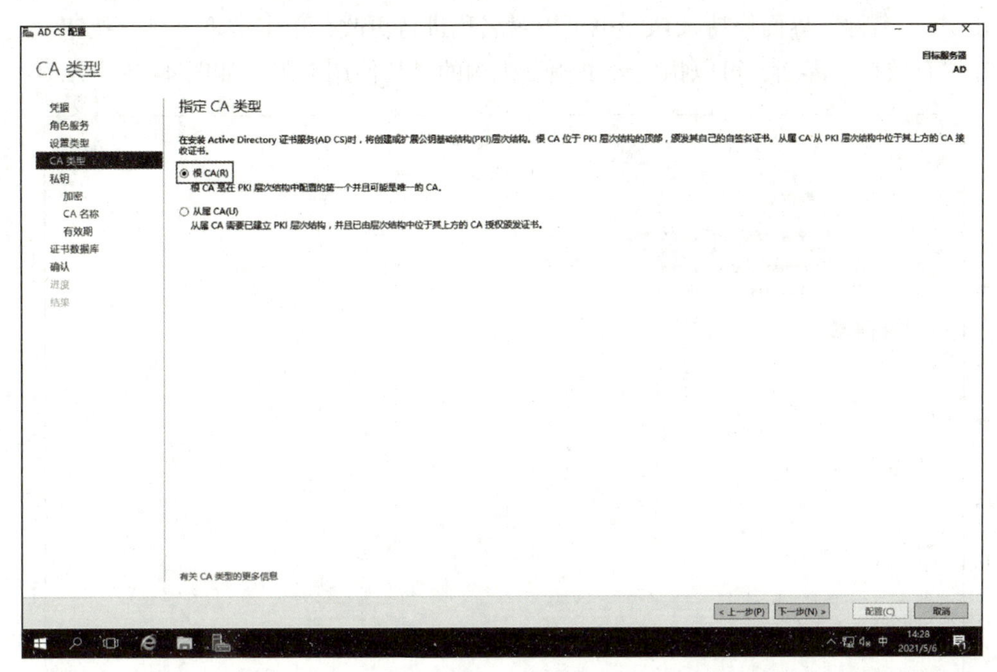

图 4–63

在“私钥”界面选择“创建新的私钥”单选按钮，单击“下一步”按钮，如图 4–64 所示。

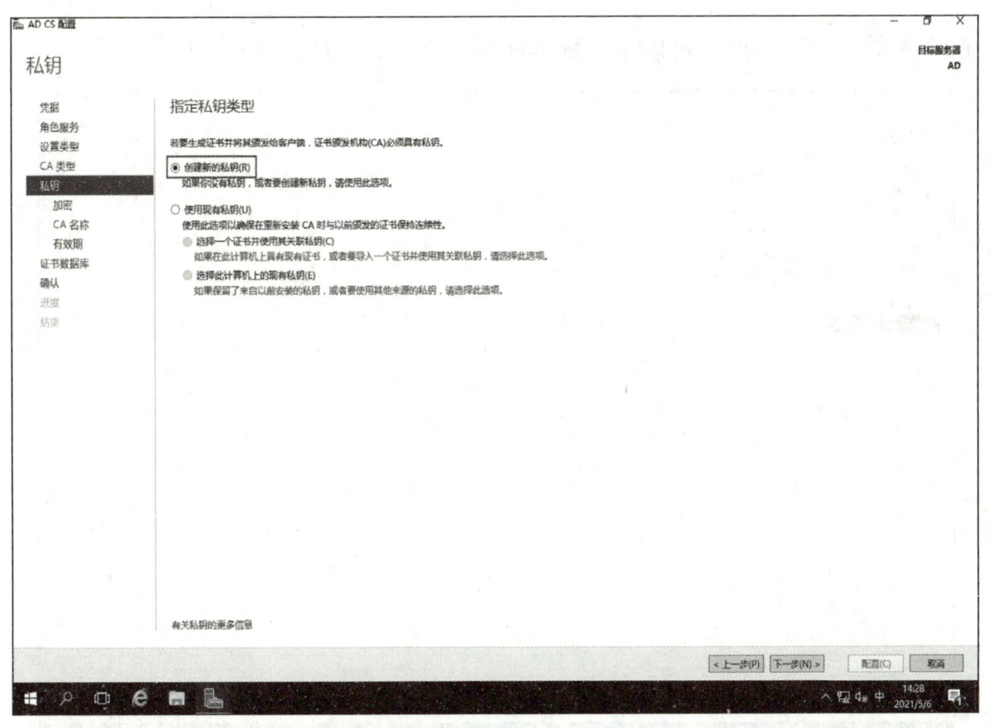

图 4–64

在“CA 的加密”界面保持默认，也可以更改加密级别，单击“下一步”按钮。
在“CA 名称”界面保持默认，也可以对名称进行更改，单击“下一步”按钮。
在“有效期”界面，可以指定证书颁发机构的最长使用期限，如图 4–65 所示。

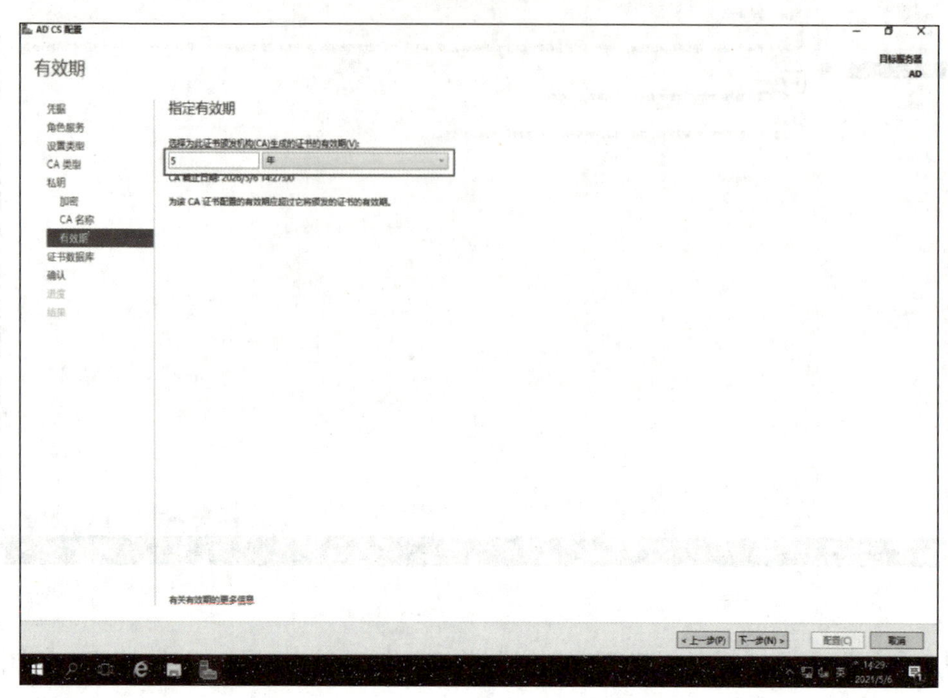

图 4–65

在“CA 数据库”界面，可以指定数据库存储路径，如图 4–66 所示。

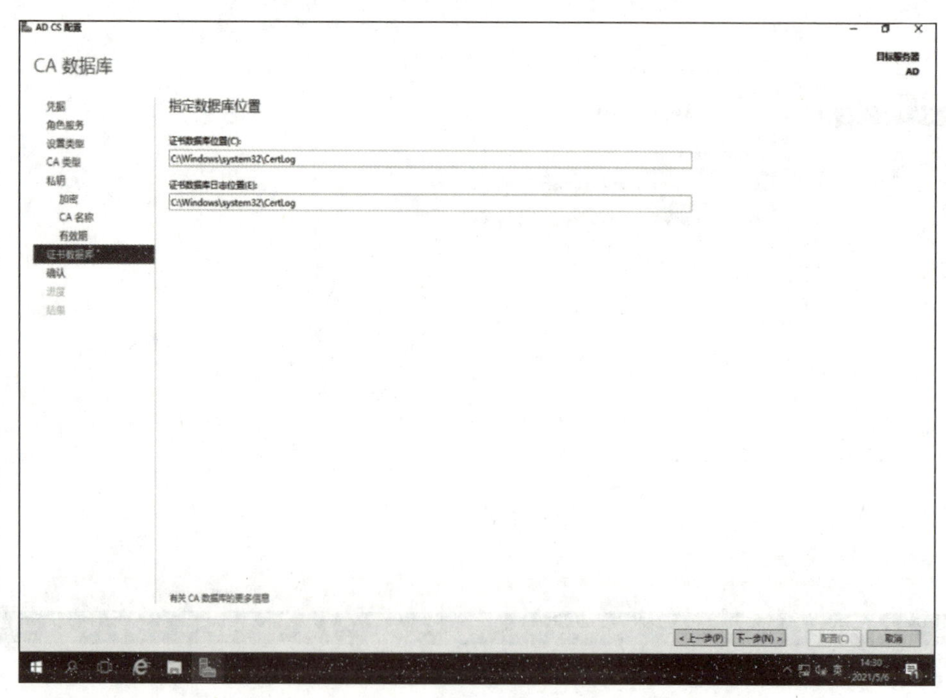

图 4–66

在“确认”界面做最后确认，单击“配置”按钮，如图 4–67 所示。

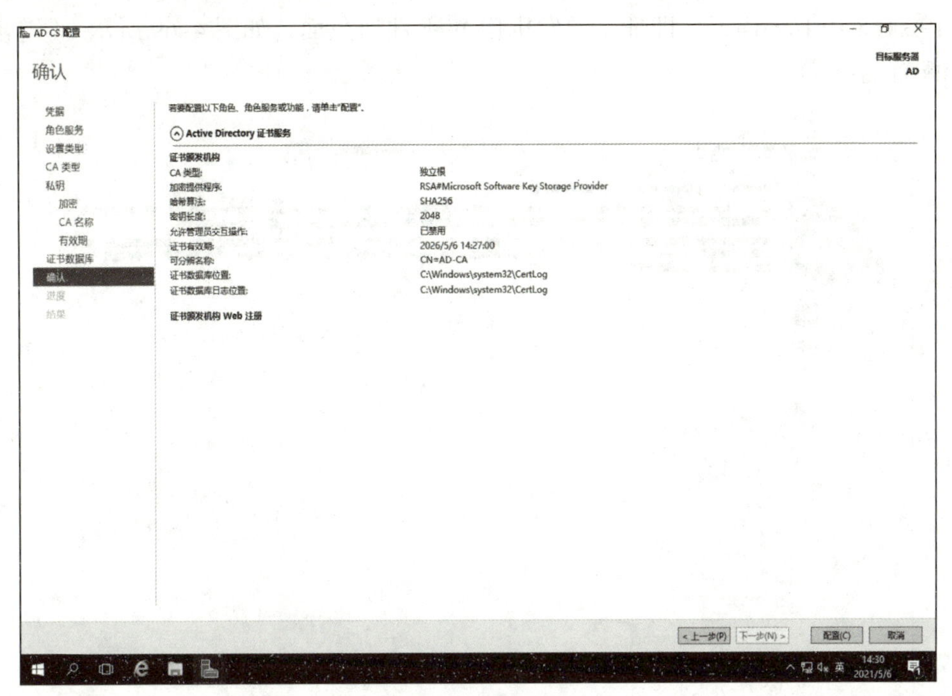

图 4–67

配置结果如图 4–68 所示。

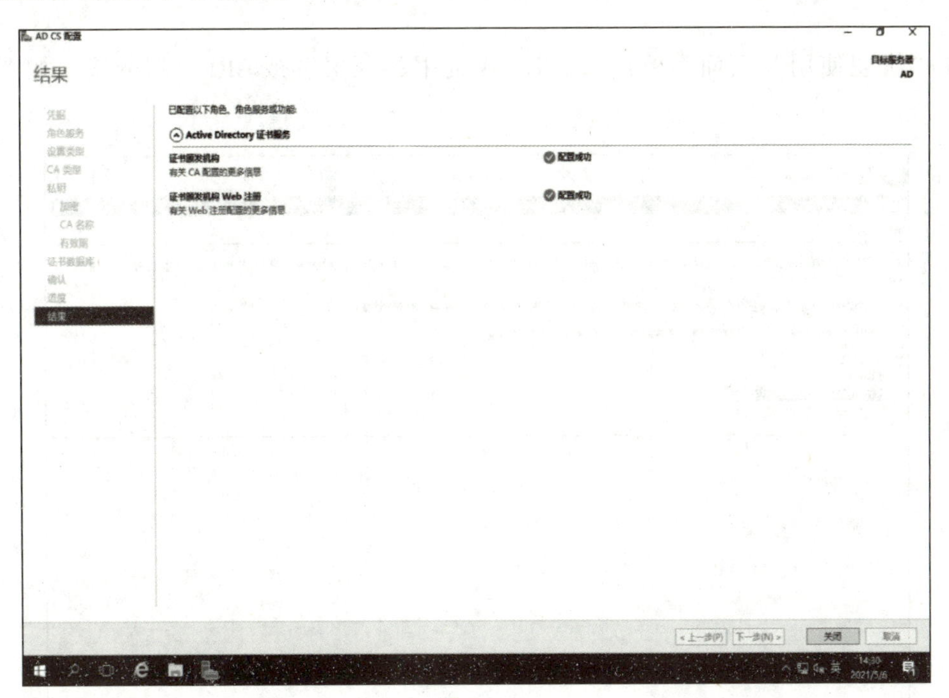

图 4–68

按“Windows+R”组合键，在“运行”对话框中输入 iexplore，访问链接“http://192.168.10.1/certsrv”，即证书颁发机构 Web 注册页面，如图 4–69 所示。(链接地址以实际配置为准。)

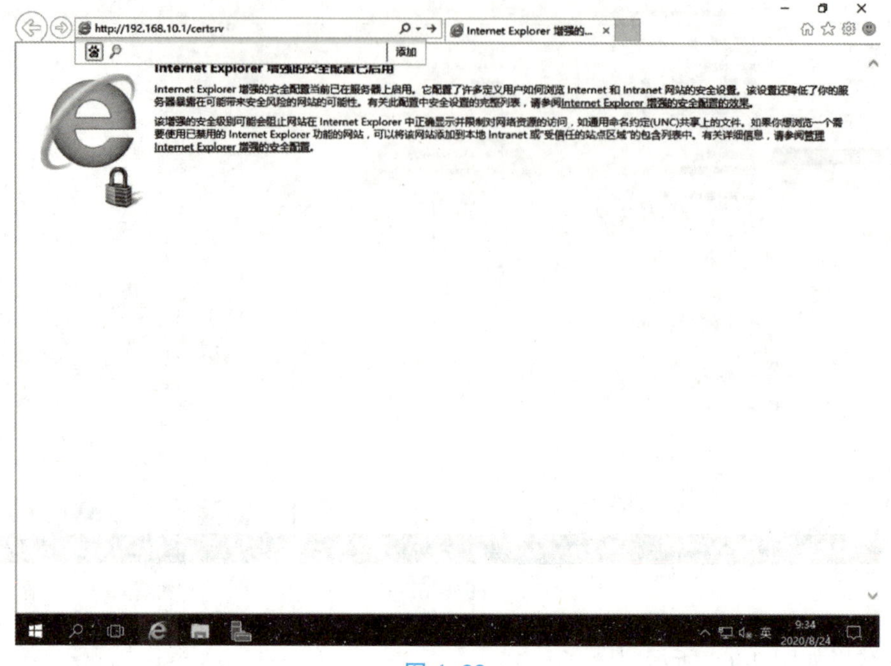

图 4–69

在“欢迎使用”页面，单击“下载 CA 证书、证书链或 CRL”超链接，如图 4–70 所示。

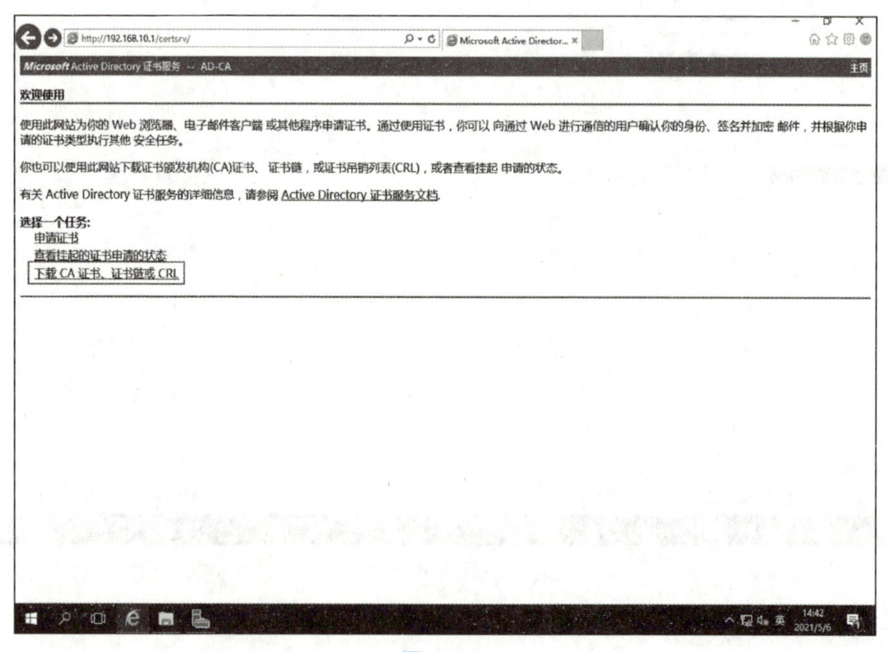

图 4–70

在“下载 CA 证书、证书链或 CRL”页面，单击“下载 CA 证书”超链接，如图 4–71 所示。

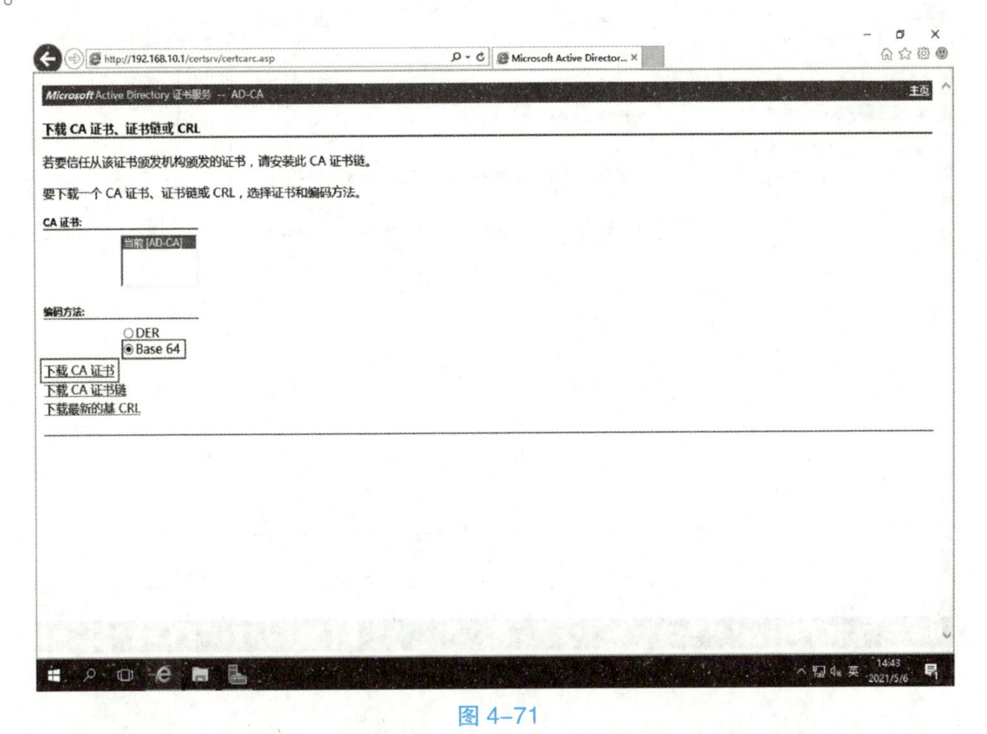

图 4–71

下载成功后，可以双击下载的文件查看证书以及进行信任证书。在“证书”对话框中单击“安装证书”按钮，如图 4–72 所示。

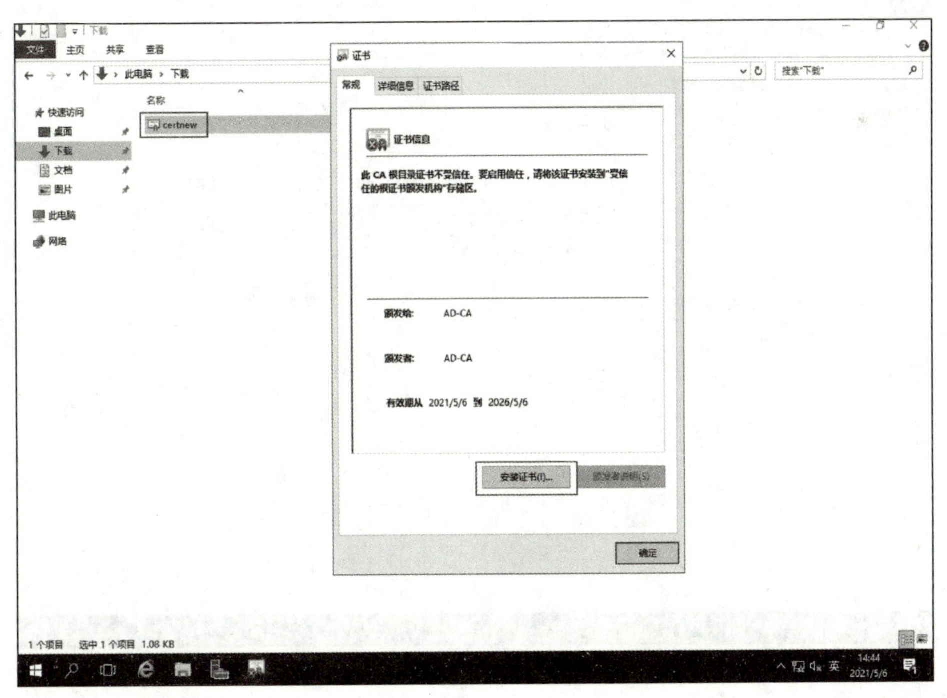

图 4–72

打开“证书导入向导”对话框，如图 4–73 所示。

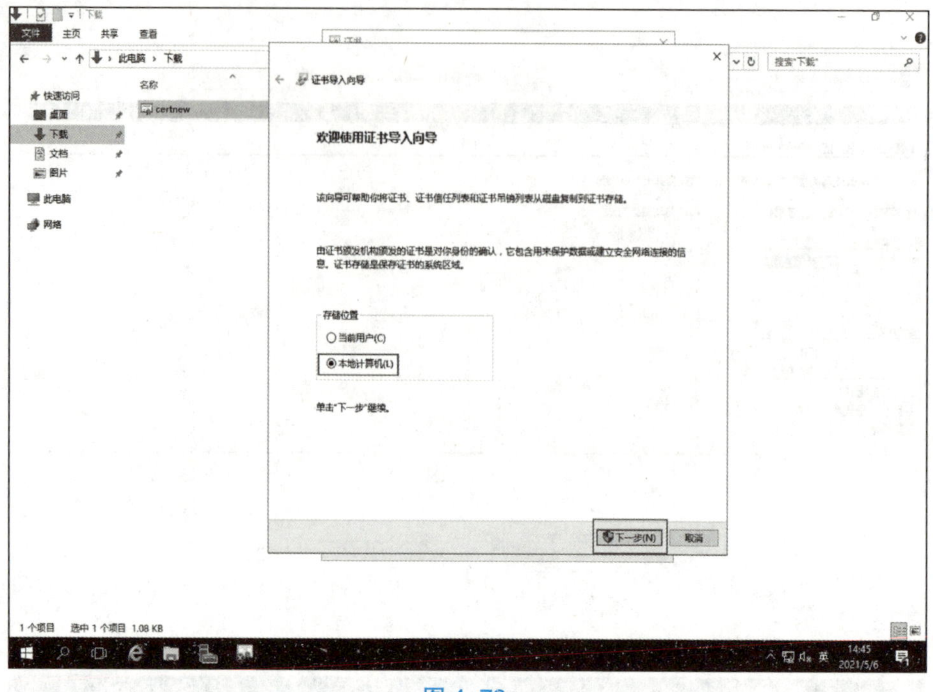

图 4–73

选择“根据证书类型，自动选择证书存储”单选按钮，单击“下一步”按钮，如图 4–74 所示。

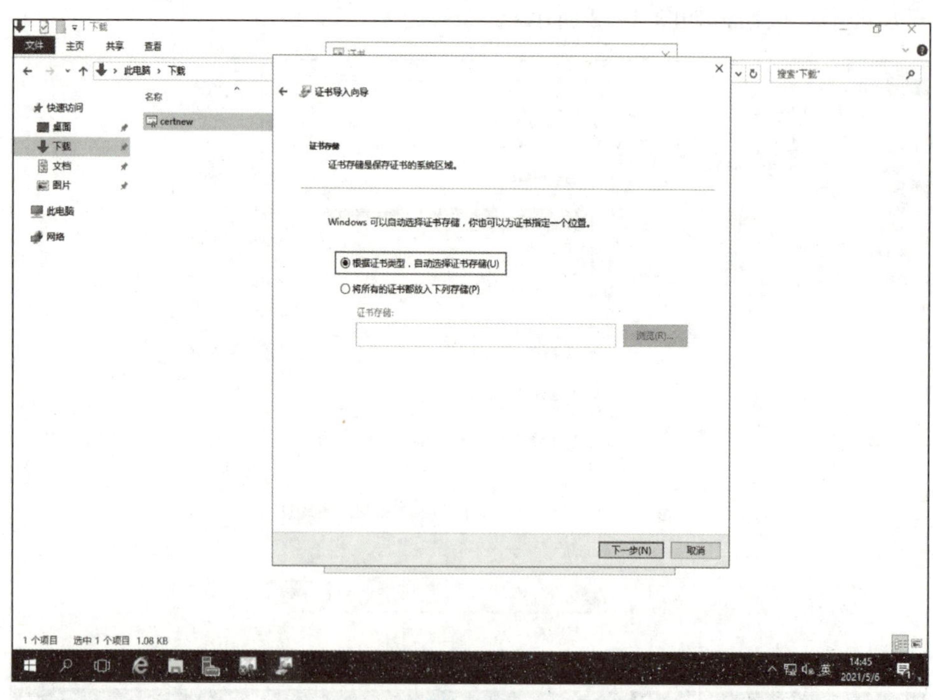

图 4–74

证书导入成功，如图 4–75 所示。

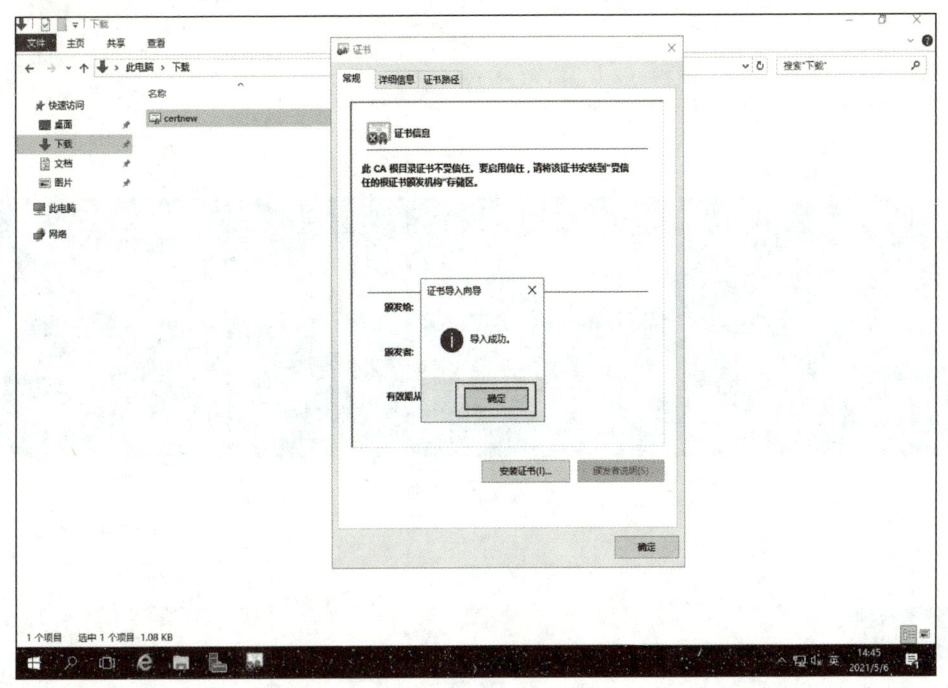

图 4–75

在独立 CA 中，任何客户端或者服务器必须通过以上形式进行信任证书颁发机构注册，否则将无法正常使用证书颁发机构的证书功能，客户端可以通过“证书颁发机构 Web 注册”进行证书的申请。

任务总结

本任务是学习并掌握 Windows Server 基础设施环境的部署，学习 DNS、AD 域、证书颁发机构这一系列服务的概念并对其配置，以用于实施方案中。

任务5 部署文件服务与资源管理

任务目标

学习并掌握Windows分布式文件系统、文件服务器资源管理器、动态访问控制及iSCSI目标服务的概念和服务的部署。

任务描述

Windows Server分布式文件系统

Windows Server文件服务器资源管理器

Windows Server动态访问控制

Windows Server iSCSI目标服务

5.1 分布式文件系统

1. 分布式文件系统概念

分布式文件系统（Distributed File System，DFS）命名空间是Windows Server中的一项角色服务，使用户可以将位于不同服务器上的共享文件夹分组为一个或多个逻辑结构化的命名空间。

2. 组成DFS命名空间的元素

组成DFS命名空间的元素如下。

• 命名空间服务器——命名空间服务器托管一个命名空间。命名空间服务器可以是成员服务器或域控制器。

• 根命名空间——根命名空间是命名空间的起点。这种名称空间是基于域的名称空间，因为它以域名（例如 contoso）开头，并且其元数据存储在 AD 域服务中。基于域的名称空间可以托管在多个名称空间服务器上，以提高名称空间的可用性。

• 文件夹——没有文件夹目标的文件夹向命名空间添加结构和层次结构，有文件夹目标的文件夹向用户提供实际内容。当用户浏览名称空间中具有文件夹目标的文件夹时，客户端计算机将收到一个引用，该引用透明地将客户端计算机重定向到其中一个文件夹目标。

• 文件夹目标——文件夹目标是共享文件夹或与命名空间中的文件夹相关联的另一个命名空间的通用命名标准（Universal Naming Conversion，UNC）路径。文件夹目标是数据和内容的存储位置。

选择服务器承载命名空间时需要考虑的因素如表 5-1 所示。

表 5-1　选择服务器承载命名空间时考虑的因素

服务器托管独立命名空间	服务器托管基于域的命名空间
必须包含一个 NTFS 卷来承载名称空间。	必须包含一个 NTFS 卷来承载名称空间。
可以是成员服务器或域控制器。	必须是配置了名称空间的域中的成员服务器或域控制器。（此要求适用于承载给定基于域的命名空间的每个命名空间服务器。）
可以由故障转移群集托管，以提高名称空间的可用性。	名称空间不能是故障转移群集中的群集资源。但是，如果将名称空间配置为仅使用该服务器上的本地资源，则可以在还充当故障转移群集中的节点的服务器上找到该名称空间。

3. DFS 复制的概念

DFS 复制是 Windows Server 中的角色服务，使用户能够在多个服务器和站点之间有效地复制文件夹（包括 DFS 名称空间路径所指的文件夹）。

DFS 复制是一种高效的多主复制引擎，可用于在有限带宽的网络连接中保持服务器之间的文件夹同步。它将文件复制服务（File Replication Service，FRS）替换为 DFS 命名空间的复制引擎，并在使用 Windows Server 2008 或更高版本域功能级别的域中复制 Active Directory 域服务 SYSVOL 文件夹。

DFS 复制使用一种称为远程差分压缩（Remote Differential Compression，RDC）的压缩算法。RDC 检测文件中数据更改，使 DFS 复制仅复制更改的文件块，而不复制整个文件。

要使用 DFS 复制，必须创建复制组并将复制的文件夹添加到组中。

每个复制的文件夹都有唯一的设置，例如文件和子文件夹过滤器，因此用户可以为每个复制的文件夹过滤掉不同的文件和子文件夹。

存储在每个成员上的复制文件夹可以位于成员中的不同卷上，并且复制文件夹不需要是共享文件夹或命名空间的一部分。但是，“DFS 管理”管理单元可以轻松共享复制的文件夹，并可以选择将它们发布在现有的名称空间中。

4. 分布式文件系统配置

在“服务器管理器”窗口选择“添加角色”，在“添加角色和功能向导”对话框“选择服务器角色”界面勾选“DFS命名空间”复选框，单击“下一步”按钮，如图5-1所示。

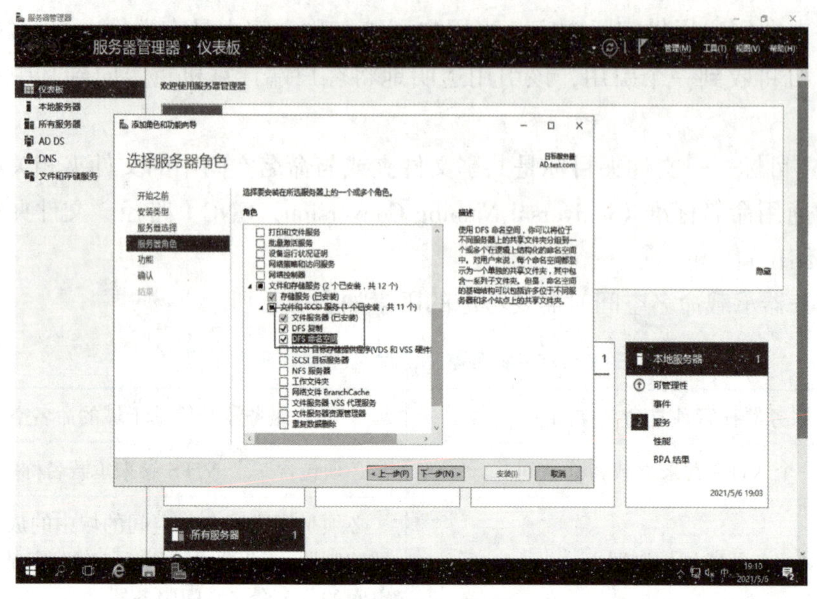

图 5-1

在“确认安装所选内容”界面单击“安装”按钮。

安装完后，在“服务器管理器”窗口单击“工具”按钮，在弹出的下拉菜单中选择“DFS Management”，打开“DFS 管理”窗口，如图 5-2 所示。

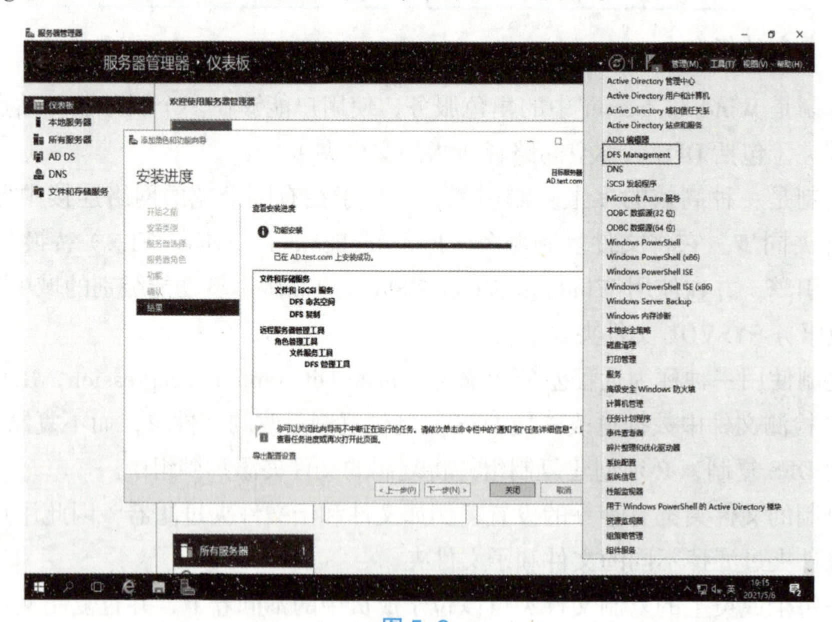

图 5-2

在“DFS管理”窗口左侧“命名空间”上单击鼠标右键，在弹出的快捷菜单中选择“新建命名空间”，如图5–3所示。

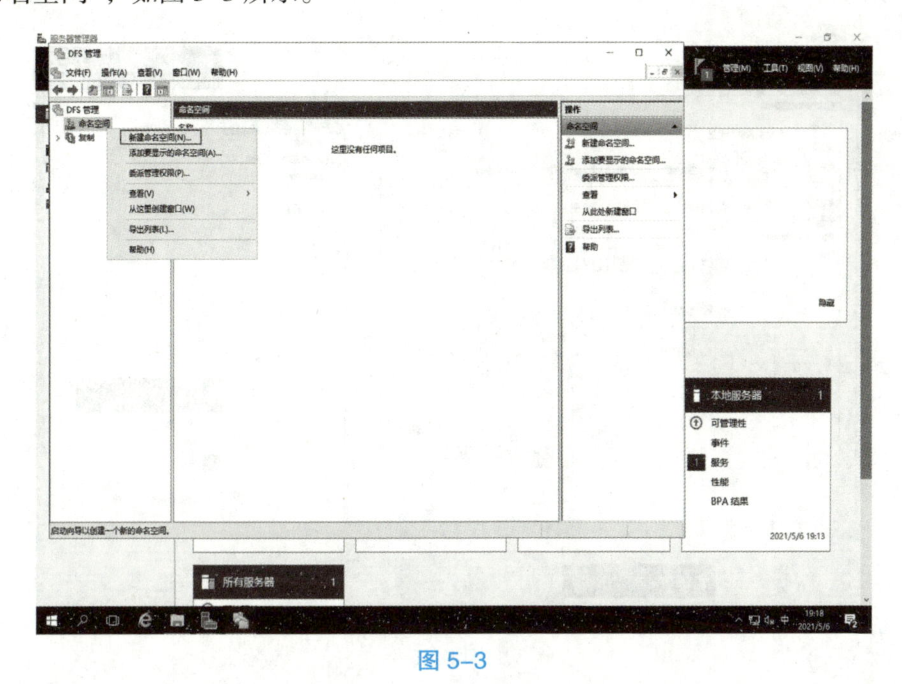

图 5–3

打开“新建命名空间向导”对话框，在“命名空间服务器”界面单击“浏览”按钮，在打开的“选择计算机”对话框中添加当前服务器，如图5–4所示。

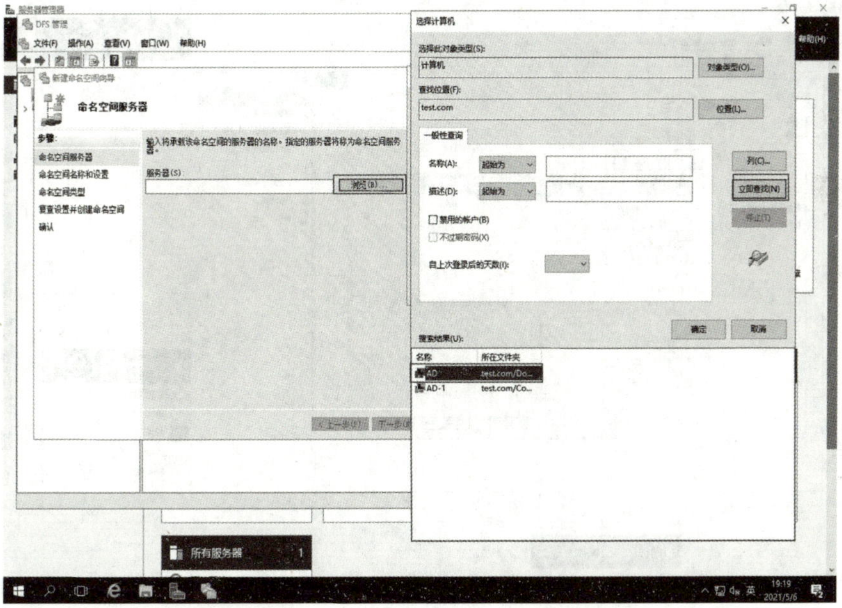

图 5–4

在“命名空间名称和设置”界面输入 DFS 的命名空间名称，单击“下一步”按钮，如图 5-5 所示。

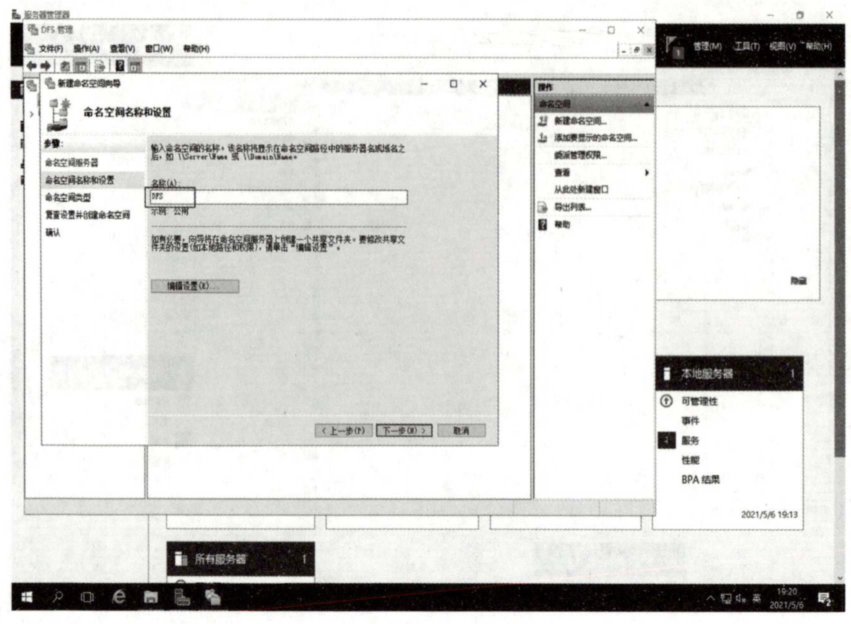

图 5-5

在“命名空间类型”界面选择“基于域的命名空间”单选按钮，单击“下一步”按钮，如图 5-6 所示。

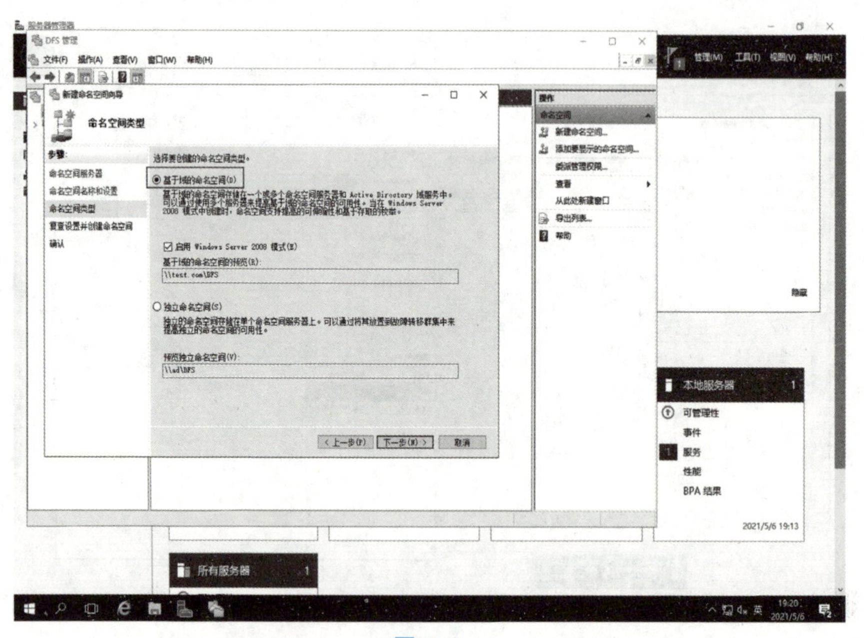

图 5-6

在“复查设置并创建命名空间”界面单击“创建”按钮，如图 5-7 所示。

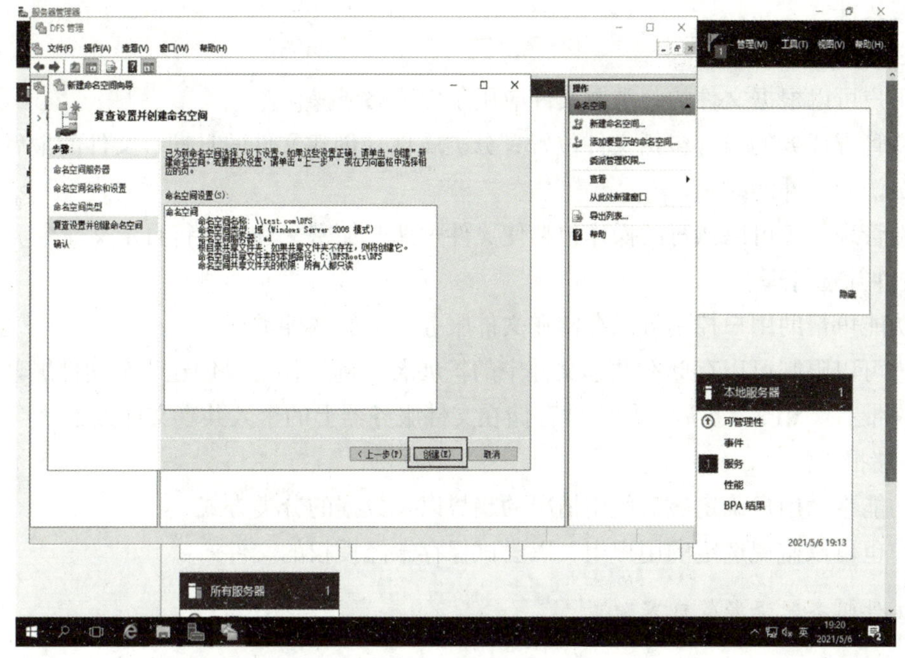

图 5-7

5.2 文件服务器资源管理器

1. 文件服务器资源管理器概念

文件服务器资源管理器（File Service Resoure Manager，FSRM）是 Windows Server 中的角色服务，可以管理和分类存储在文件服务器上的数据。

用户可以使用文件服务器资源管理器自动对文件进行分类，基于这些分类执行任务，在文件夹上设置配额及创建监视存储使用情况的报告。

2. 文件服务器资源管理器的功能

文件服务器资源管理器包括以下功能。

• 配额管理。

该功能允许限制卷或文件夹允许的空间，并且它们可以自动应用于在卷上创建的新文件夹。用户还可以定义可应用于新卷或文件夹的配额模板。

• 文件分类基础结构。

通过自动执行分类过程来提供对数据的洞察力，以便用户可以更有效地管理数据。

该功能可以对文件分类并根据此分类应用策略。

示例策略包括用于限制对文件的访问、文件加密和文件到期的动态访问控制。

用户可以使用文件分类规则自动分类文件，也可以通过修改所选文件或文件夹的属性手动分类文件。

• 文件管理任务。

使用户可以根据文件的分类对文件应用条件策略或操作。

文件管理任务的条件包括文件位置、分类属性、创建文件的日期、文件的最后修改日期或上次访问文件的时间。

文件管理任务可以执行的操作包括使文件过期、加密文件或运行自定义命令。

• 文件筛选管理。

该功能可帮助用户控制可以存储在文件服务器上的文件类型。

用户可以限制可以存储在共享文件中的扩展名，例如，可以创建一个文件屏幕，该屏幕不允许带有“MP3”扩展名的文件存储在文件服务器上的个人共享文件夹中。

• 存储报告。

该功能帮助用户确定磁盘使用情况的趋势以及数据的分类方式。

用户也可以监视选定的用户组，以尝试保存未经授权的文件。

3. 文件服务器资源管理器配置

限制共享文件夹无法存储任何 exe 文件的演示案例如下。

在 C 盘创建 share 文件夹，如图 5-8 所示。

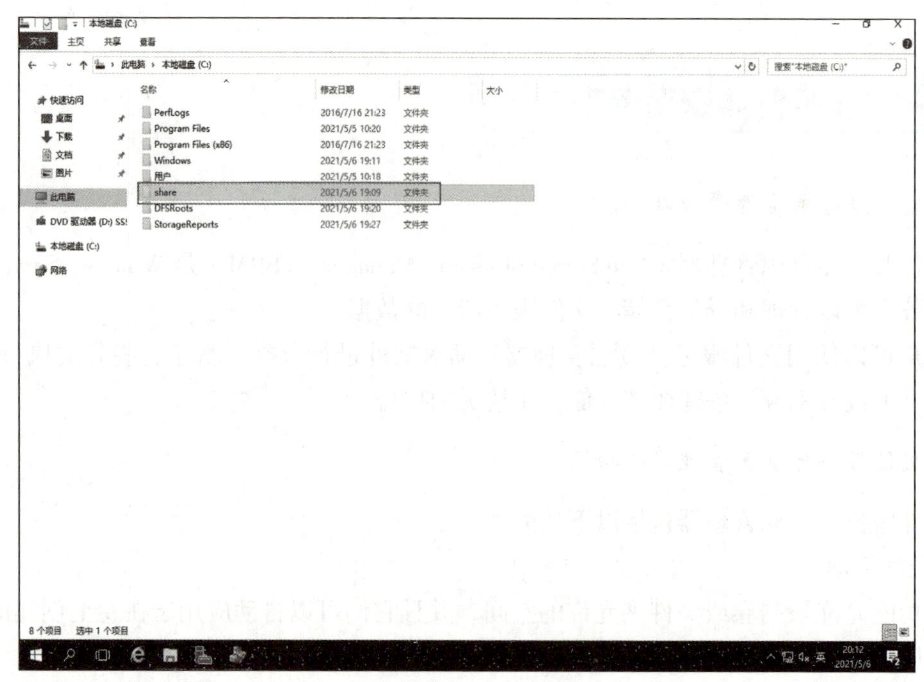

图 5-8

打开“服务器管理器”窗口，单击“服务器角色”，在“添加角色和功能向导”对话框“选择服务器角色”界面勾选“文件服务器资源管理器”复选框，单击“下一步”按钮，如图 5-9 所示。

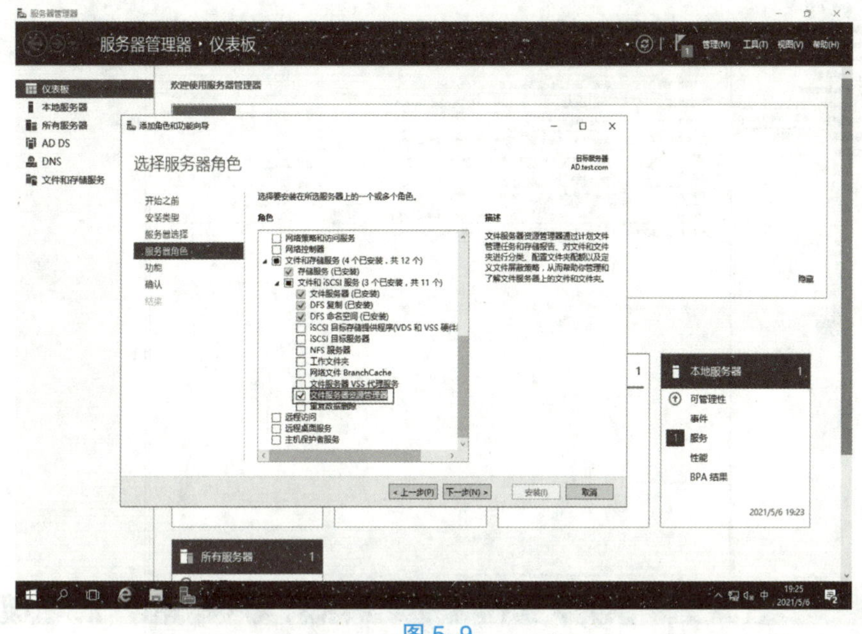

图 5-9

在“确认安装所有内容”界面单击“安装”按钮。

在“服务器管理器”窗口单击“工具”按钮，在弹出的下拉菜单中选择“文件服务器资源管理器”，打开“文件服务器资源管理器”窗口，如图 5-10 所示。

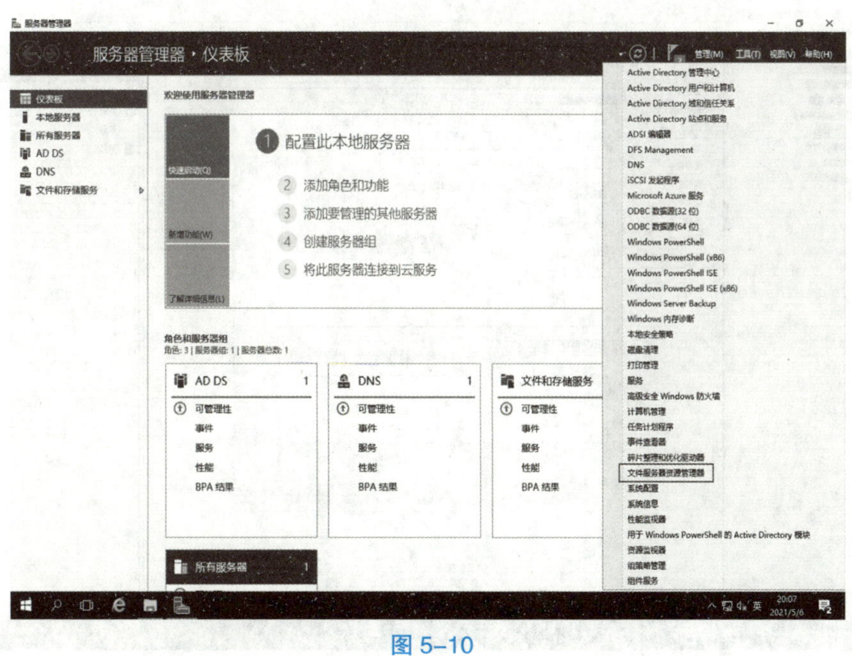

图 5-10

在“文件服务器资源管理器”窗口左侧“文件组”上单击鼠标右键，在弹出的快捷菜单中选择“创建文件组”，如图 5-11 所示。

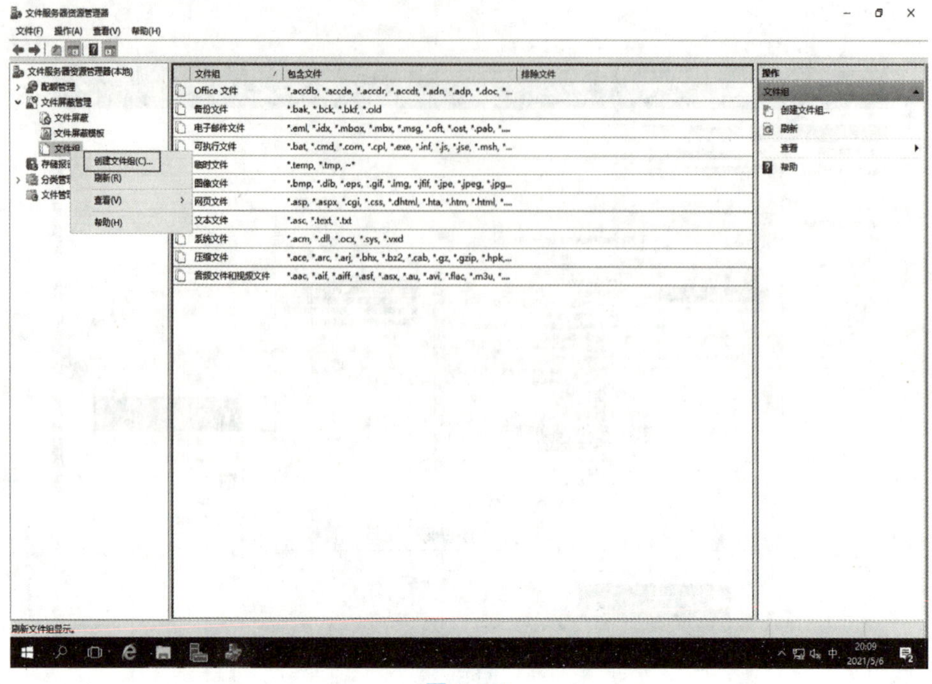

图 5-11

打开“创建文件组属性”对话框，在“文件组名”文本框中输入“not exe”，在“要包含的文件”下方文本框中输入“*.exe”，单击“确定”按钮，如图 5-12 所示。

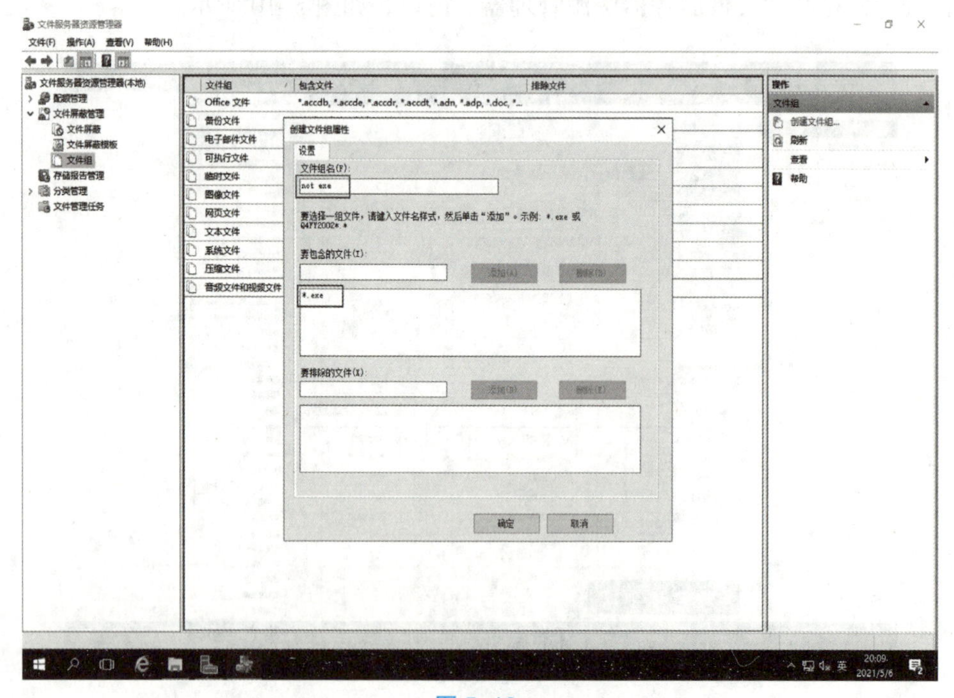

图 5-12

在“文件服务器资源管理器”窗口左侧“文件屏蔽模板”上单击鼠标右键，在弹出的快捷菜单中选择“创建文件屏蔽模板”，如图 5–13 所示。

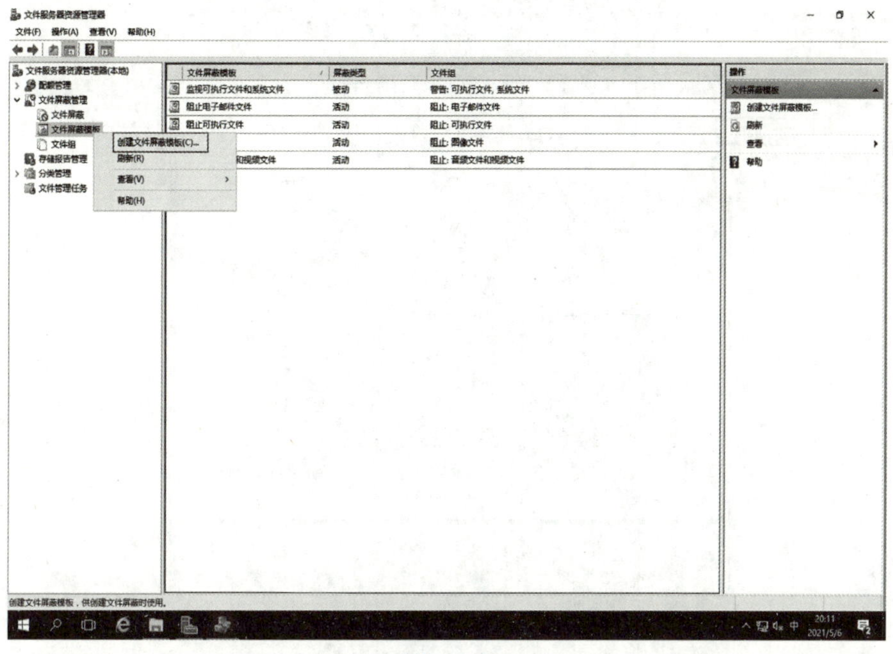

图 5–13

打开“创建文件屏蔽模板”对话框，在“设置”选项卡“模板名称”文本框中输入“not exe”，选择“主动屏蔽”单选按钮，在“选择阻止的文件组”列表框中选中“not exe”复选框，如图 5–14 所示。

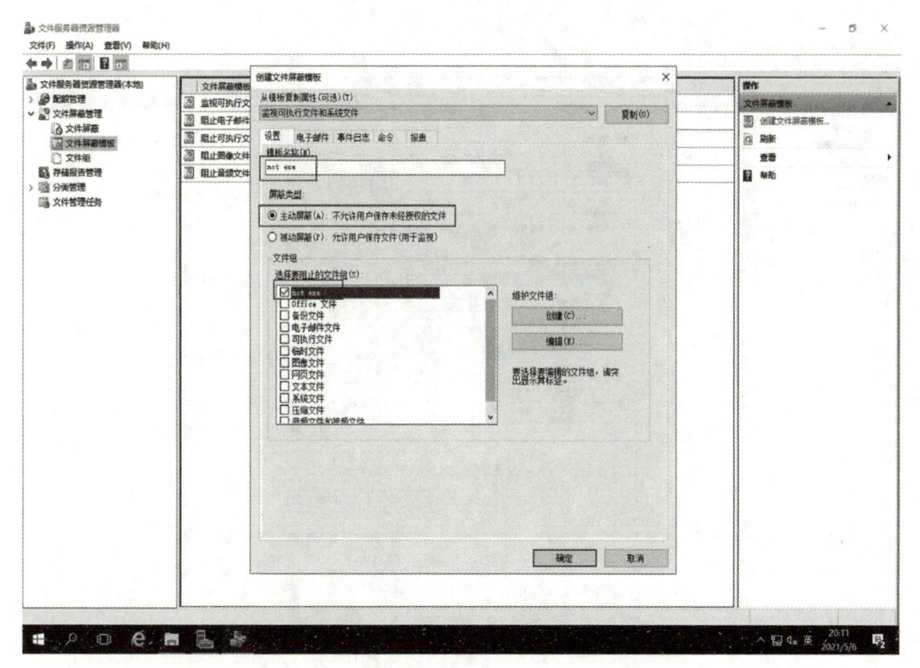

图 5–14

在“文件服务器资源管理器”窗口左侧“文件屏蔽”上单击鼠标右键，在弹出的快捷菜单中选择“创建文件屏蔽”，如图 5-15 所示。

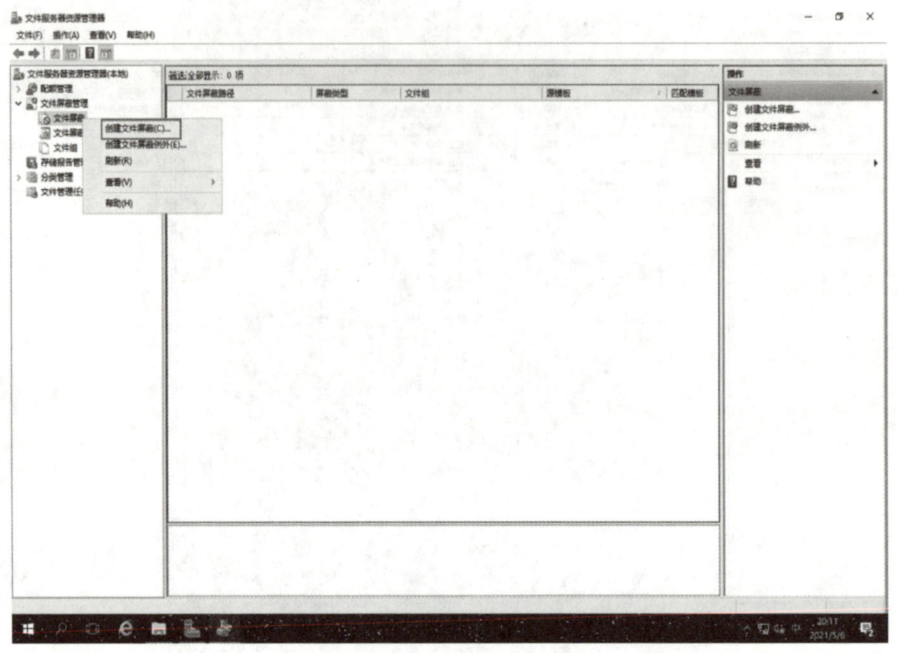

图 5-15

打开“创建文件屏蔽”对话框，在“文件屏蔽路径”文本框中输入“C：\share”，选择“从此文件屏蔽模板派生属性（推荐选项）”单选按钮，并从其下拉列表中选择“not exe”，如图 5-16 所示。

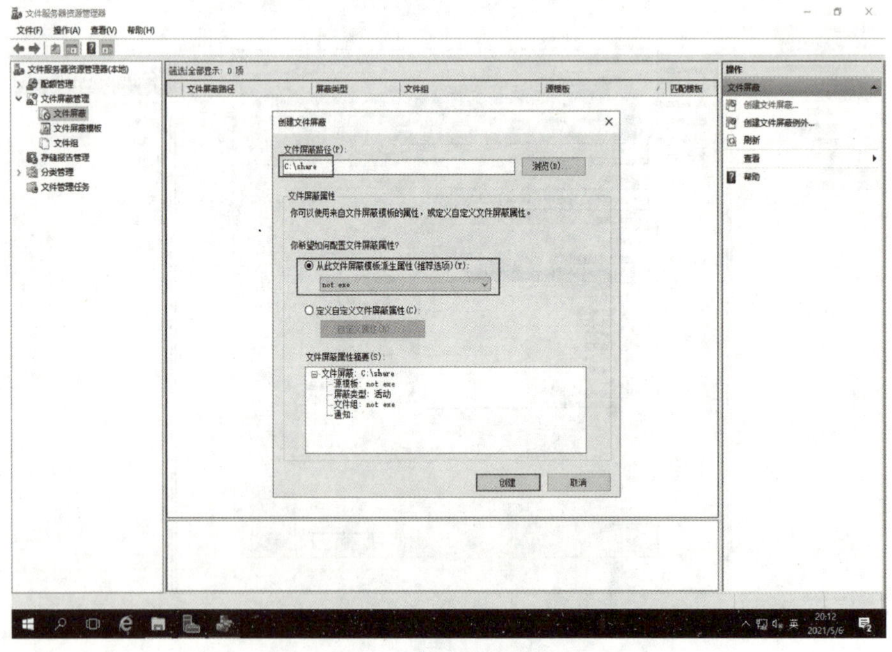

图 5-16

按“Windows+R”组合键打开“运行”对话框，输入 \\192.168.10.1\share 进行访问测试，如图 5-17、图 5-18 所示。

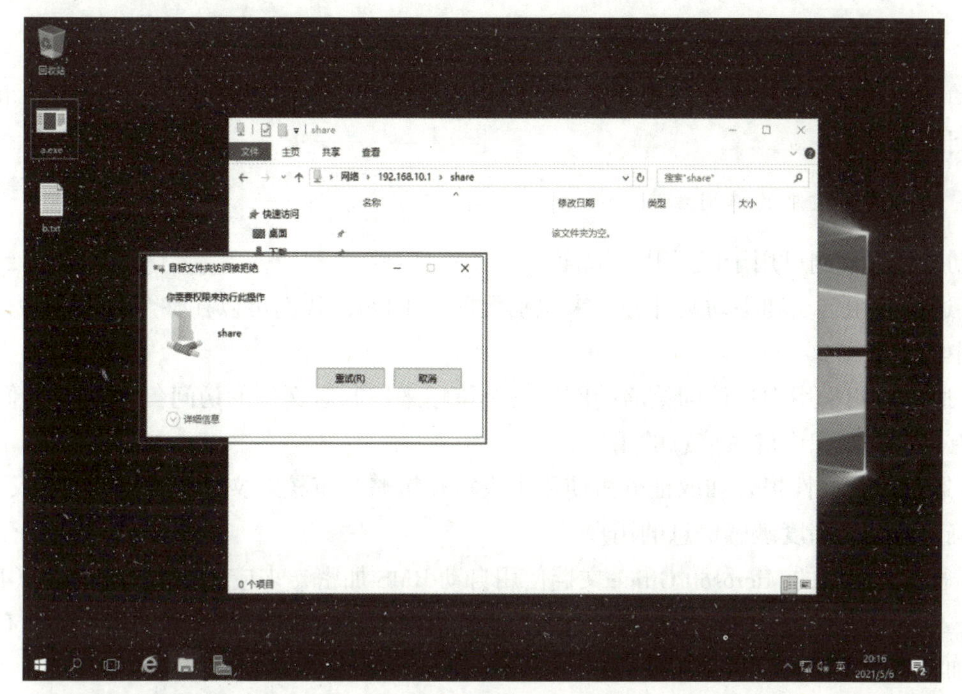

图 5-17

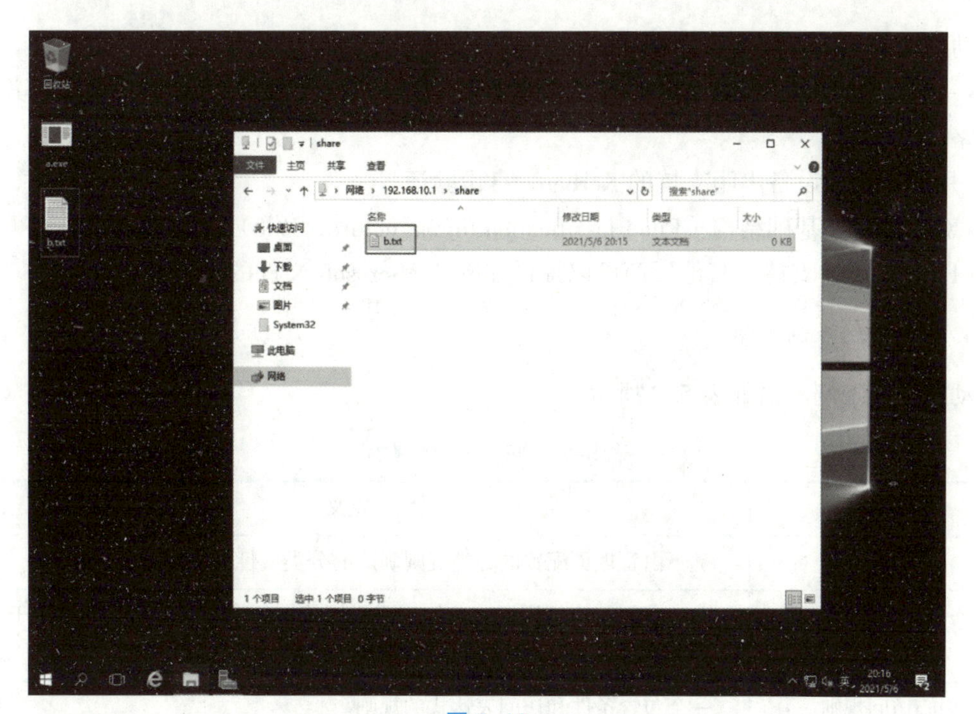

图 5-18

5.3 动态访问控制

1. 动态访问控制概念

动态访问控制是指在文件服务器之间应用数据监管，以控制谁可以访问信息并审核谁已访问信息。

2. 动态访问控制的作用

动态访问控制可用于以下几个方面。

• 通过使用自动和手动文件分类来识别数据。例如，我们可以在整个组织内的文件服务器中标记数据。

• 通过应用采用中央访问策略的网络安全策略来控制对文件的访问。例如，我们可以定义有权访问组织内健康信息的用户。

• 通过对合规性报告和取证分析使用中央审核策略，审核对文件的访问。例如，我们可以确定曾访问高度敏感信息的用户。

• 通过对敏感的 Microsoft Office 文档使用自动 RMS 加密，来应用权限管理服务（Rights Management Services，RMS）保护。例如，我们可以配置 RMS 对包含某一信息的所有文档进行加密。

3. 动态访问控制的基础结构

动态访问控制基础结构如下。

• 一种适用于 Windows 操作系统的全新授权和审核引擎，它可以处理条件表达式和中央策略。

• 用户声明和设备声明支持的 Kerberos 身份验证。

• 对文件分类基础结构（File Classification Infrastructure，FCI）的改进。

• RMS 扩展性支持，其他厂商可以提供加密非 Microsoft 文件的解决方案。

4. 动态访问控制术语

动态访问控制术语如表 5-2 所示。

表 5-2　动态访问控制术语

术语	定义
自动分类	基于由管理员配置的分类规则确定的分类属性发生的分类。
CAPID	中心访问策略标识码。此标识码引用特定的中心访问策略，并用于引用文件和文件夹的安全描述符中的策略。
中心访问规则	一个包含条件和访问表达式的规则。
中心访问策略	在 Active Directory 中创作和承载的策略。

续表

术语	定义
基于声明的访问控制	使用声明对资源做出访问控制决策的范例。
分类	确定资源的分类属性并将这些属性分配给与资源关联的元数据的过程。
设备声明	与系统关联的声明。使用用户声明时，它包含在尝试访问资源的用户的令牌中。
随机访问控制列表	随机访问控制列表（Discretionary Access Control List，DACL）是一个访问控制列表，该列表标识允许或拒绝其访问安全资源的受信者。它可以根据资源所有者的判断来修改。
资源属性	属性（如用于描述文件的标签）并使用自动分类或手动分类分配到文件。示例包括：敏感度、项目和保持期。
文件服务器资源管理器	Windows Server 操作系统中的一项功能，它提供文件服务器上的文件夹配额、文件屏蔽、存储报告、文件分类和文件管理作业的管理。
文件夹属性和标签	描述文件夹并由管理员和文件夹所有者手动分配的属性和标签。这些属性将默认属性值分配给这些文件夹内的文件，如保密或部门。
组策略	在 Active Directory 环境中控制用户和计算机的工作环境的一组规则和策略。
近乎实时的分类	创建或修改文件后不久执行的自动分类。
近乎实时的文件管理任务	在创建或修改文件之后不久执行的文件管理任务。这些任务由近乎实时的分类触发。
组织单位	表示组织中的层次结构、逻辑结构的 Active Directory 容器。这是应用组策略设置的最小作用域。
安全属性	一个分类属性，授权运行时可以信任该属性，以便在某个时间点成为有关资源的有效断言。在基于声明的访问控制中，分配给资源的安全属性被视为资源声明。
安全描述符	包含与安全对象关联的安全信息的数据结构，例如访问控制列表。
安全描述符定义语言	一种规范，它将安全描述符中的信息描述为文本字符串。
过渡策略	尚未生效的中心访问策略。
系统访问控制列表	系统访问控制列表（System Access Control List，SACL）是一种访问控制列表，该列表指定特定信者在需要为其生成审核记录的访问尝试的类型。
用户声明	用户安全令牌中提供的用户的属性。示例包括：部门、公司、项目和安全净空。Windows Server 2012 之前的操作系统中的用户令牌中的信息（如用户所属的安全组）也可以被视为用户声明。某些用户声明通过 Active Directory 提供，其他则以动态方式进行计算，如用户是否使用智能卡登录。
用户令牌	一个数据对象，该对象标识用户及与该用户相关联的用户声明和设备声明。它用于授权用户访问资源。

5. 动态访问控制演示配置

演示配置：配置 test 文件夹仅允许“title”属性为 Manager 和“co”（国家）属性为 China 的人能访问。创建 test 本地文件夹，如图 5-19 所示。

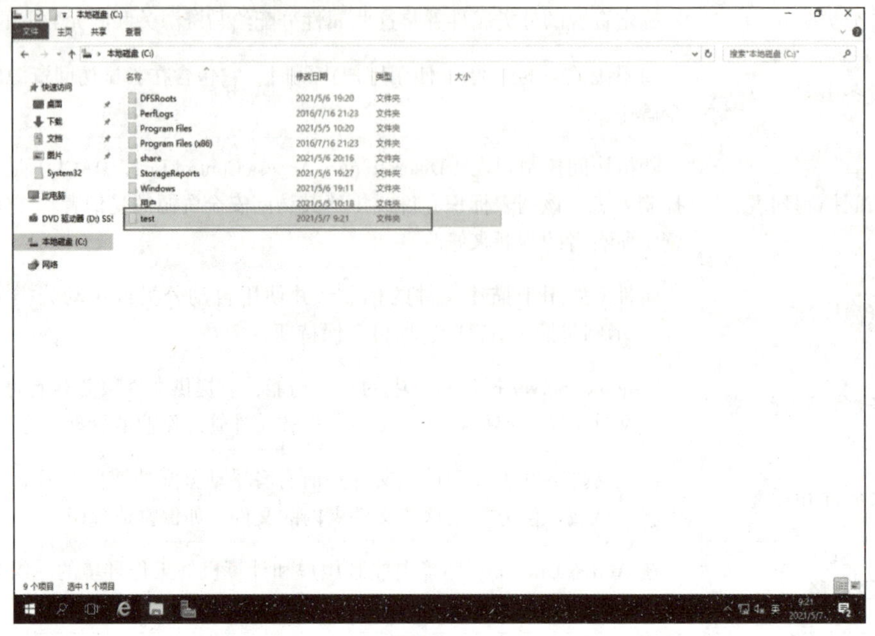

图 5-19

按“Windows+R”组合键，在“运行”对话框中输入 dsa.msc，打开“Active Directory 用户和计算机”窗口，在“Users”下创建用户 user2，如图 5-20 所示。

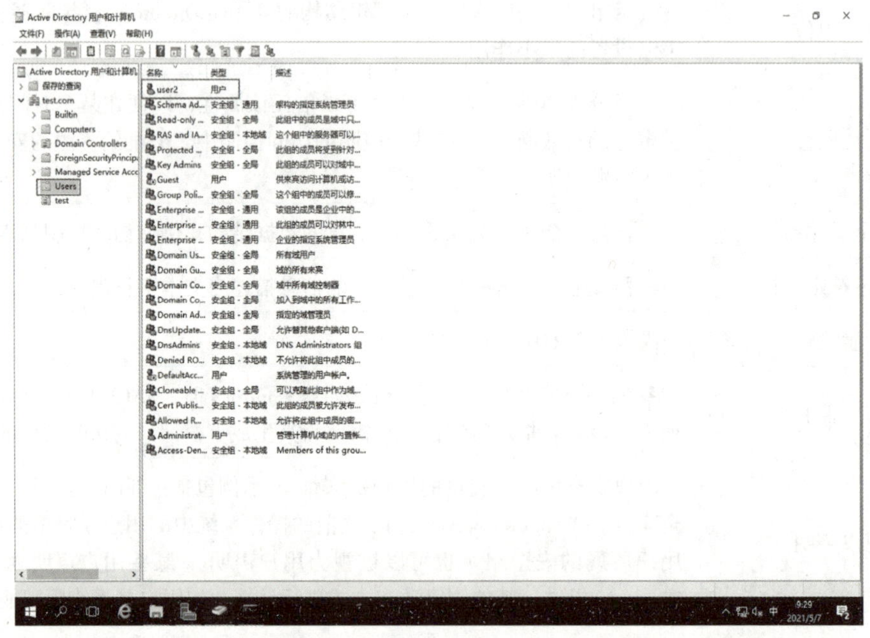

图 5-20

创建组织单位 test，并在其下创建用户 user1，如图 5-21 所示。

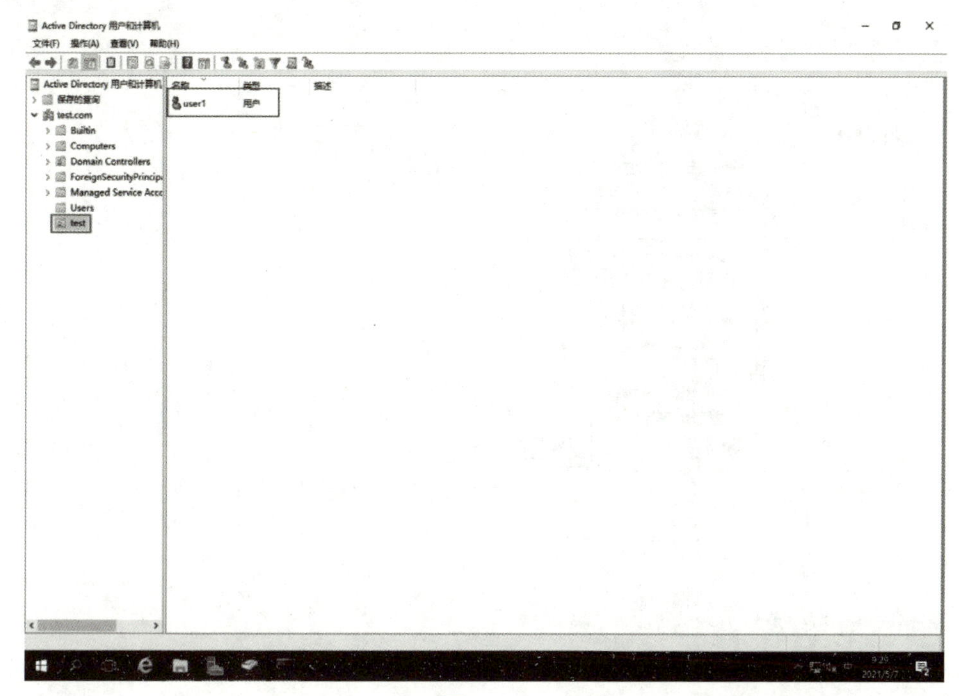

图 5-21

按“Windows+R”组合键，在“运行”对话框中输入 adsiedit.msc，打开“ADSI 编辑器”窗口。在窗口左侧“ADSI 编辑器”上单击鼠标右键，在弹出的快捷菜单中选择“连接到”，如图 5-22 所示。

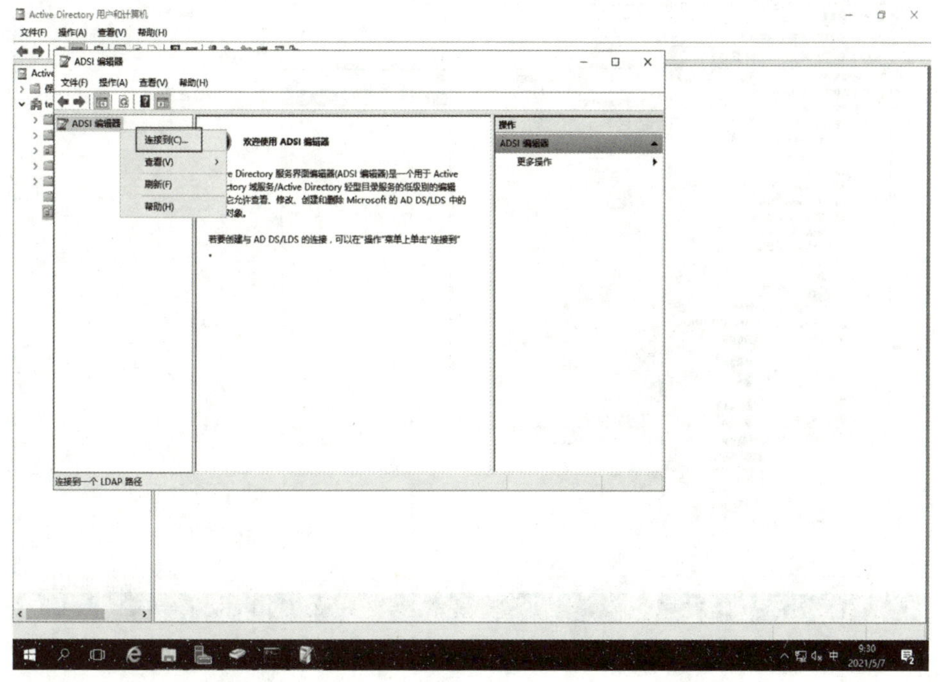

图 5-22

打开“连接设置”对话框，设置如图 5-23 所示。

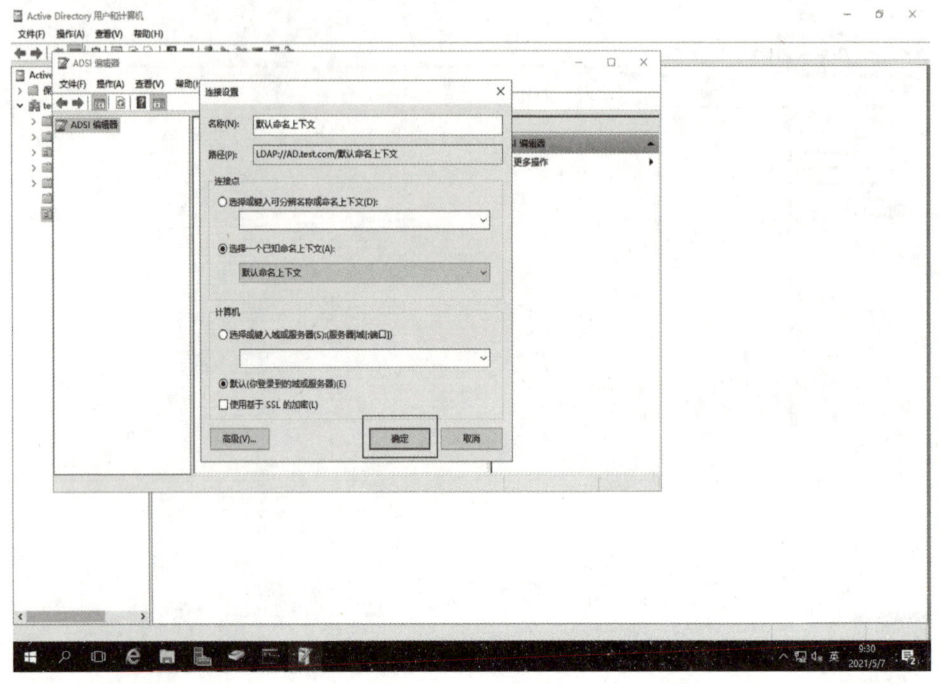

图 5-23

在“ADSI 编辑器”窗口左侧“CN=user1”上单击鼠标右键，在弹出的快捷菜单中选择“属性”，如图 5-24 所示。

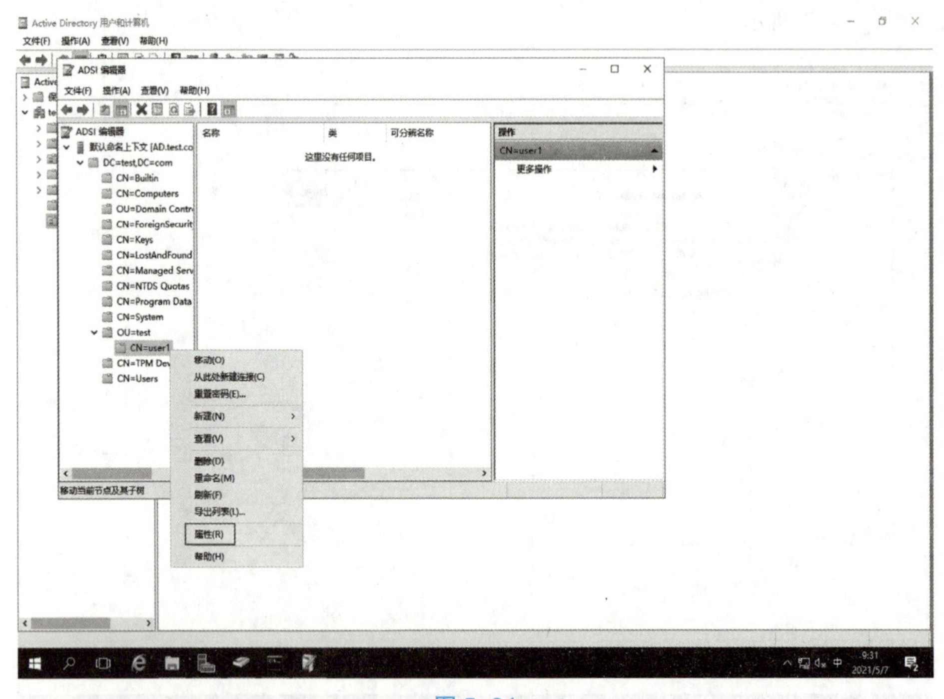

图 5-24

打开“CN=user1 属性”对话框，在“属性”列表框中查找“co”属性，将其值设置为“中国”，如图 5-25 所示。

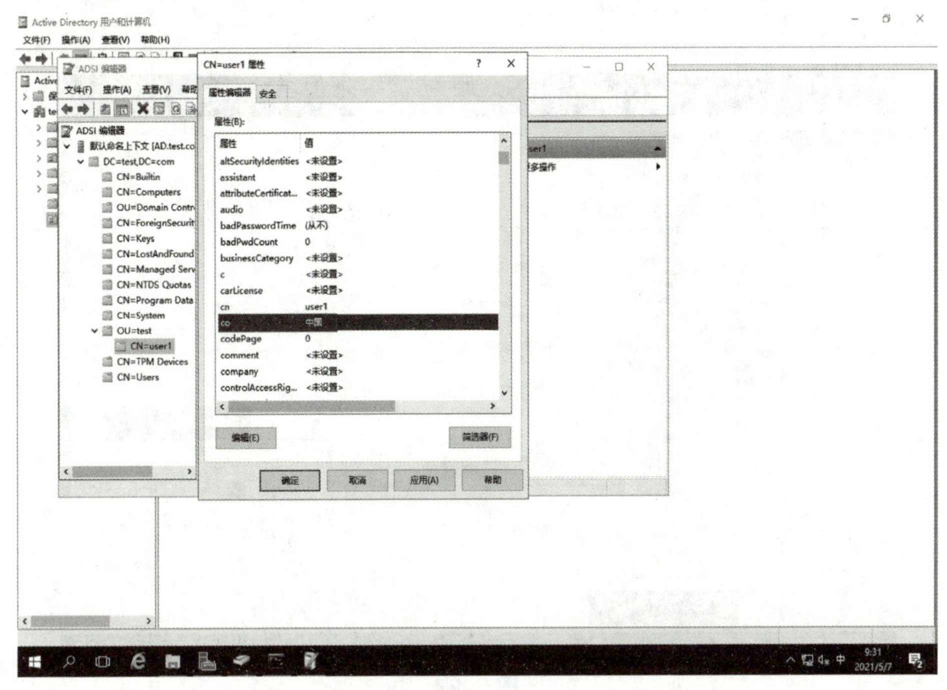

图 5-25

查找“title”属性，将其值设置为“Manager”，如图 5-26 所示。

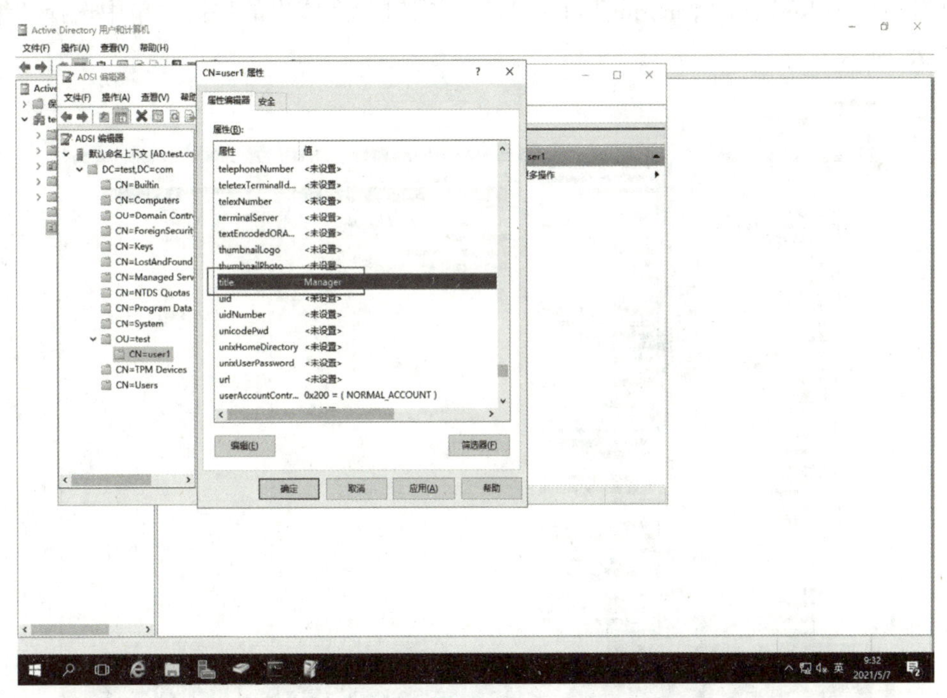

图 5-26

按“Windows+R”组合键，在“运行”对话框中输入 gpmc.msc，打开“组策略管理”窗口，在左侧的“Default Domain Policy”上单击鼠标右键，在弹出的快捷菜单中选择“编辑”，如图 5-27 所示。

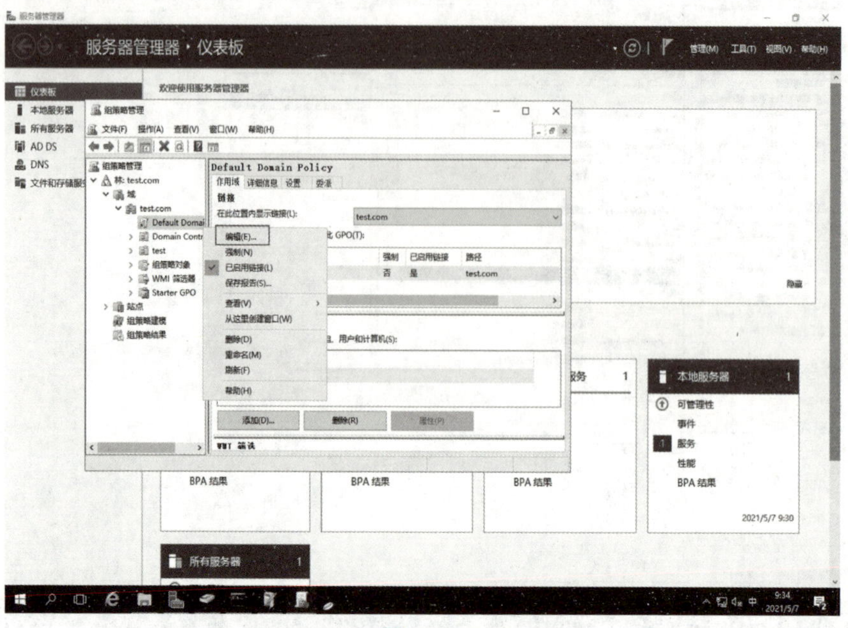

图 5-27

在打开的“组策略管理编辑器”窗口左侧选择“KDC”，在窗口右侧“KDC 支持声明、复合身份验证和 Kerberos Armoring”上单击鼠标右键，在弹出的快捷菜单中选择“编辑”，如图 5-28 所示。

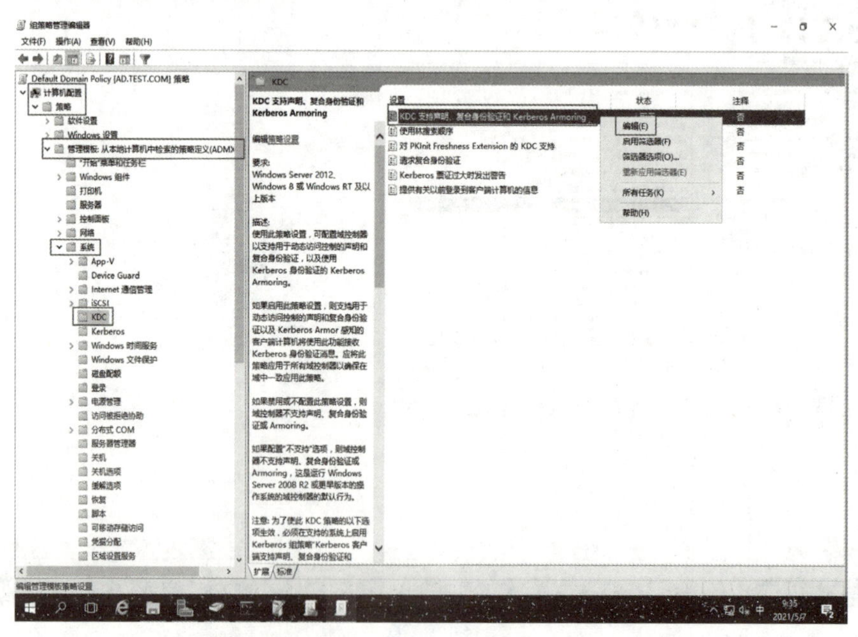

图 5-28

打开“KDC 支持声明、复合身份验证和 Kerberos Armoring”对话框，选择“已启用”单选按钮，并且在“选项”列表框中启用“支持”选项，如图 5–29 所示。

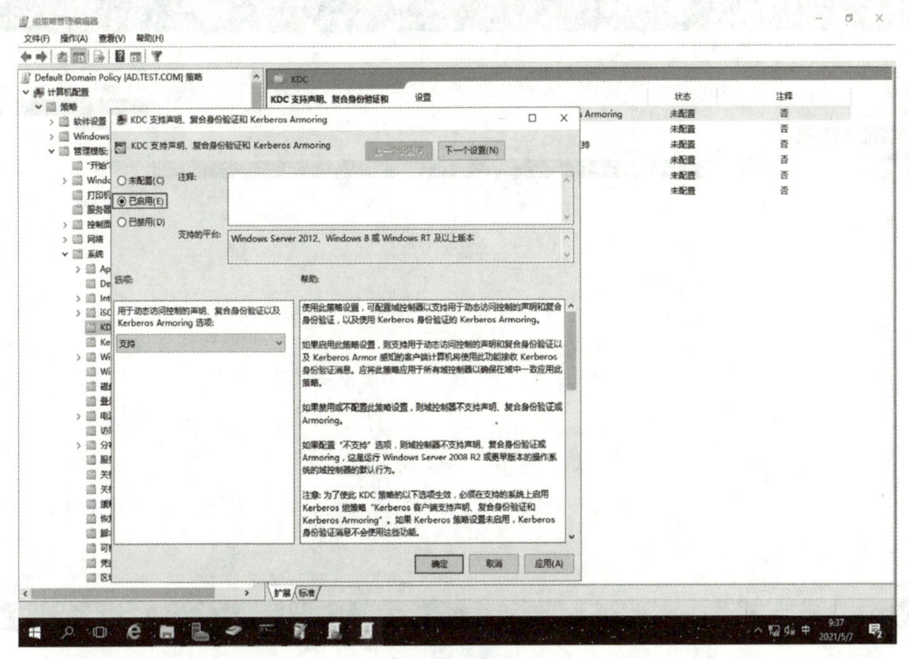

图 5–29

按“Windows+R”组合键，在“运行”对话框中输入 DSAC，打开“Active Directory 管理中心”窗口，在“动态访问控制”界面，选择“Claim Types”，如图 5–30 所示。

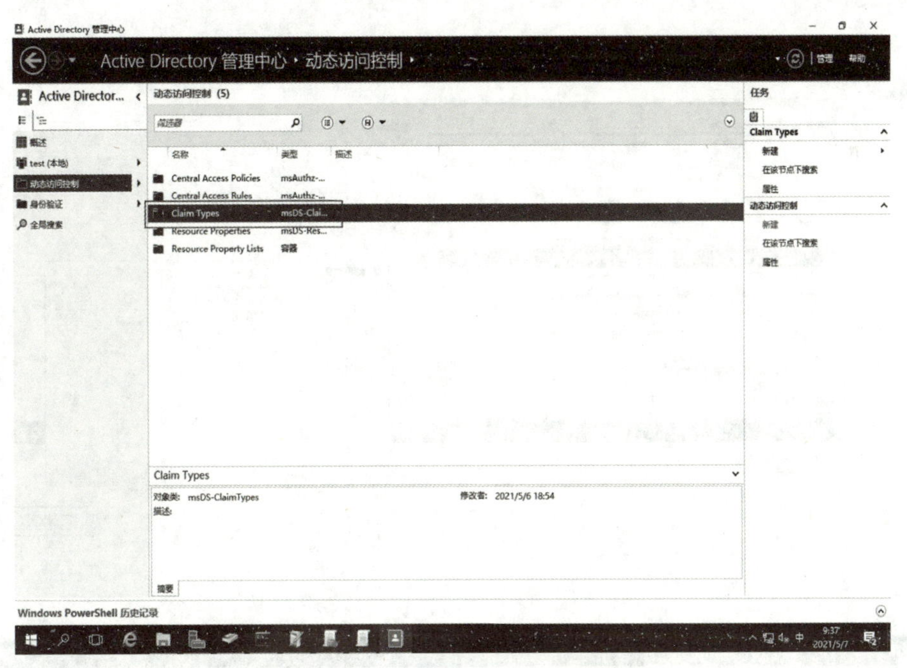

图 5–30

在窗口右侧“Claim Types”栏下依次选择“新建”-“声明类型”，如图 5-31 所示。

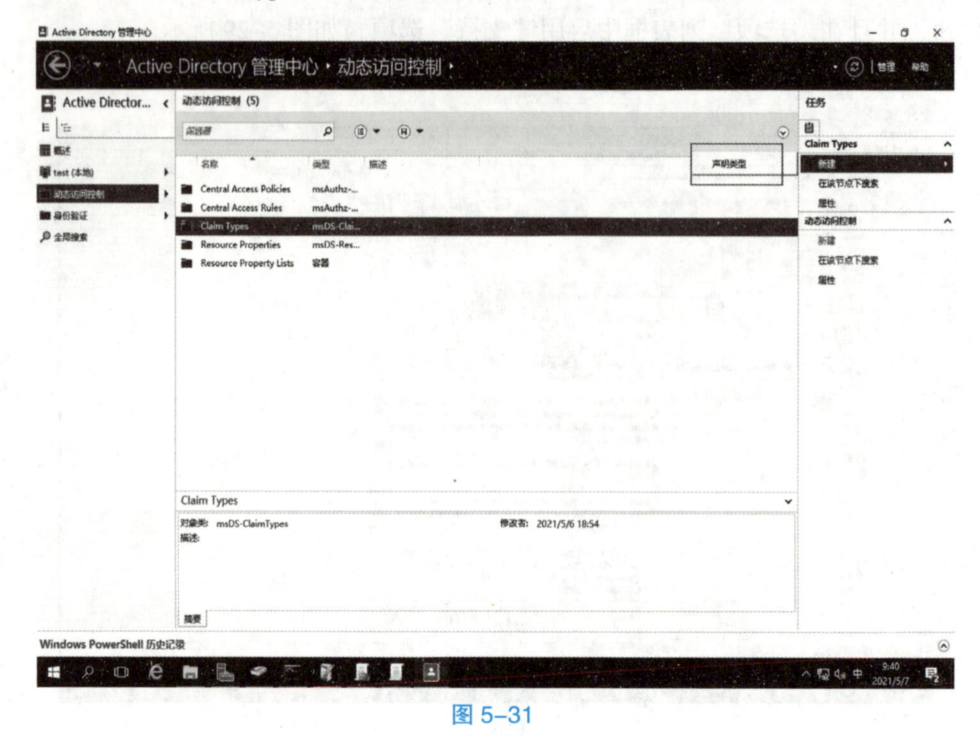

图 5-31

打开“创建 声明类型”窗口，选择“co”，选择“已建议以下值”单选按钮，单击“添加”按钮，在打开的“添加建议值”对话框中添加“中国”，如图 5-32 所示。

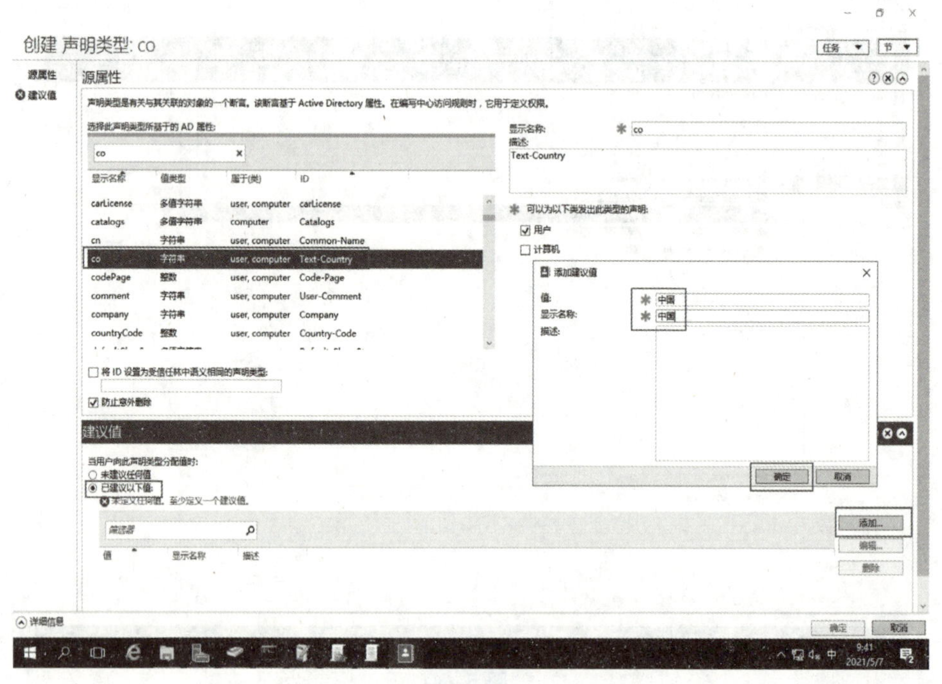

图 5-32

按相同的方法创建声明类型，选择“title”，选择“已建议以下值”单选按钮，添加建议值“Manager”，如图 5-33 所示。

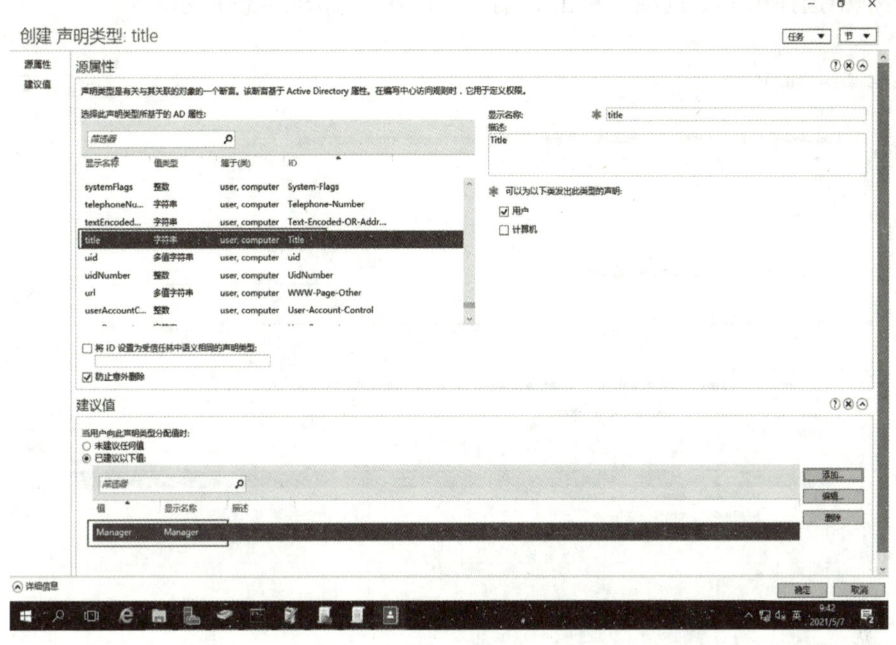

图 5-33

在“Active Directory 管理中心”窗口的“动态访问控制”界面选择“Central Access Rules”，在右侧“Central Access Rules”栏下依次选择“新建”–“中心访问规则”，如图 5-34 所示。

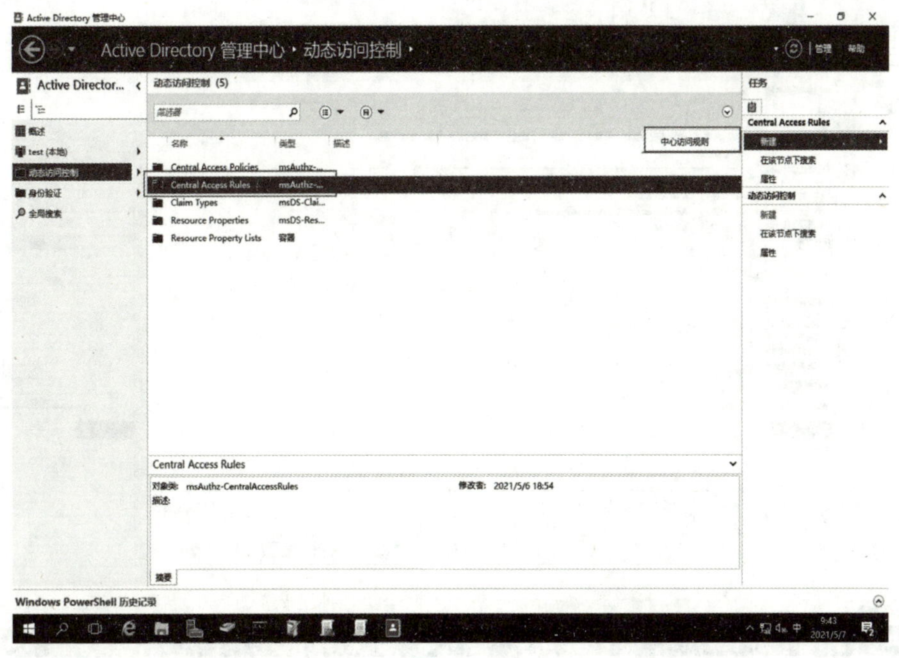

图 5-34

打开“创建”中心访问规则”窗口，在“名称”文本框中输入“abc”，在“目标资源”下方文本框中输入“所有资源”，选择“将以下权限作为建议的权限”单选按钮，在下方列表框中选择第一个选项，单击“编辑”按钮，如图 5-35 所示。

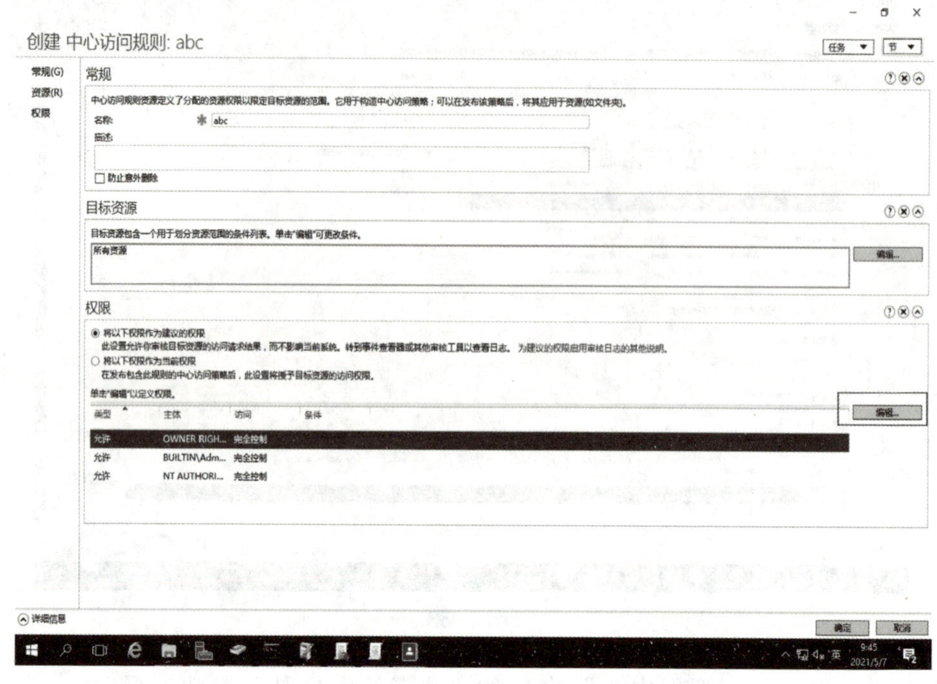

图 5-35

在打开的“权限的高级安全设置”对话框中单击“添加”按钮，如图 5-36 所示。

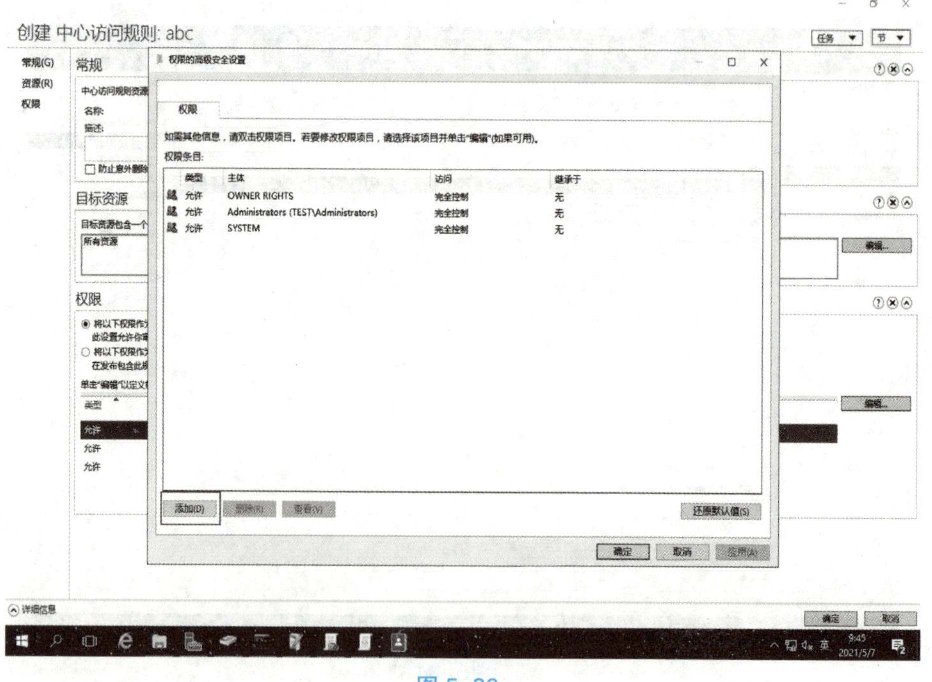

图 5-36

在打开的“权限的权限项目”对话框中添加主体“Authenticated Users”，并且配置如图 5–37 所示，单击“确定”按钮。

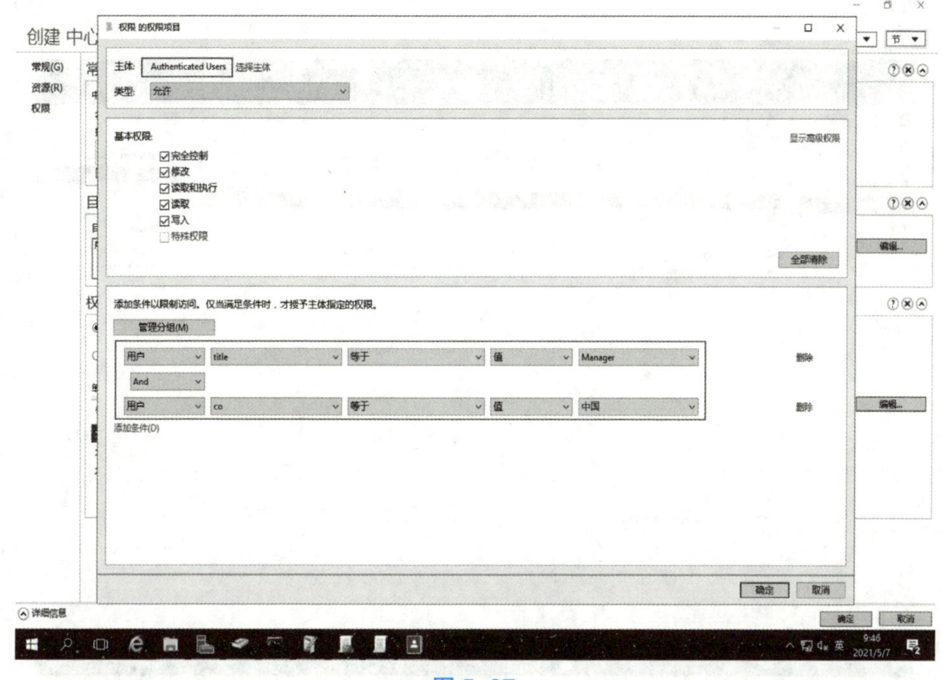

图 5–37

返回“权限的高级安全设置”对话框，配置如图 5–38 所示。

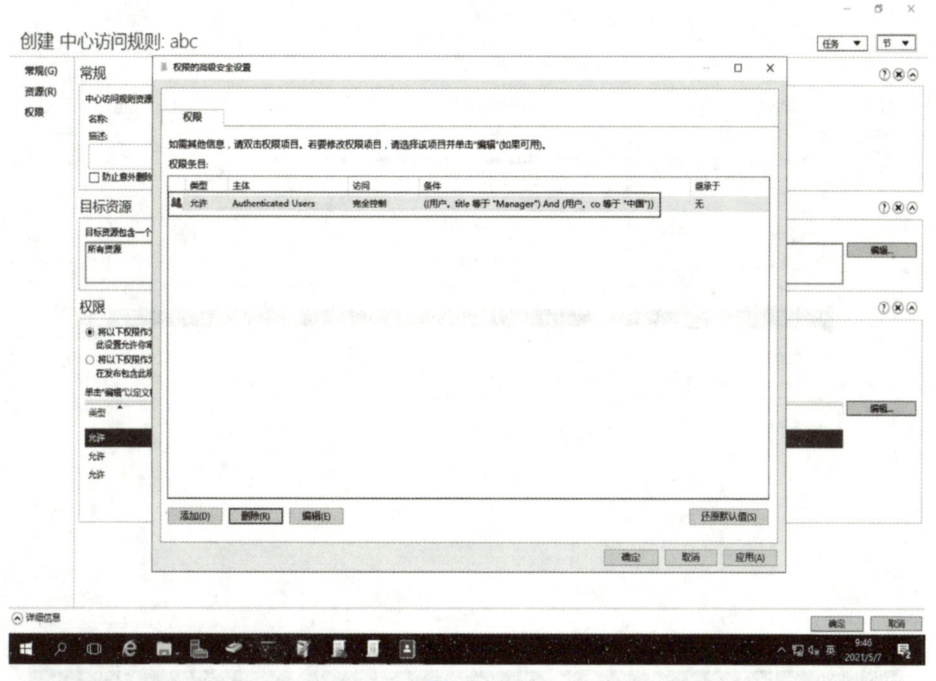

图 5–38

在“Active Directory 管理中心”窗口的“动态访问控制”界面中选择“Central Access Policies”，在右侧“Central Access Policies”栏下依次选择“新建”–“中心访问策略”，如图 5–39 所示。

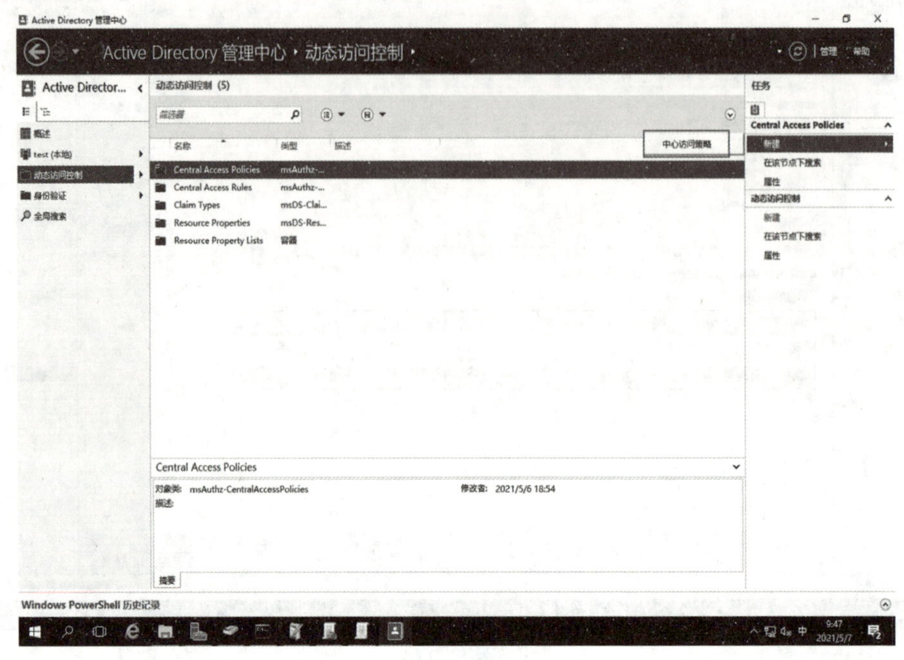

图 5–39

打开“创建 中心访问策略”窗口，在“名称”文本框中输入“test”，配置如图 5–40 所示。

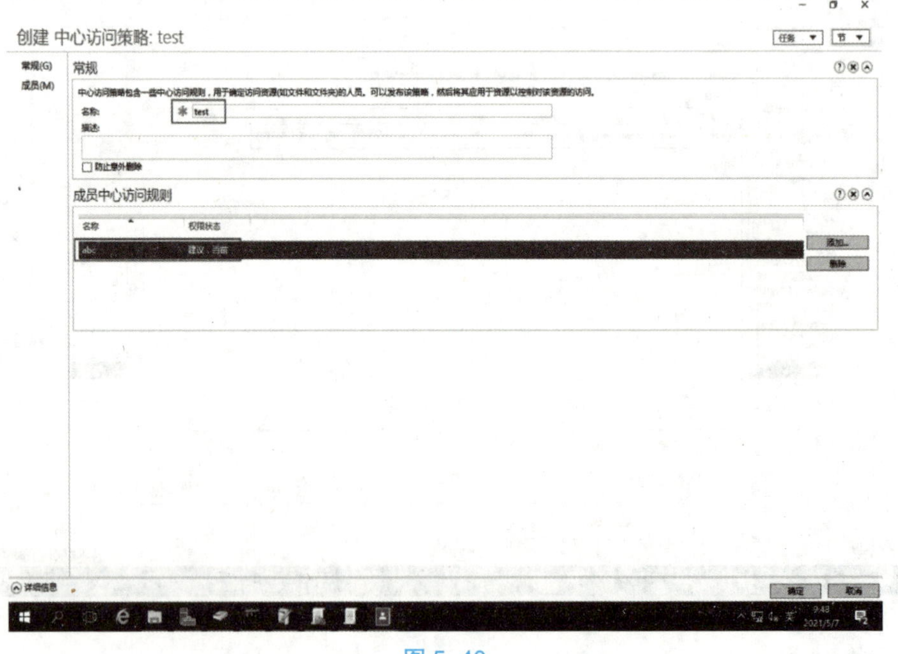

图 5–40

在“运行”对话框中输入 gpmc.msc，打开“组策略管理编辑器”窗口，在左侧“中心访问策略”上单击鼠标右键，在弹出的快捷菜单中选择“管理中心访问策略”，如图 5-41 所示。

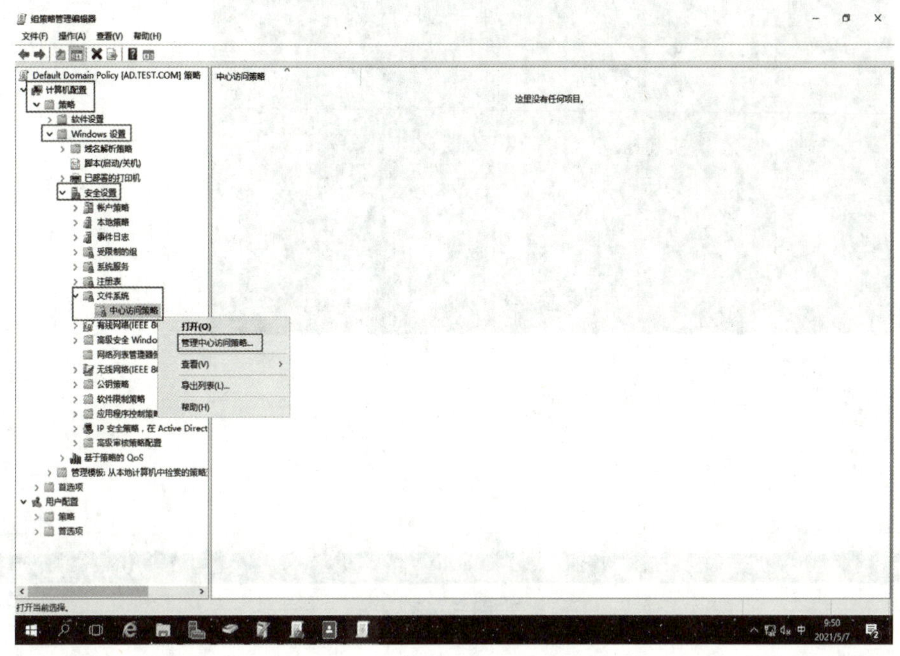

图 5-41

在打开的“中央访问策略配置”对话框中添加“test”策略，单击“确定”按钮，如图 5-42 所示。

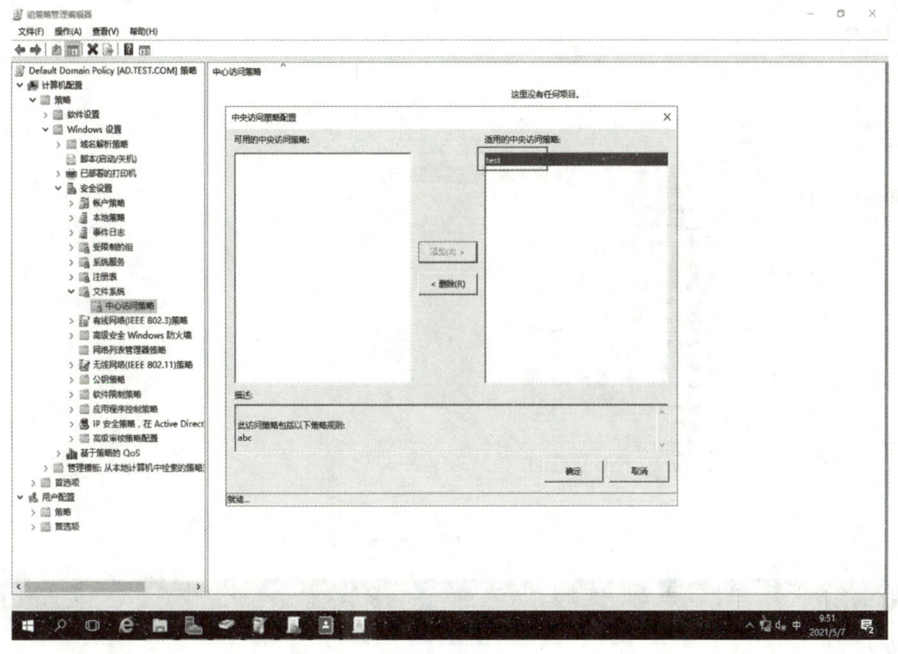

图 5-42

在服务器与客户端使用 Gpupdate/Fore 进行策略更新，如图 5-43 所示。

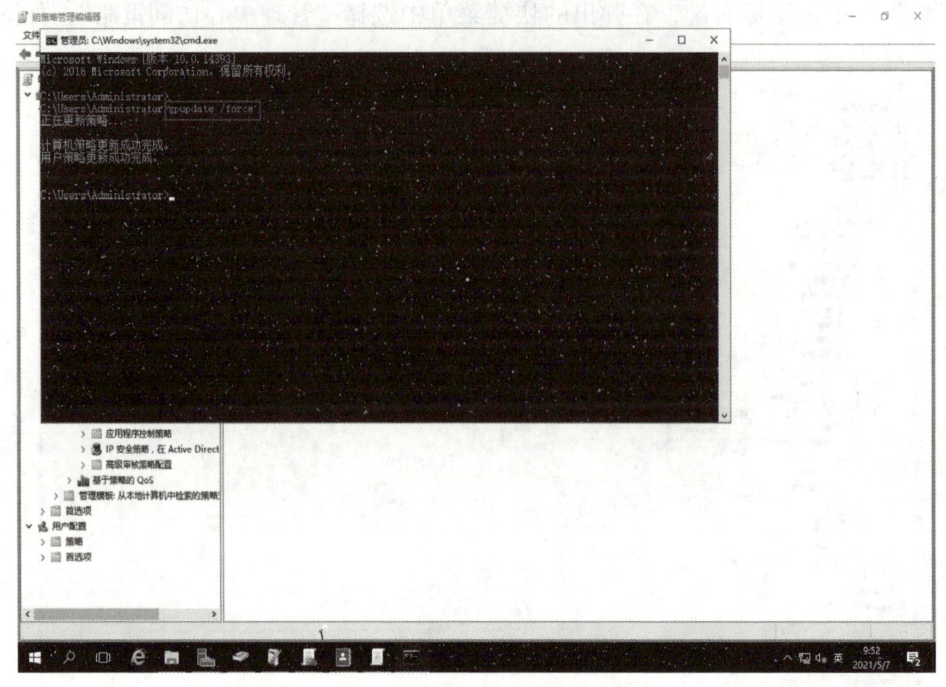

图 5-43

返回 test 文件夹所在分区，在 test 文件夹上单击鼠标右键，在弹出的快捷菜单中选择“属性”，如图 5-44 所示。

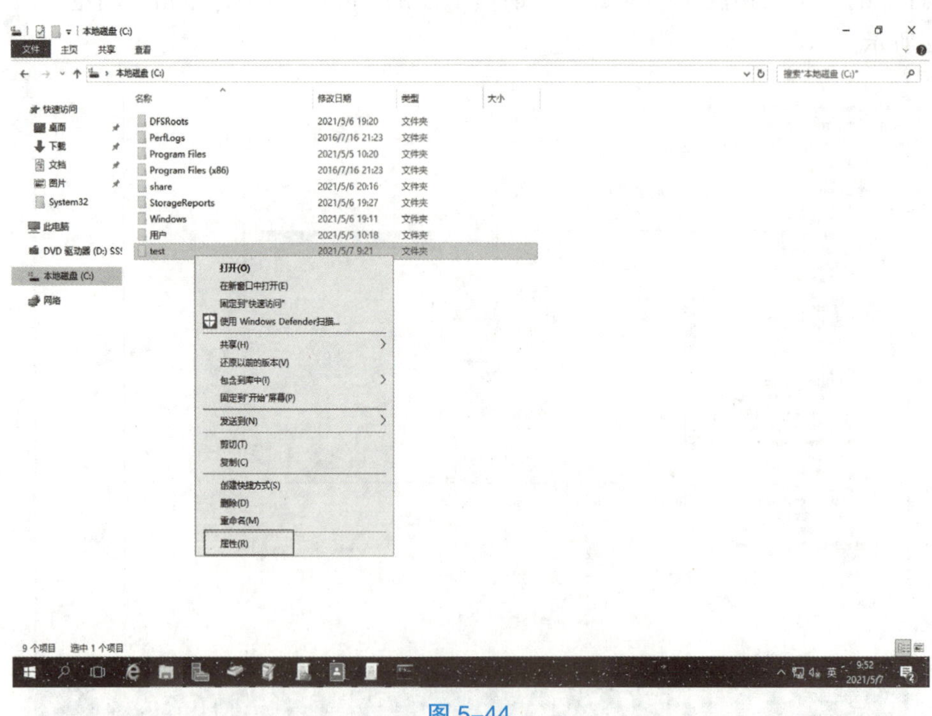

图 5-44

在打开的“test 属性”对话框中单击“高级”按钮，打开“test 的高级安全设置”对话框，在“中央策略”选项卡配置如图 5-45 所示。

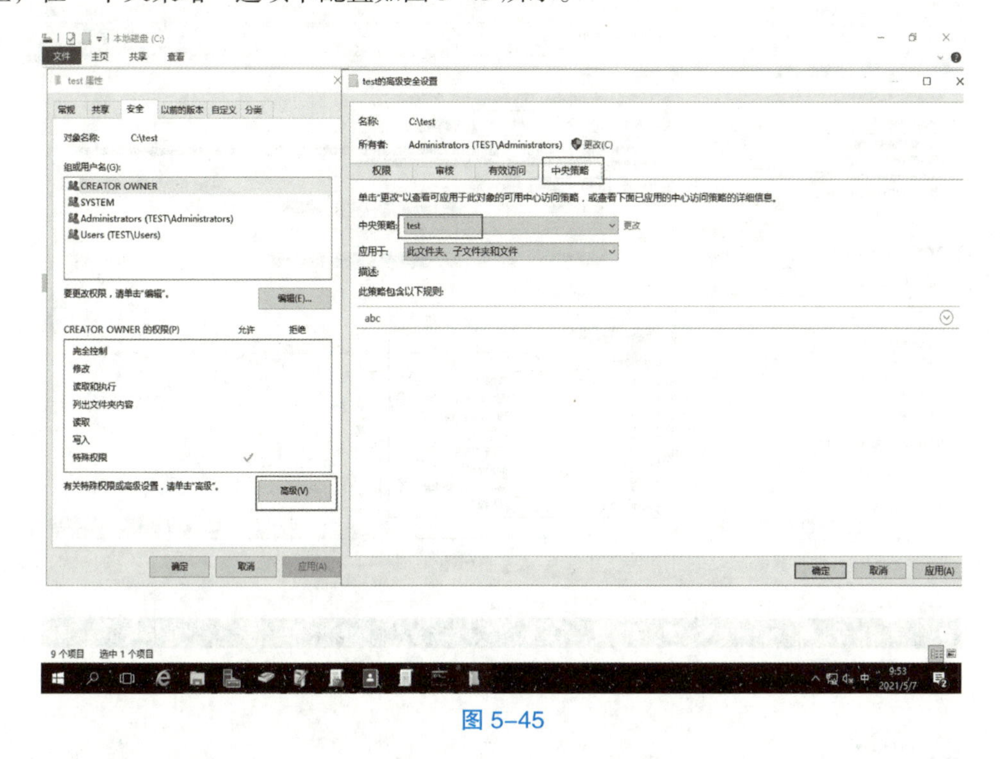

图 5-45

在“test 的高级安全设置”对话框“权限”选项卡配置如图 5-46 所示。

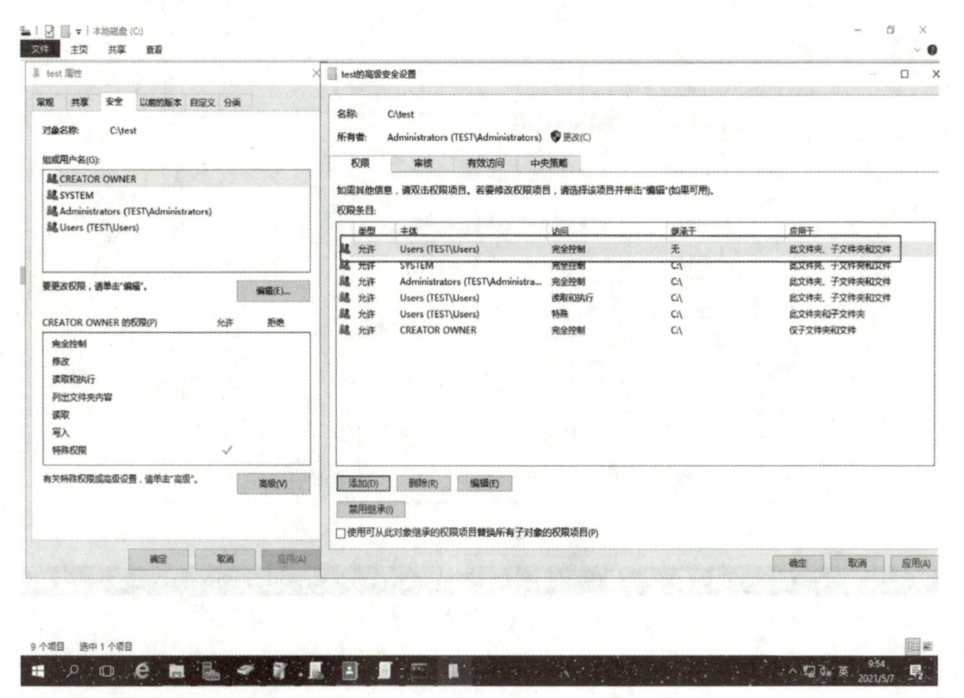

图 5-46

在“有效访问”选项卡查看用户 user1 和 user2 的权限，如图 5–47、图 5–48 所示。

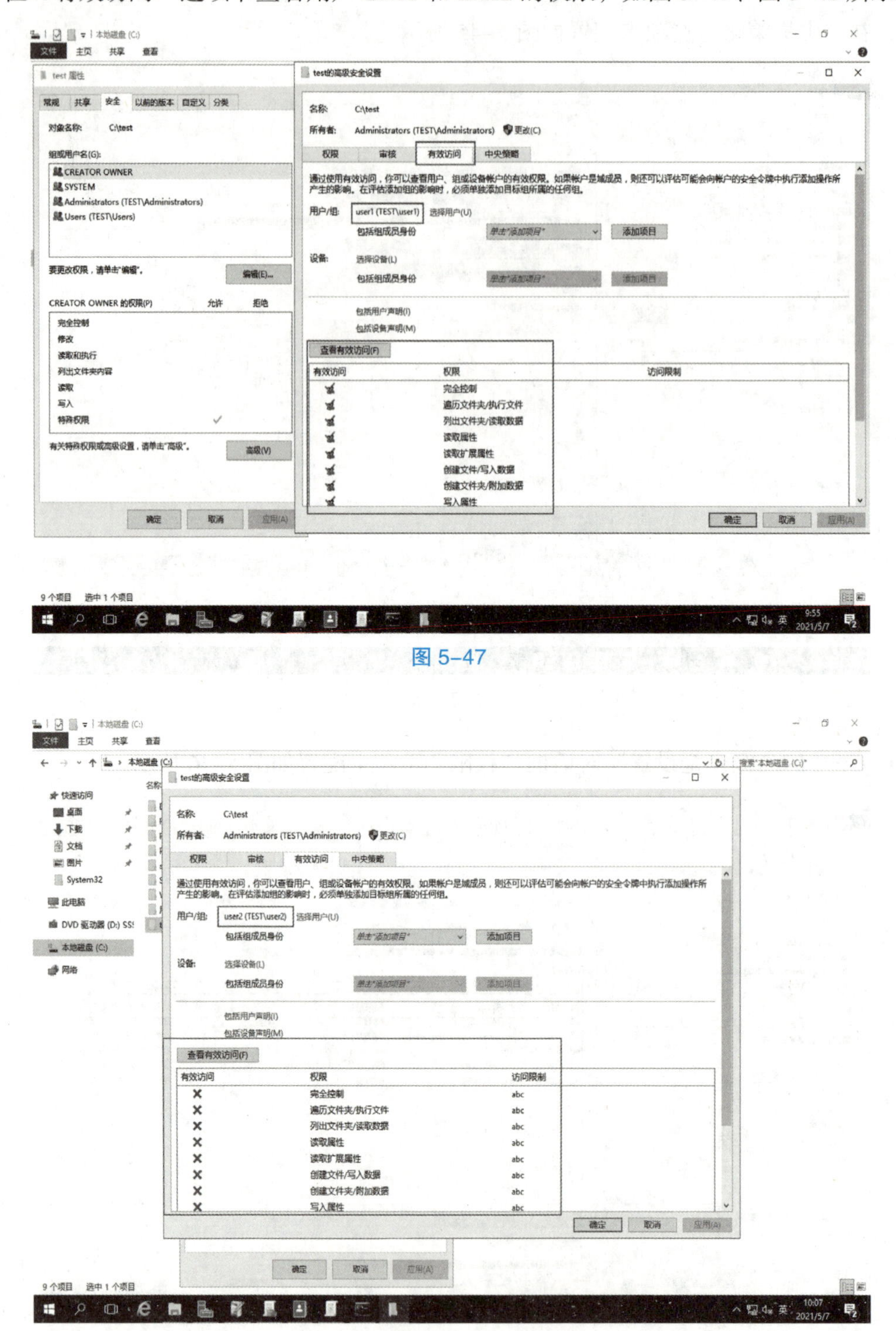

图 5–47

图 5–48

5.4 iSCSI 目标服务

1. iSCSI 目标服务概念

iSCSI 目标服务（iSCSI Target Service）是 Windows Server 中的角色服务，可以通过互联网小型计算机系统接口（Internet Small Computer System Interface，iSCSI）协议使存储可用。

它在为无法通过本机 Windows 文件共享协议服务器消息块（Server Message Block，SMB）进行通信的客户端提供对 Windows 服务器上存储的访问方面很有用。

2. iSCSI 目标服务器的作用

iSCSI 目标服务器适合以下用途。

- 网络和无盘启动。

通过使用具有启动功能的网络适配器或软件加载器，可以部署数百个无盘服务器。

使用 iSCSI 目标服务器，部署速度很快。在微软公司内部测试中，在 34 分钟内部署了 256 台计算机。

通过使用差异虚拟硬盘，最多可以节省用于操作系统映像的 90%的存储空间。

- 服务器应用程序存储。

某些应用程序需要块存储。iSCSI 目标服务器可以为这些应用程序提供连续可用的块存储。

由于存储是可远程访问的，因此它还可以合并中心或分支机构位置的块存储。

- 异构存储。

iSCSI 目标服务器支持非 Microsoft iSCSI 启动器，从而可以轻松地在混合软件环境中共享服务器上的存储。

- 开发、测试、演示和实验环境。

启用 iSCSI 目标服务器后，运行 Windows Server 操作系统的计算机将成为网络可访问的块存储设备。这对于在将应用程序部署到存储区域网（Storage Area Network，SAN）之前测试应用程序很有用。

3. iSCSI 配置

在“服务器管理器”添加角色，在“添加角色和功能向导”对话框的“选择服务器角色”界面勾选“iSCSI”目标存储提供程序（VDS 和 VSS 硬件提供程序）复选框和“iSCSI 目标服务器”复选框，单击“下一步”按钮至安装完成（其余部分保持默认），如图 5-49 所示。

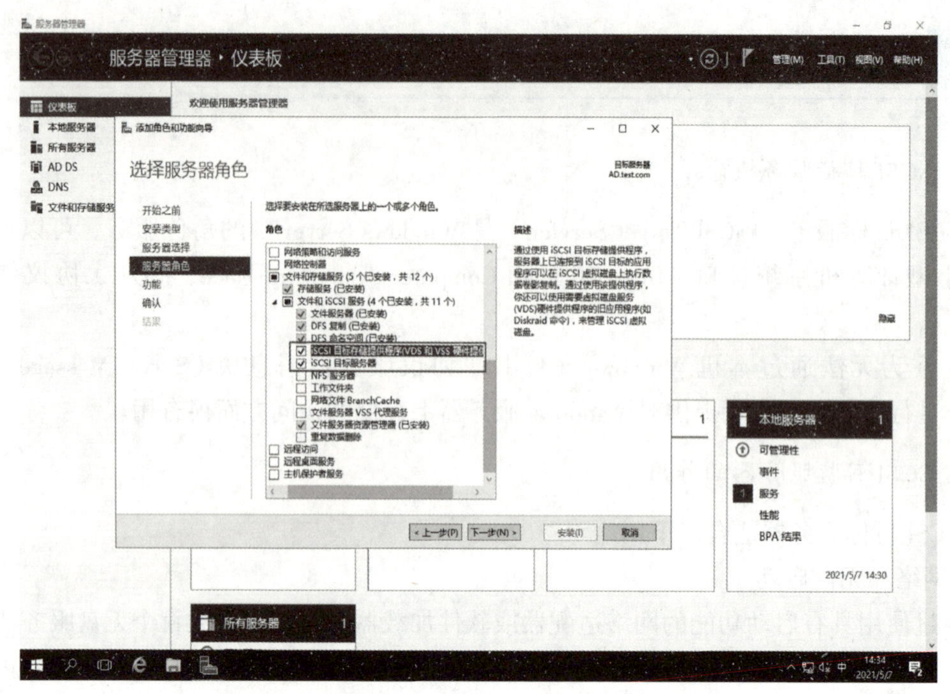

图 5-49

单击“文件和存储服务”，如图 5-50 所示。

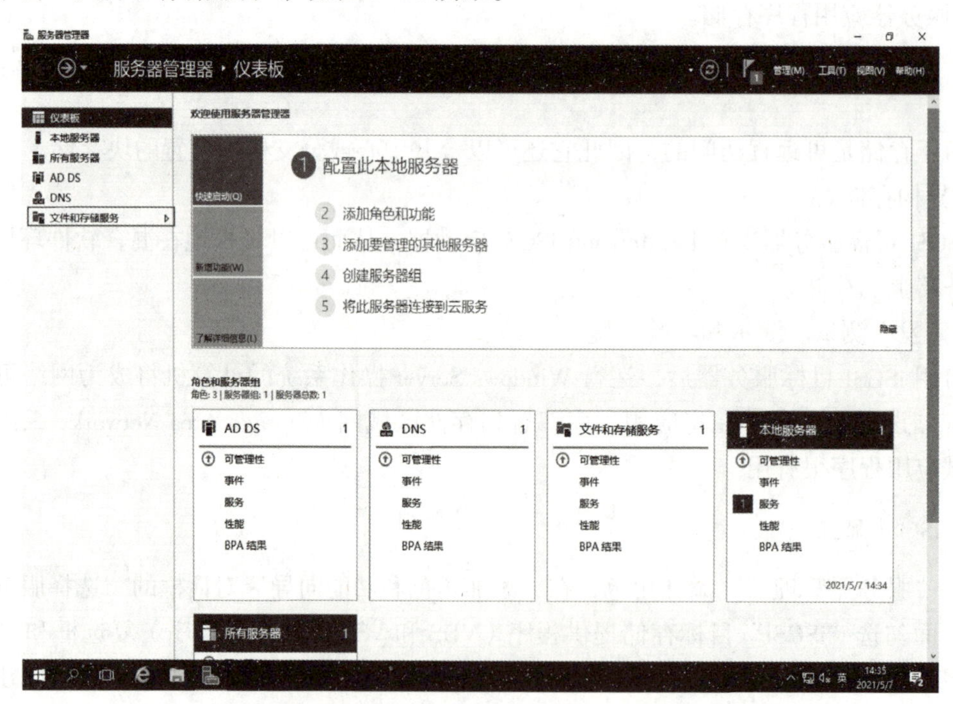

图 5-50

选择“iSCSI”，单击“任务”按钮，在弹出的下拉菜单中选择“新建 iSCSI 虚拟磁盘”，如图 5–51 所示。

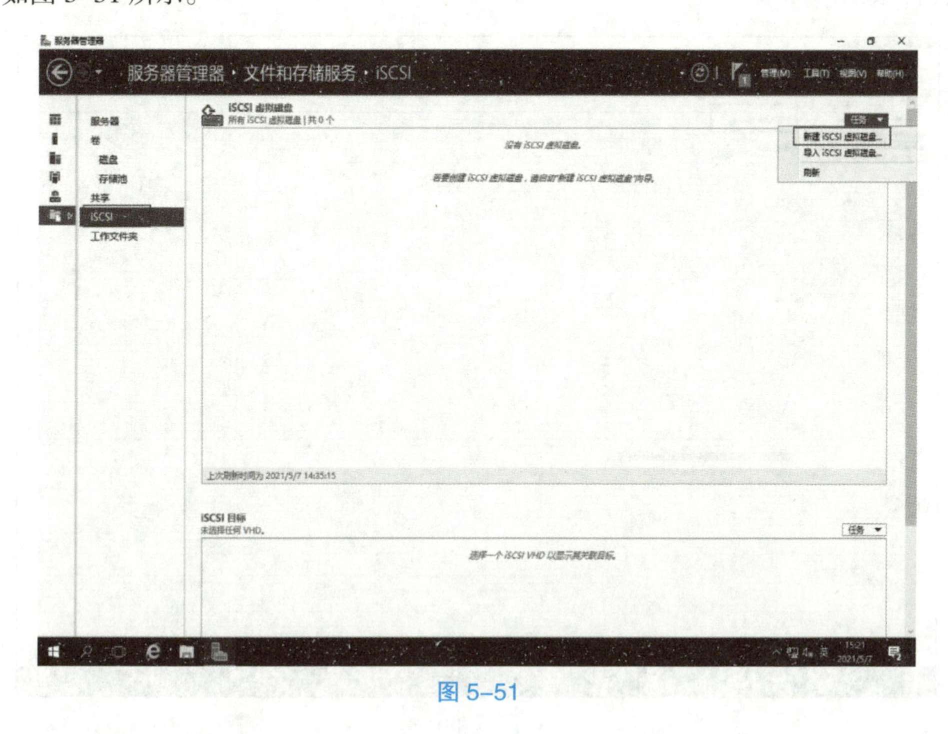

图 5–51

打开“新建 iSCSI 虚拟磁盘向导”对话框，在“选择 iSCSI 虚拟磁盘位置”界面的“服务器”列表框中选择“AD”，单击“下一步”按钮，如图 5–52 所示。

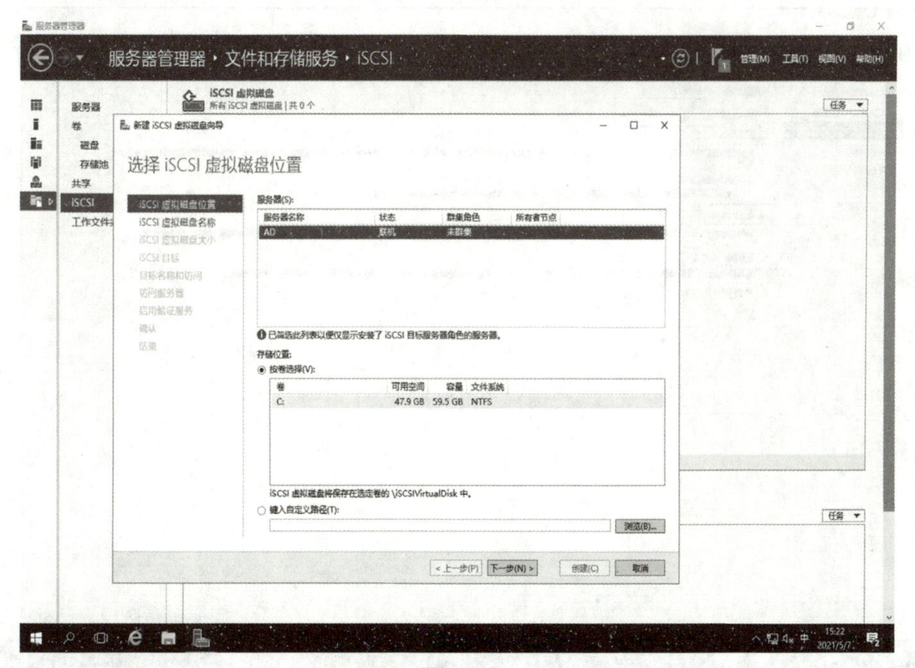

图 5–52

在“指定 iSCSI 虚拟磁盘名称”界面的“名称”文本框中输入“iscsi”，单击“下一步”按钮，如图 5–53 所示。

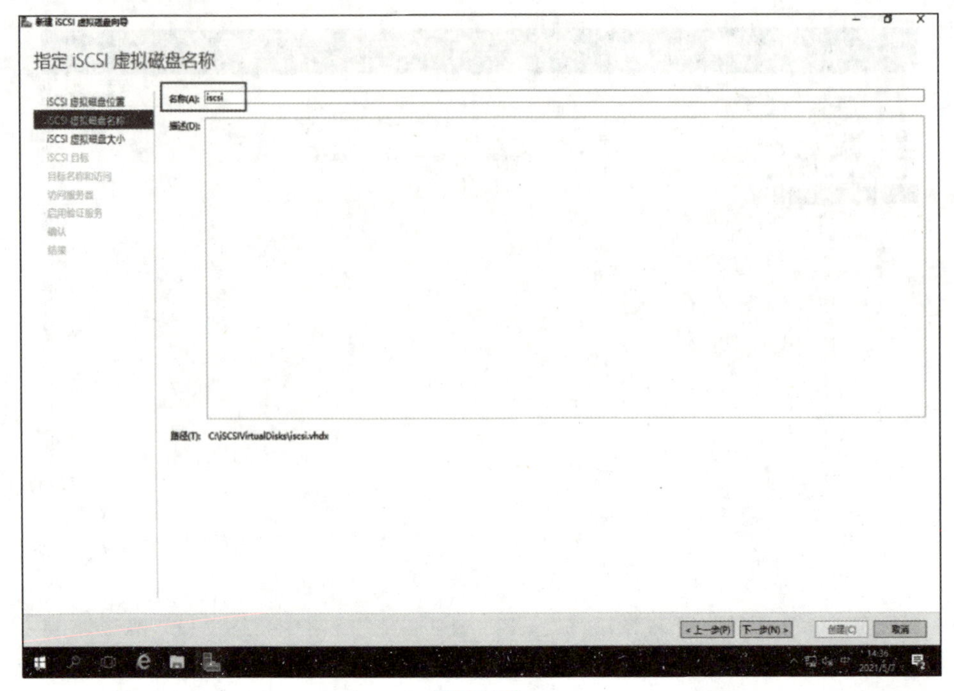

图 5–53

在“指定 iSCSI 虚拟磁盘大小”界面配置如图 5–54 所示。

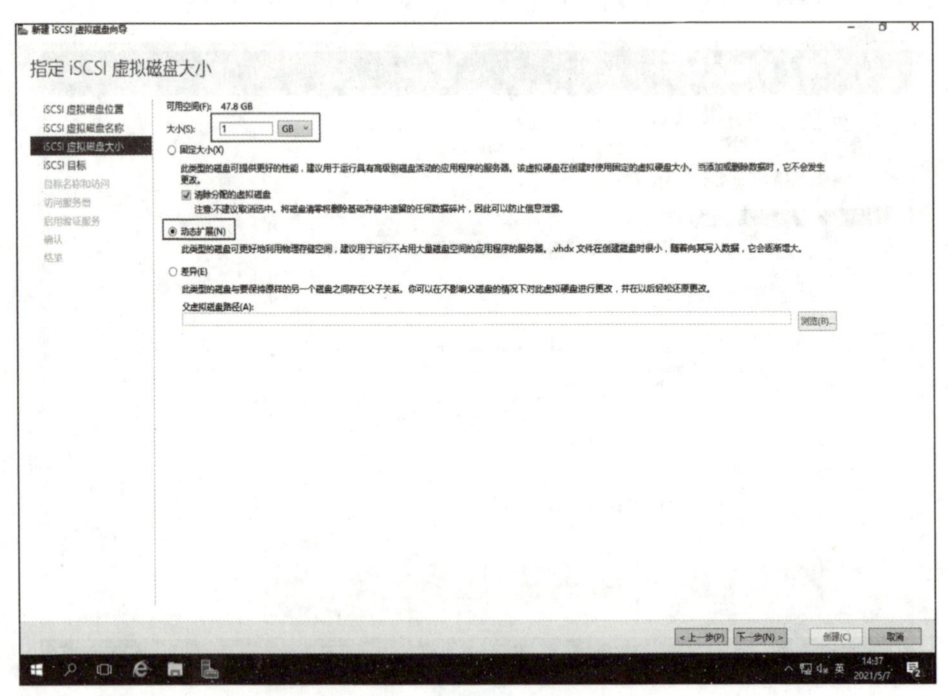

图 5–54

在“分配 iSCSI 目标”界面选择“新建 iSCSI 目标”单选按钮，如图 5-55 所示。

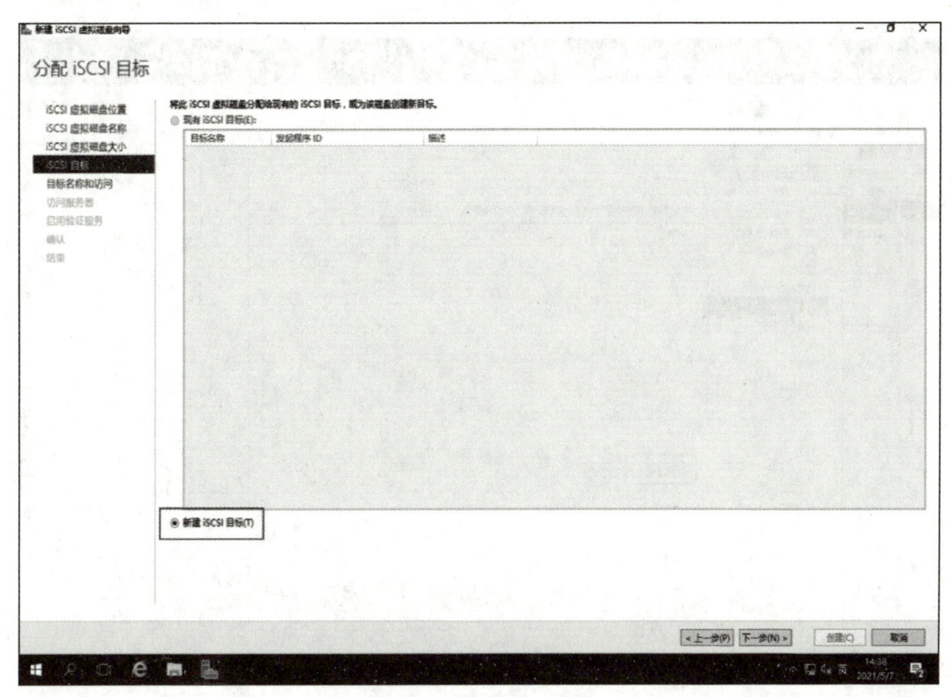

图 5-55

在“指定目标名称”界面的“名称”文本框中输入名称“test”，单击“下一步”按钮，如图 5-56 所示。

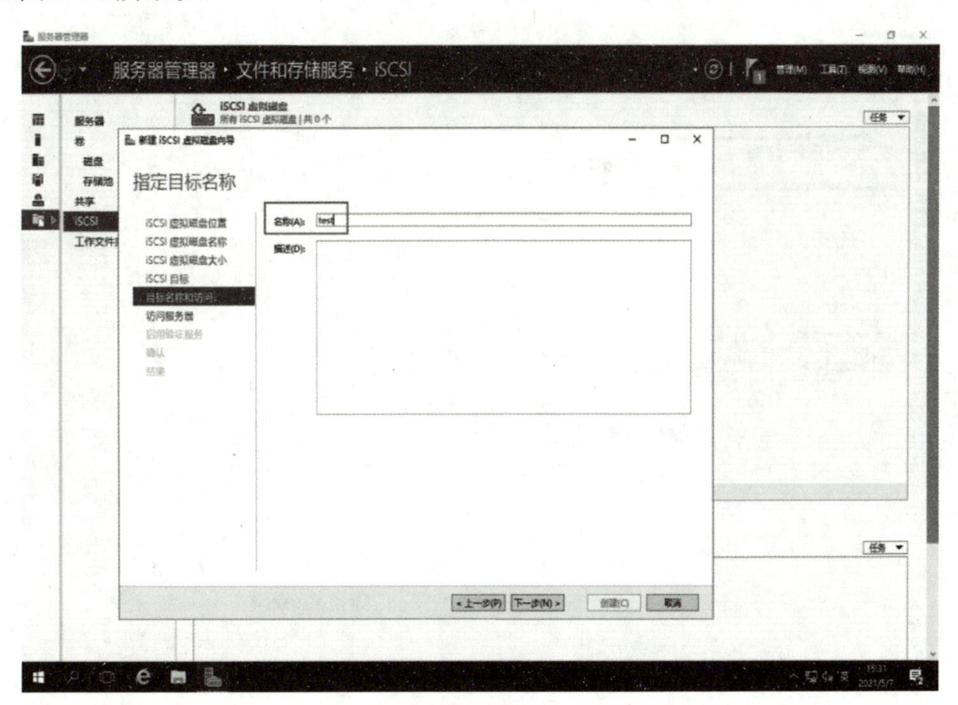

图 5-56

在“指定访问服务器”界面单击“添加”按钮，如图 5-57 所示。

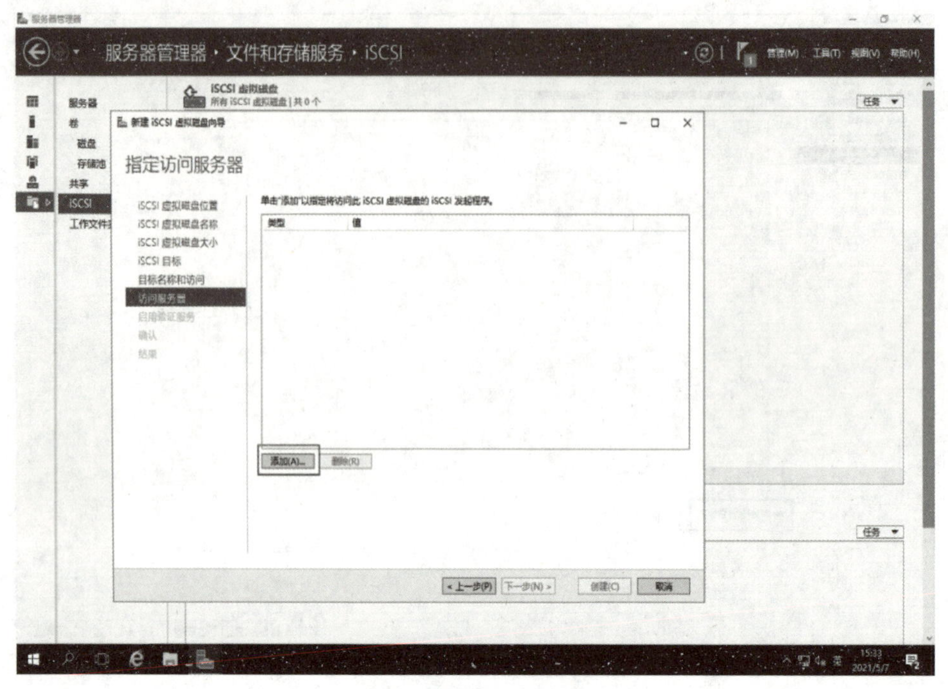

图 5-57

打开“添加发起程序 ID”对话框中选择“输入选定类型的值”单选按钮，选择“IP 地址”，输入 iSCSI 客户端 IP 地址，如图 5-58 所示。

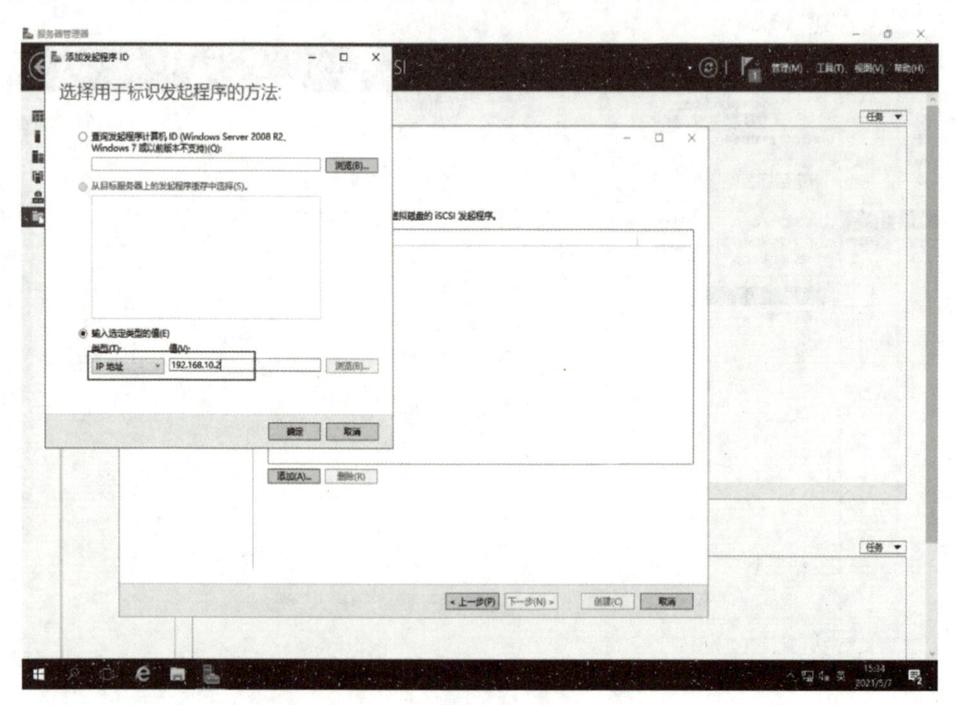

图 5-58

在“确认选择”界面查看所有信息，单击“创建”按钮，如图 5-59 所示。

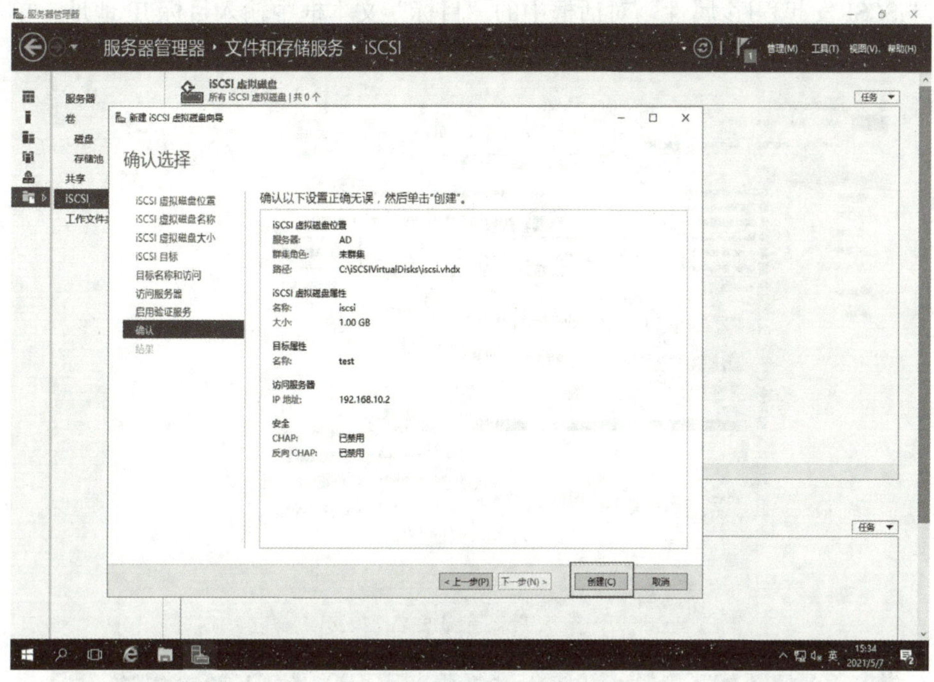

图 5-59

在 iSCSI 客户端打开控制面板，选择“iSCSI 发起程序”，如图 5-60 所示。

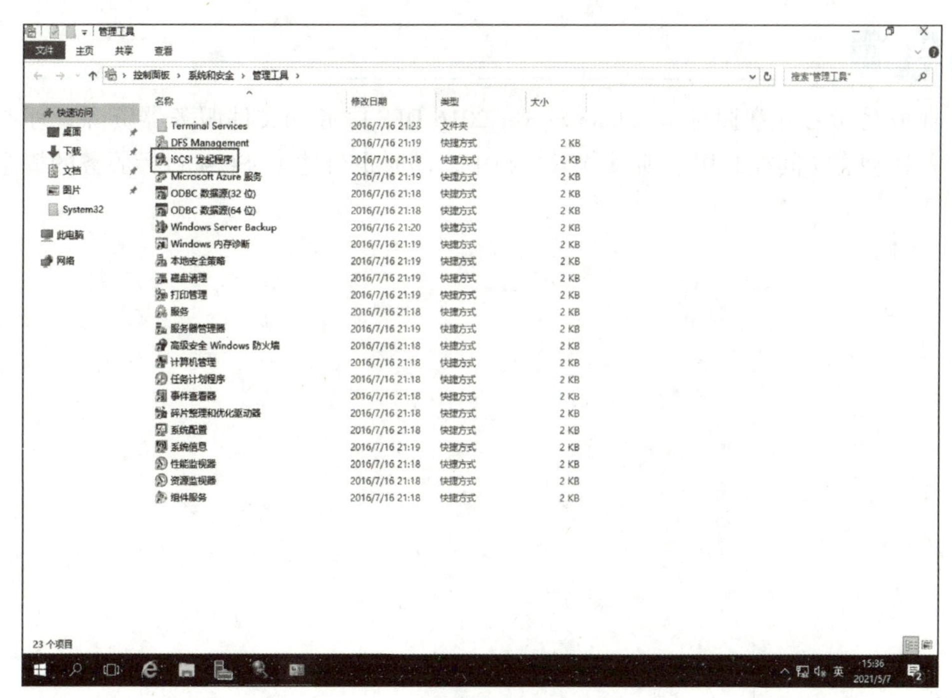

图 5-60

在“iSCSI 发起程序”上单击鼠标右键，在弹出的快捷菜单中选择“属性”命令，在打开的“iSCSI 发起程序 属性”对话框中的“目标”文本框中输入目标 IP 地址，单击“快速连接”按钮，弹出“快速连接”对话框，连接成功，如图 5-61 所示。

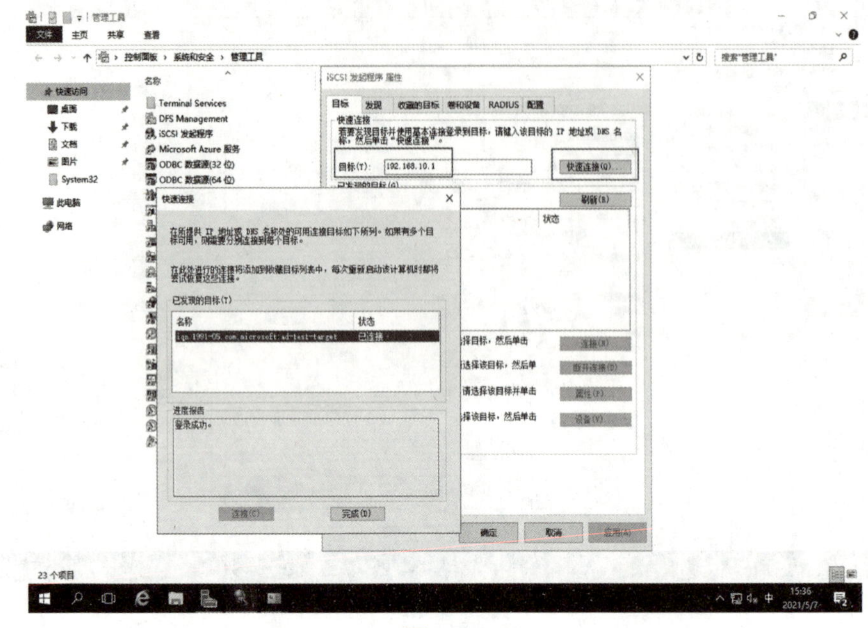

图 5-61

任务总结

本任务是学习并掌握对 Windows Server 2016 DFS 服务和文件服务器资源管理器的配置，以及将动态访问控制用于项目方案实施中，同时也讲述了 iSCSI 目标服务的概念及对其的配置。

任务6　部署网站与应用服务

任务目标

学习并掌握 Windows Server 因特网信息服务、远程桌面服务、权限管理服务及轻型活动目录服务的概念和服务的部署。

任务描述

Windows Server 因特网信息服务

Windows Server 远程桌面服务

Windows Server 权限管理服务

Windows Server 轻型活动目录服务

6.1 因特网信息服务

1. 什么是因特网信息服务

因特网信息服务（Internet Information Services，IIS）是一种网页服务组件（即多种服务器集成），方便于在网络上发布信息。

2. IIS 的优点

IIS 具有以下优点。

• 通过减少攻击面来保护服务器——减小表面积是保护服务器系统的最有效方法之一。使用 IIS，我们可以删除所有未使用的服务器功能，在保持应用程序功能的同时，尽可能减小表面积。

• 提高性能并减少内存占用 —— 通过删除未使用的服务器功能，我们还可以减少服务器使用的内存，并通过减少对应用程序的每个请求执行的功能代码量来提高性能。

• 构建定制 / 专用服务器 —— 通过选择一组特定的服务器功能，我们可以构建自定义服务器，这些服务器针对在应用程序拓扑内执行特定功能（如边缘缓存或负载平衡）进行了优化。我们可以使用基于新扩展性 API 的自己或第三方服务器组件添加自定义功能，以扩展或替换任何现有功能。

3. 开发 IIS 的原因

（1）授权 Web 应用程序。

扩展 IIS 使 Web 应用程序可以受益于许多情况下无法在应用层轻松提供的功能。

利用 IIS ASP.NET 或本机 C++ 可扩展性，开发人员可以构建可为所有应用程序组件增加价值的解决方案，如自定义身份验证方案、监视和日志记录、安全筛选、负载平衡、内容重定向和状态管理。

（2）有较好的开发经验。

• 全新的 C++ 可扩展性模型缓解了以前困扰 Internet 服务器应用程序编程接口（Internet Server Application Programming Interface，ISAPI）开发的大部分问题，引入了简化的面向对象 API，促进了服务器代码的编写。

• 更好的 Visual Studio 集成进一步改善了 IIS 开发的体验。

（3）使用 ASP.NET 的全部功能。

• ASP.NET 集成使服务器模块可以通过熟悉的 ASP.NET 2.0 接口和丰富的 ASP.NET 应用程序服务快速开发。

• ASP.NET 模块可以为 ASP 文件、CGI 文件、静态文件和其他内容类型统一提供服务，并且可以完全扩展服务器而没有 IIS 早期版本中的限制。

4. IIS 配置

IIS 创建网站配置演示如下。

在“服务器管理器”窗口添加角色，在“添加角色和功能向导”对话框的“选择服务器角色”界面勾选“Web 服务器（IIS）”复选框，如图 6-1 所示。

其余步骤保持默认直至开始安装，安装完后在“服务器管理器”窗口单击“工具”按钮，在弹出的下拉菜单中选择“Internet Information Services（IIS）管理器”，如图 6-2 所示。

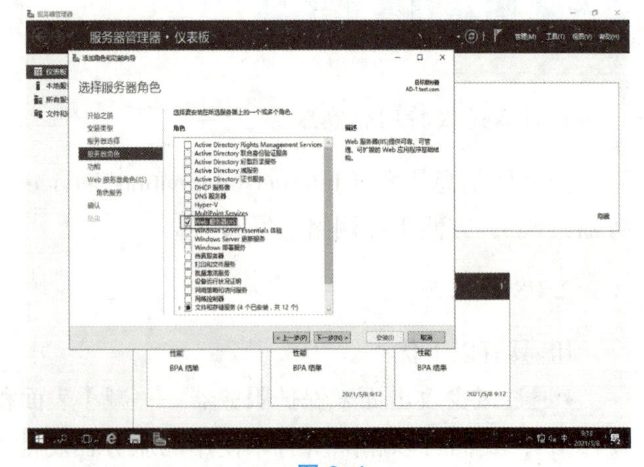

图 6–1

图 6-2

打开“Internet Information Services（IIS）管理器”窗口，在左侧的“网站”上单击鼠标右键，在弹出的快捷菜单中选择“添加网站”，如图 6-3 所示。

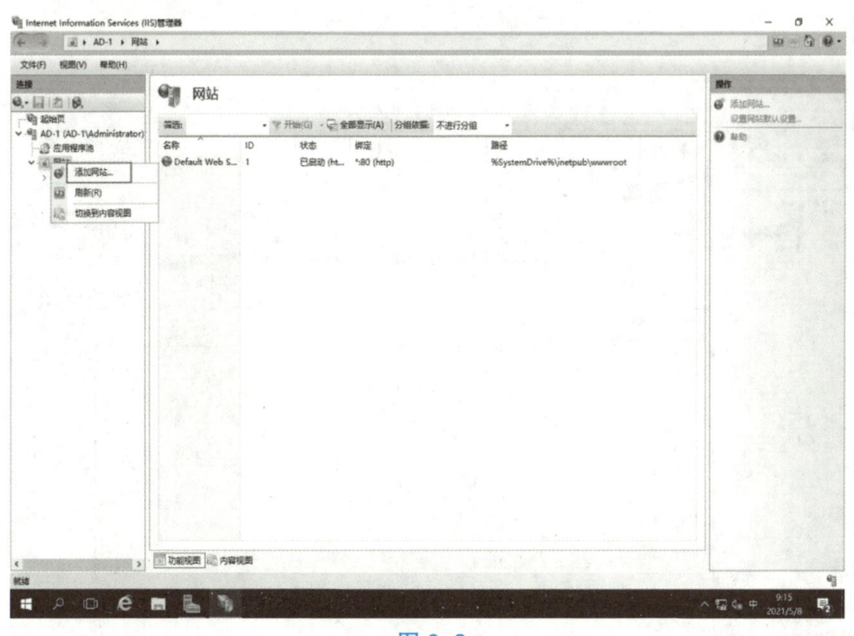

图 6-3

打开“添加网站”对话框，配置如图 6-4 所示。

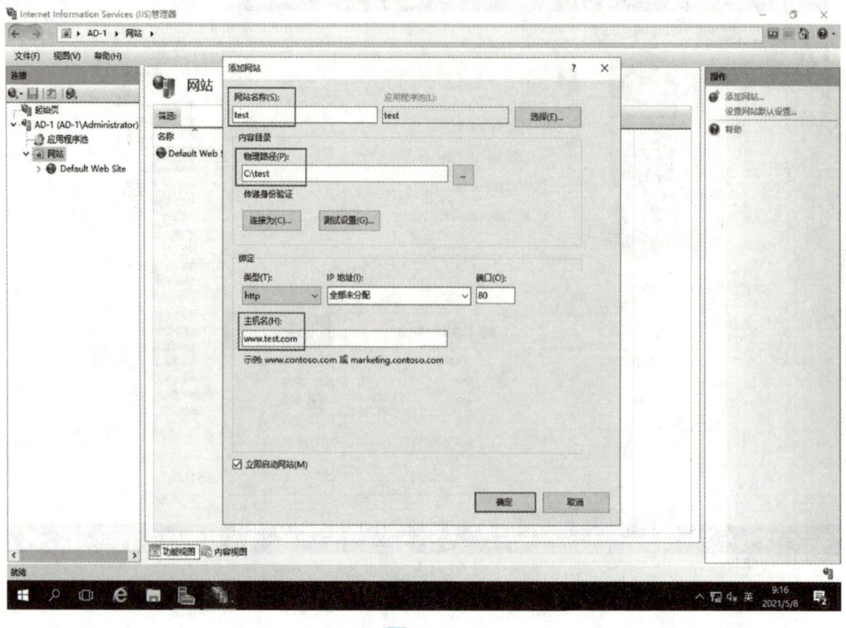

图 6-4

在网站根目录进行主页的设置，在“index.html”文件中输入“hello world！”，如图 6-5 所示。

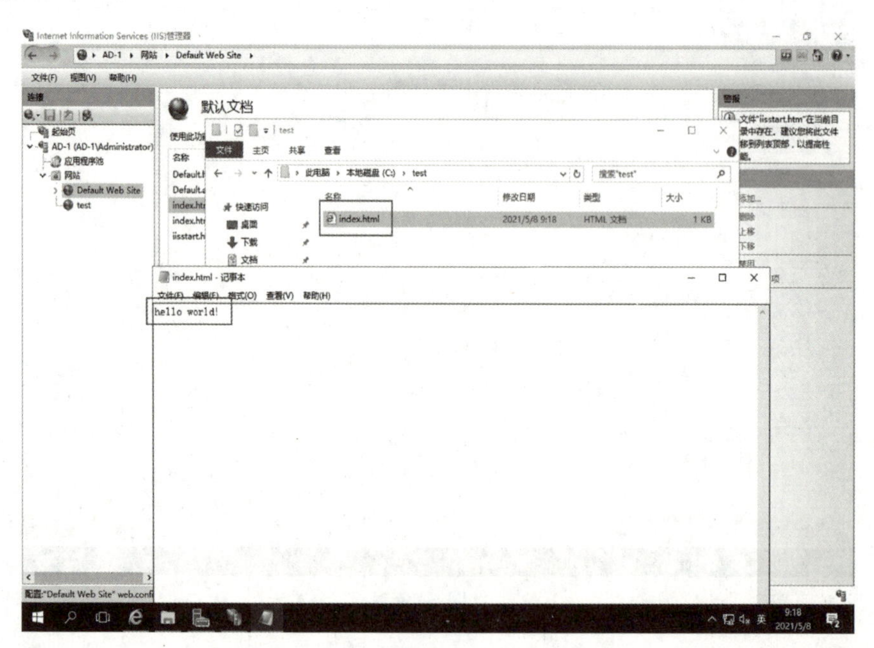

图 6-5

在浏览器中输入主机域名，测试访问，如图 6-6 所示。

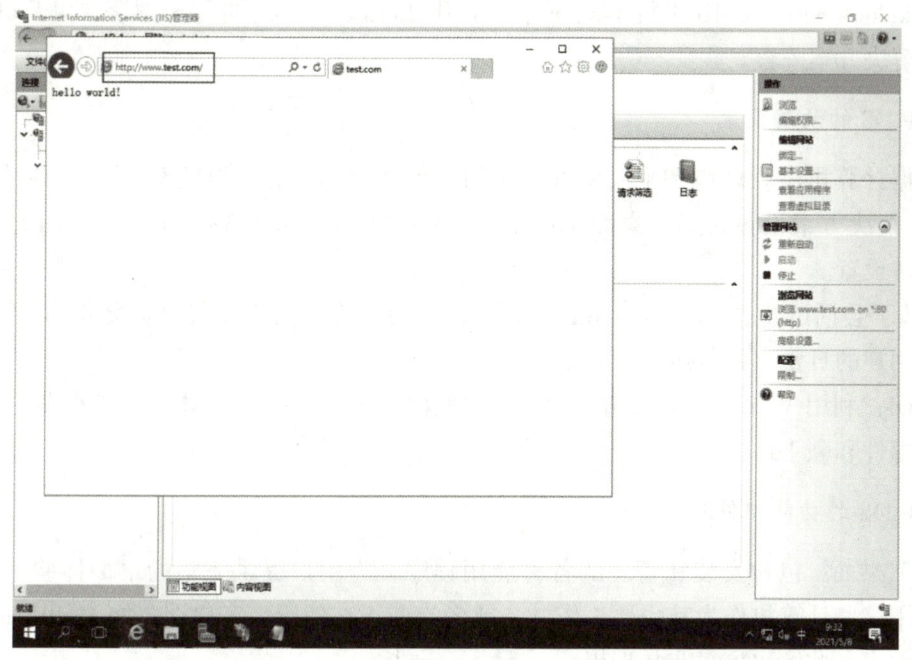

图 6-6

6.2 远程桌面服务

1. 远程桌面服务概念

远程桌面服务（Remote Desktop Services，RDS）是一个卓越的平台，可以生成虚拟化解决方案来满足每个最终客户的需求，包括交付独立的虚拟化应用程序、提供安全的移动和远程桌面（Remote Desktop，RD）访问，使最终用户能够从“云”运行其应用程序和桌面，如图 6-7 所示。

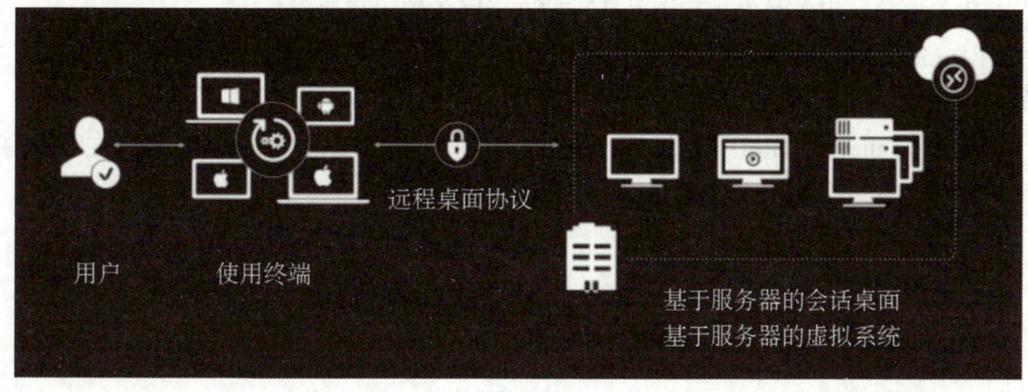

图 6-7

RDS 提供部署灵活性、高成本效益和可扩展性，各种部署选项都具备这些优势，包括使用 Windows Server 2016 进行本地部署、使用 Microsoft Azure 进行云部署，以及可靠的合作伙伴解决方案阵容。

2. RDS 的两种设置

根据计算机系统环境和个人偏好，我们可为基于会话的虚拟化设置 RDS 解决方案或将 RDS 解决方案设置为虚拟桌面基础结构（Virtual Desktop Infrastructure，VDI），也可结合这两种设置。

• 基于会话的虚拟化：利用 Windows Server 的计算能力提供经济高效的多会话环境，以驱动用户的日常工作负荷。

•VDI：利用 Windows 客户端为用户提供他们在 Windows 桌面体验中所预期的高性能、应用兼容性和顺手性。

3. RDS 的功能组件

（1）桌面：包含安装和管理的各种应用程序，为用户提供完整的桌面体验。对于依赖于使用这些计算机作为其主要工作站，或者当前正在使用瘦客户端（如 MultiPoint 服务）的用户而言，此解决方案非常理想。

（2）RemoteApp：指定在虚拟化计算机上托管或运行的，但看上去如同本地应用程序一样在用户桌面上运行的各个应用程序。应用程序有其自身的任务栏条目，并可调整大小及在监视器之间移动。此解决方案非常适合用于在安全的远程环境中部署和管理关键应用程序，同时可让用户在其自己的桌面中工作以及自定义其桌面。

4. RDS 协议和组件

（1）RDS 协议：远程桌面协议（Remote Desktop Protocol，RDP）。

（2）RDS 组件。

• RD Session Host：远程会话主机。其作用是存储资源。

• RD Connection Broker：远程桌面连接代理。其作用是负载均衡和重连。

• RD Web Access：远程桌面 Web 访问。其作用是提供接口外网访问。

• RD Gateway：RD 网关。其作用是通过这个服务访问其他资源。

• RD Licensing：RD 授权。其作用是管理连接到远程桌面会话主机服务器或虚拟机所需的许可证。

• RD Virtualization Host：RD 虚拟化主机。其作用是与 Hyper-V 集成，可以在组织内部部署虚拟机集合或个人虚拟机集合。

5. 远程桌面服务配置演示

远程桌面桌面服务配置如下。

在“服务器管理器”窗口添加角色，在“添加角色和功能向导”对话框的“选择安装类型”界面选择“远程桌面服务安装”单选按钮，如图 6-8 所示。

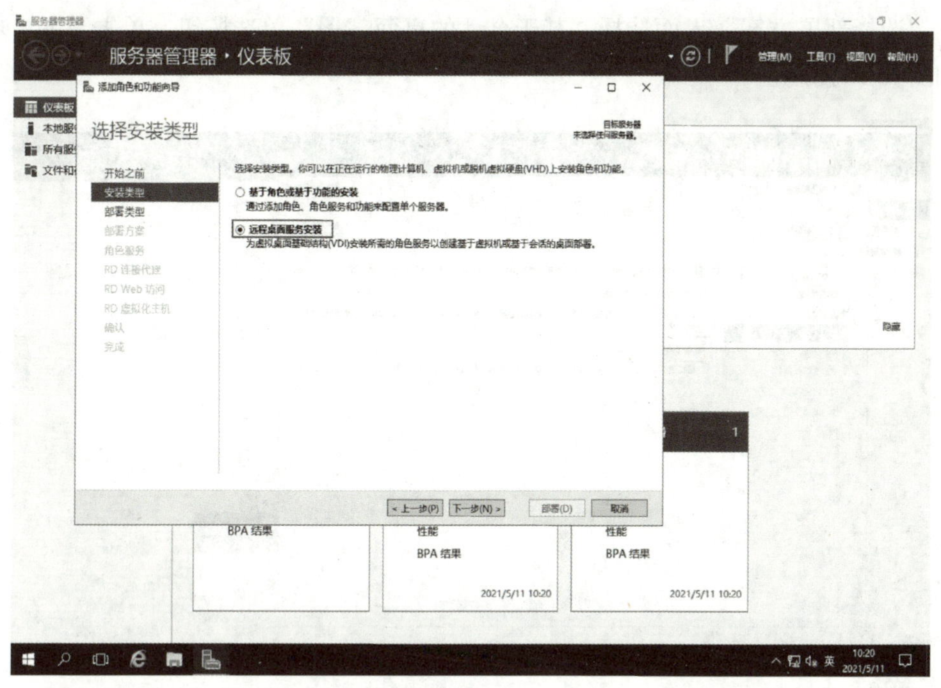

图 6-8

在“选择部署类型”界面选择“标准部署”单选按钮，单击“下一步”按钮，如图6-9所示。

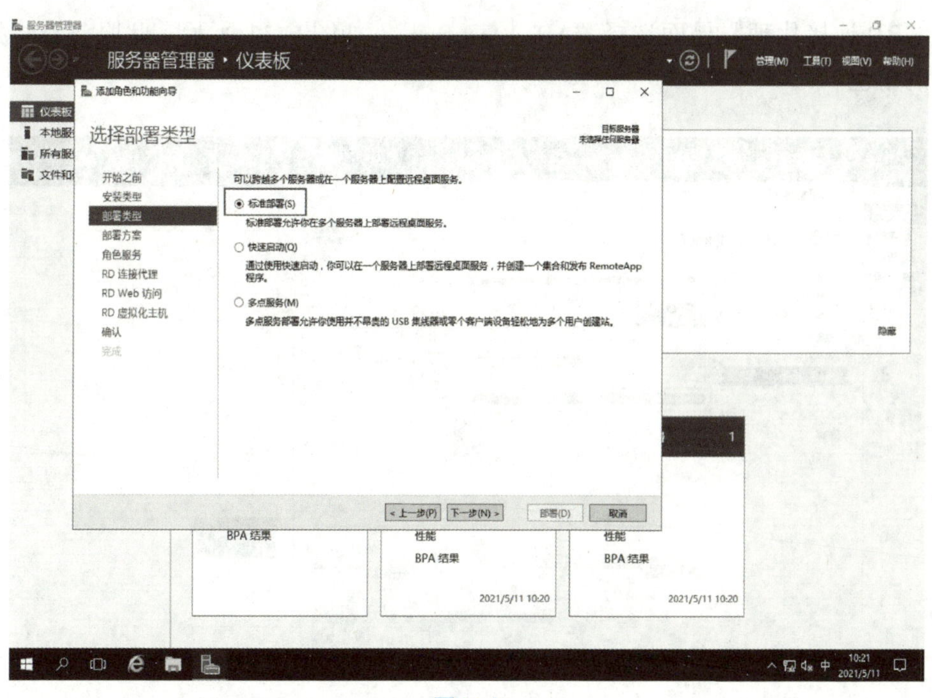

图 6-9

在“选择部署方案”界面选择“基于会话的桌面部署”单选按钮，单击“下一步”按钮，如图 6–10 所示。

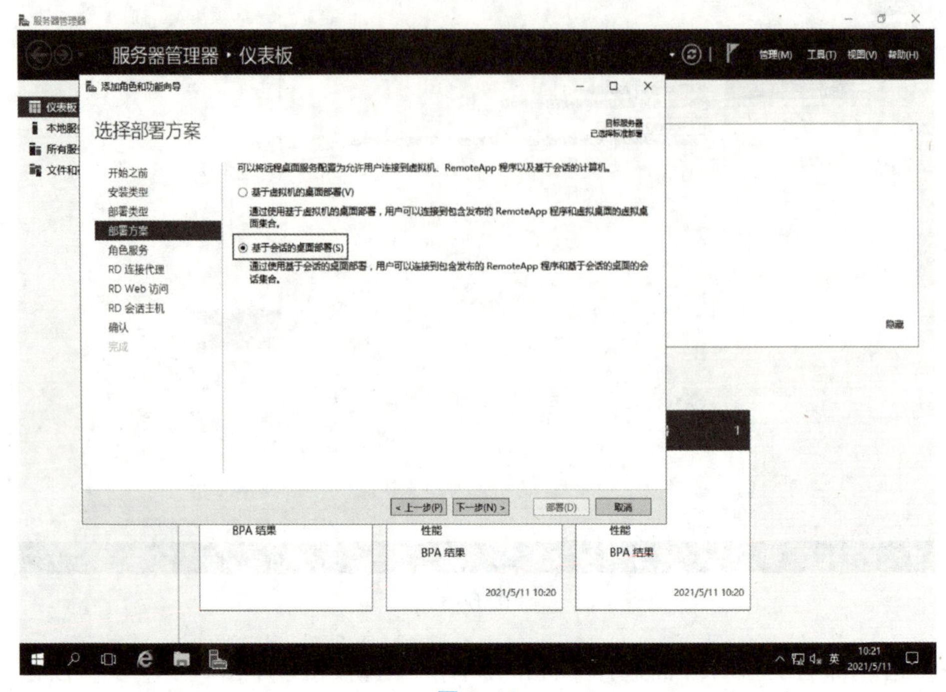

图 6–10

在“RD 连接代理”界面选择“AD–1.test.com”，如图 6–11 所示。此服务器将担任连接代理的角色。

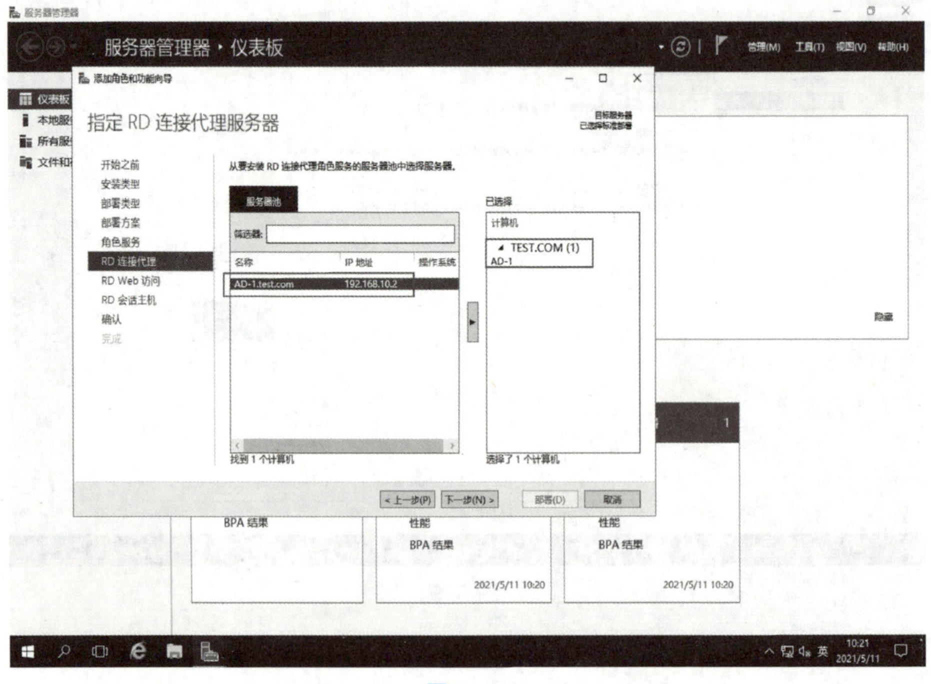

图 6–11

在“指定 RD Web 访问服务器”界面，添加“AD-1.test.com”，如图 6-12 所示，此服务器将担任 RD Web 访问服务器。

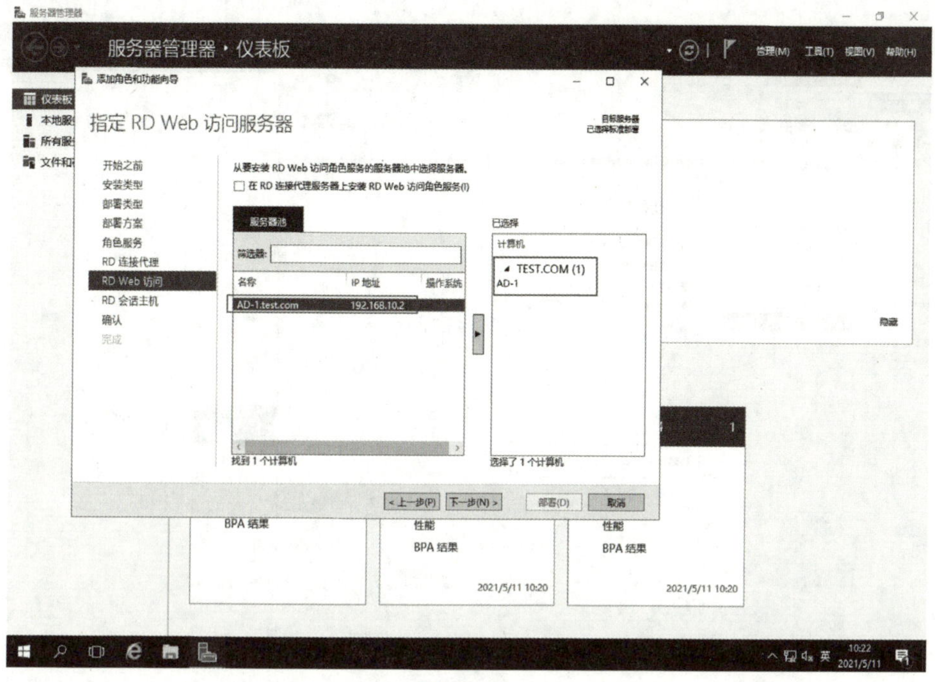

图 6-12

在“指定 RD 会话主机服务器”界面添加“AD-1.test.com”，如图 6-13 所示，此服务器将担任 RD 会话主机服务器。

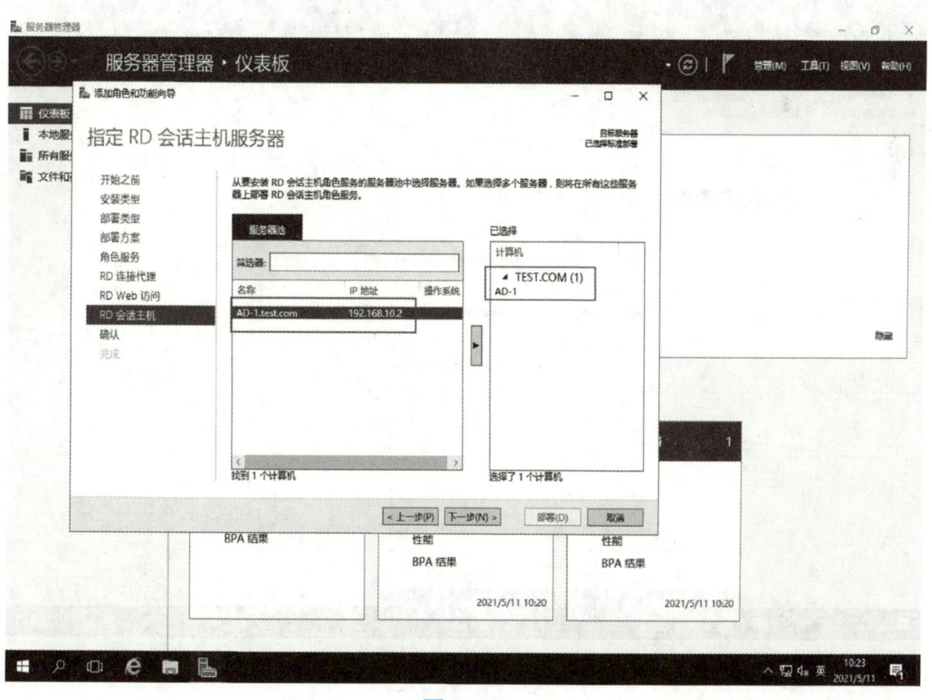

图 6-13

在“确认选择”界面勾选“需要时自动重新启动目标服务器”复选框，单击“部署”按钮，如图 6–14 所示。

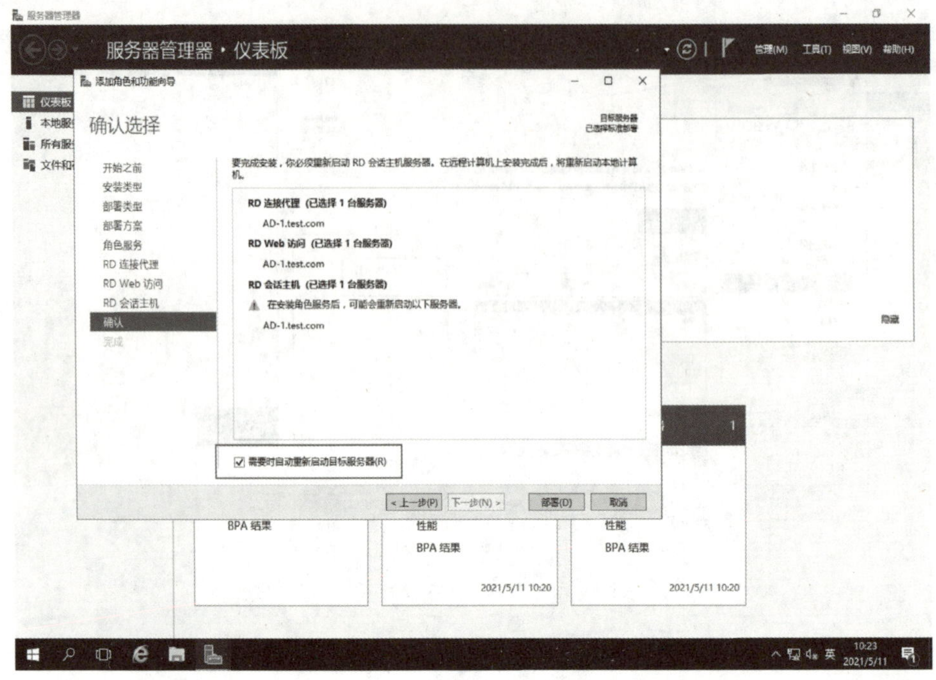

图 6–14

配置结果如图 6–15 所示。

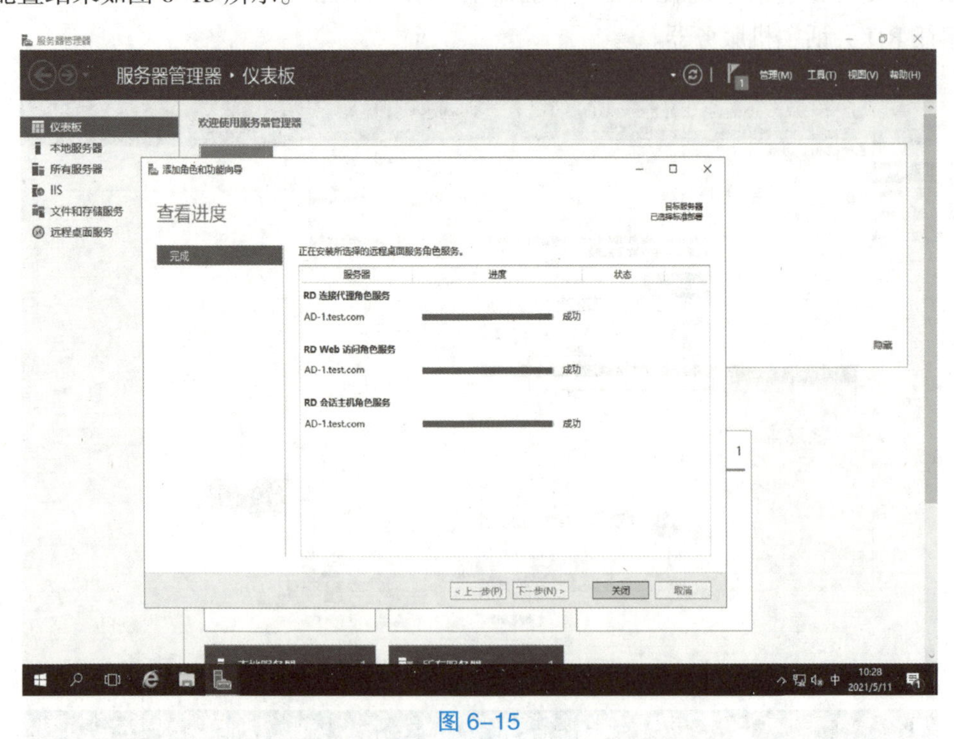

图 6–15

在“服务器管理器”窗口单击“远程桌面服务”，如图 6-16 所示。

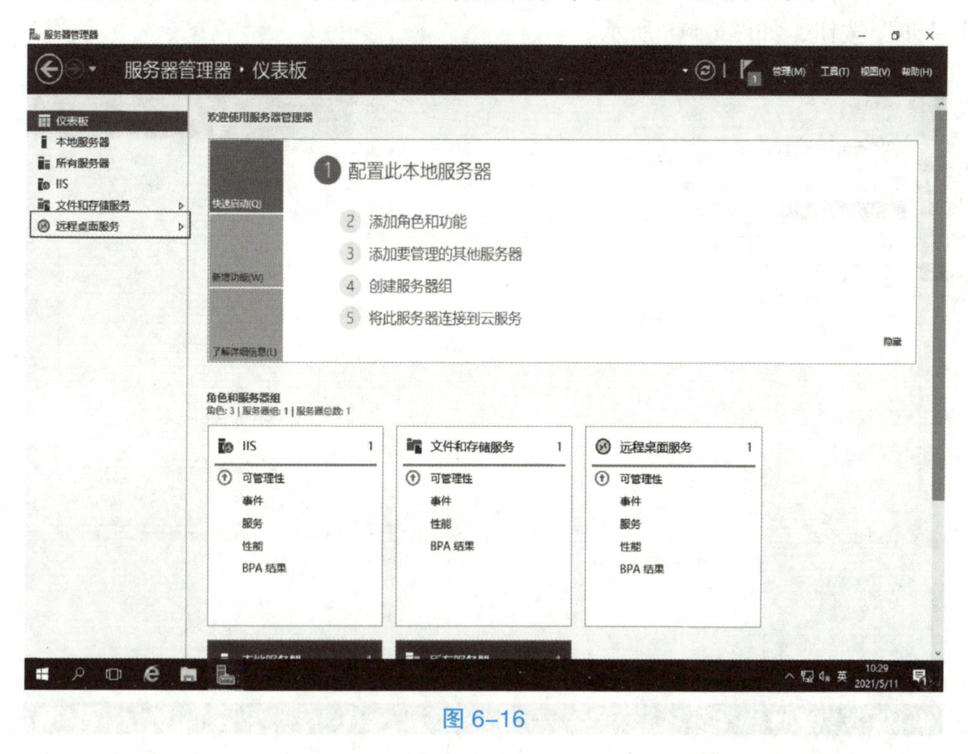

图 6-16

选择“集合”，单击“任务”按钮，在弹出的下拉菜单中选择“创建会话集合”，如图 6-17 所示。

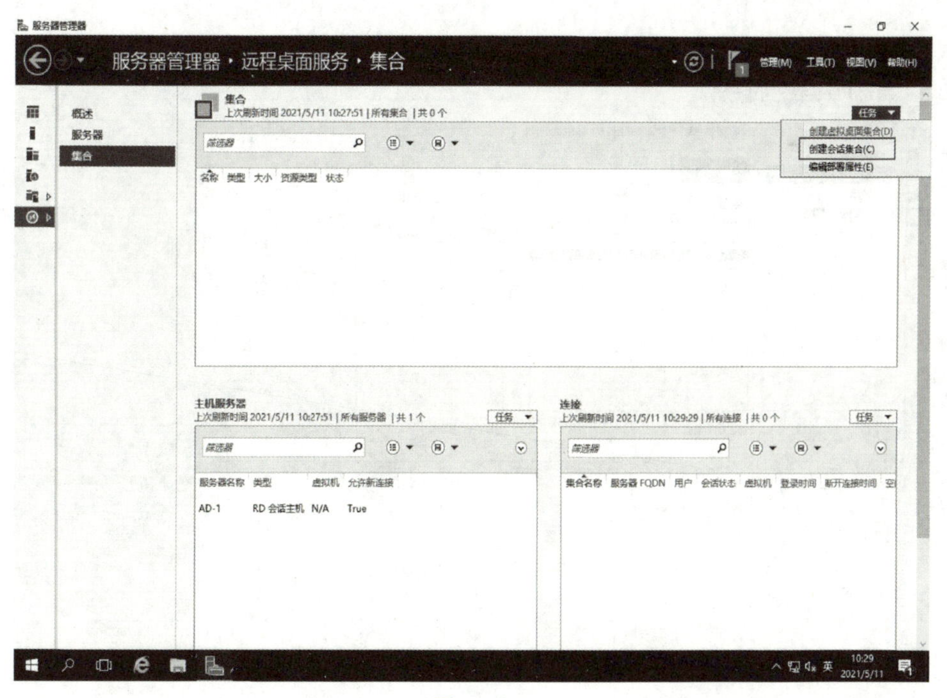

图 6-17

打开“创建集合”对话框，在“命名集合”界面的“名称”文本框中输入“test”，单击“下一步”按钮，如图 6-18 所示。

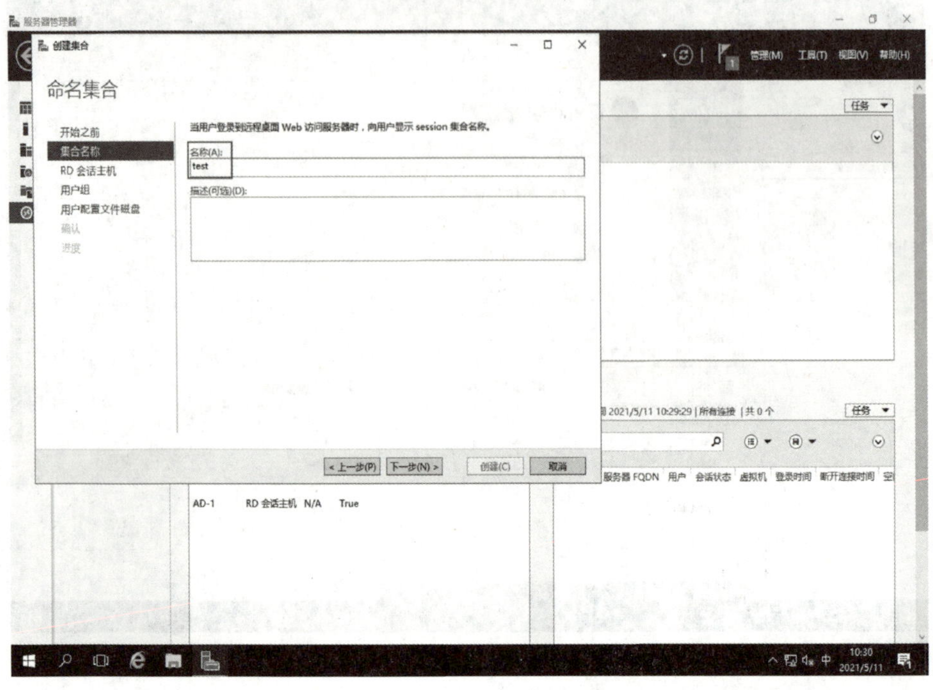

图 6-18

在“指定 RD 会话主机服务器”界面选择“AD-1.test.com”，如图 6-19 所示。

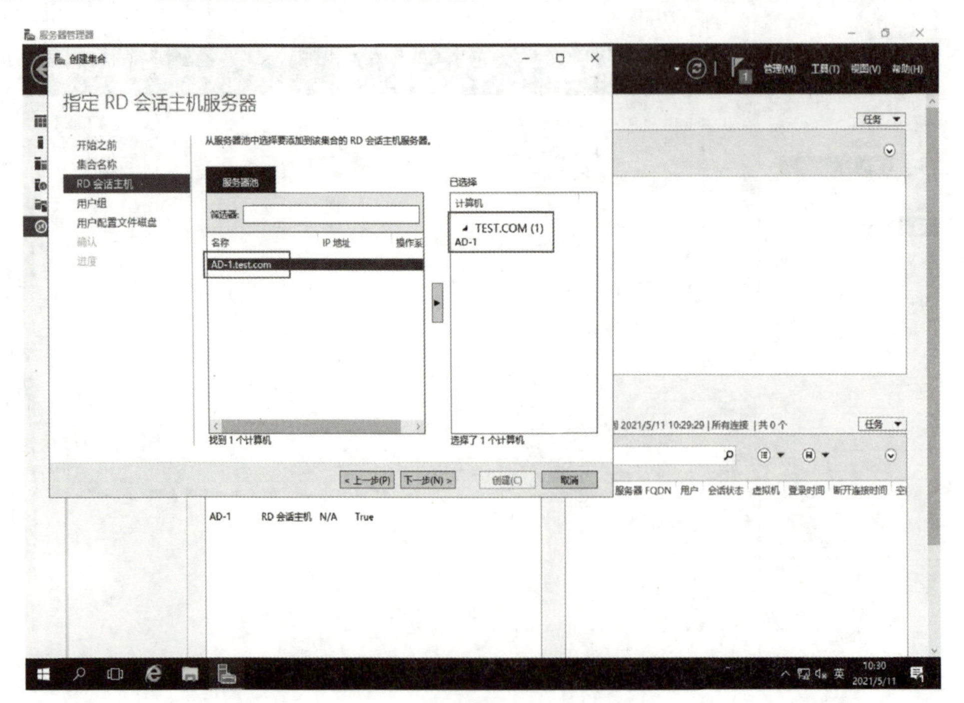

图 6-19

在“指定用户组”界面保持默认。

在“确认选择”界面单击“创建”按钮，如图 6–20 所示。

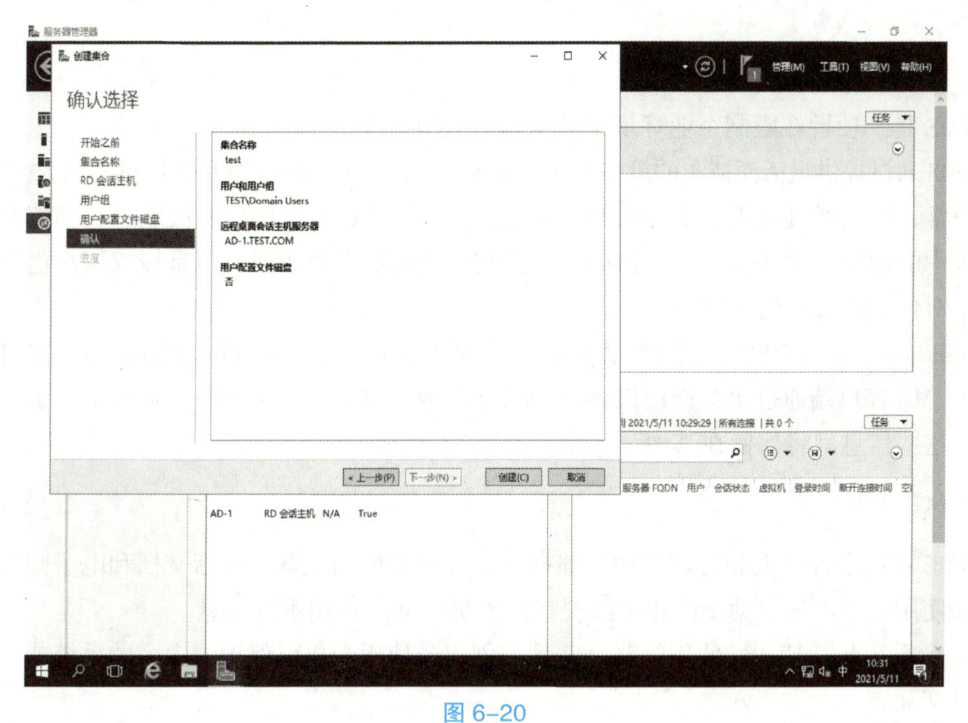

图 6–20

在“查看进度”界面查看创建结果，如图 6–21 所示。

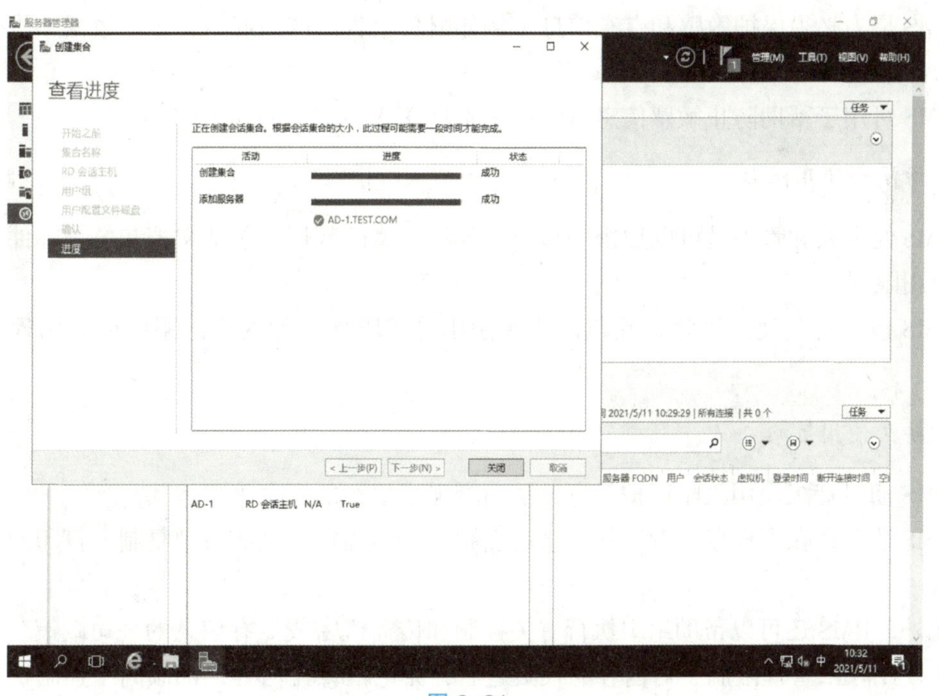

图 6–21

6.3 权限管理服务

1. 权限管理服务概念

RMS 是一项旨在限制企业环境中的信息访问的技术。

RMS 通过提供灵活而持久的策略表达和实施来帮助企业客户控制和保护重要的数字信息。

通常，组织通过使用基于外围的安全性方法来保护信息，例如防火墙、访问控制列表和传输中的加密。这些方法可以帮助组织控制对敏感数据的访问，但是授权用户仍然可以自由地对信息进行任何操作。

Windows Server 2008 R2 操作系统中引入的 Active Directory 权限管理服务（AD RMS）和 AD RMS 客户端通过永久使用策略保护信息来增强组织的安全策略，无论信息被移动到哪里，这些信息都将保留在其中。

2. 权限管理服务

RMS 系统允许个人和管理员加密并指定对各种类型的数据（包括文档和电子邮件）的访问和使用限制。这有助于防止未经授权的人员访问和使用敏感信息。

RMS 系统包括持久性使用策略，并且与创建或使用受权限保护的内容的系统或应用程序进行交互。

RMS 协议启用了与启用 RMS 的应用程序一起使用的信息保护功能，以保护数字信息免遭防火墙内部和外部的未经授权的使用，包括联机和脱机。

RMS 是为必须保护敏感和专有信息（例如财务报告、产品规格、客户数据和机密电子邮件）的组织而设计的。

RMS 可用于帮助防止敏感信息有意或无意地落入不正确的人手中。

3. 访问和使用限制

RMS 使个人和管理员可以加密和指定对各种类型的数据（包括文档和电子邮件）的访问和使用限制。

RMS 包括持久使用策略，并与创建或使用受权限保护的内容的系统或应用程序进行交互。

4. 持久使用策略

RMS 通过持久使用策略保护信息，从而增强了组织的安全策略。

RMS 还允许在授权接收者访问信息后强制执行使用权，例如限制复制、打印或转发的使用权。

此外，RMS 还可以帮助组织执行有关控制和传播机密或专有信息的公司政策。

在使用权限管理限制了对内容的权限之后，无论信息在何处，都倾向于强制执行访问和使用限制，因为访问和使用限制倾向于存储在内容本身中。

5. 发布和使用受保护的内容

RMS 协议包括用于发布和使用受保护的内容的功能。内容可以在线或离线发布。

6. 扩展

这些扩展为实现提供访问 RMS 的方法，而不必通过 RMS 客户端。

7. 权限管理服务配置演示

以下为 AD RMS 的配置演示。

在“服务器管理器”窗口添加角色，在“添加角色和功能向导”对话框的“选择服务器角色”界面勾选“Active Directory Rights Management Services”复选框，如图 6-22 所示。

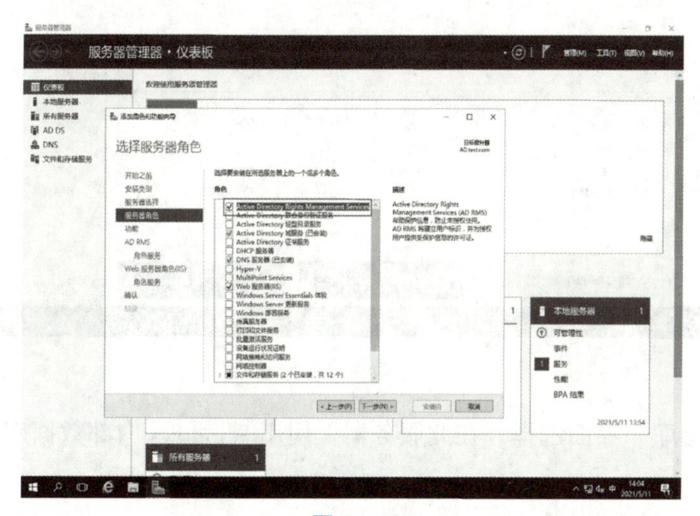

图 6-22

在“确认安装所选内容”界面确认安装内容。

服务安装完成后，单击感叹号标识，在弹出的对话框单击“执行其他配置”超链接，如图 6-23 所示。

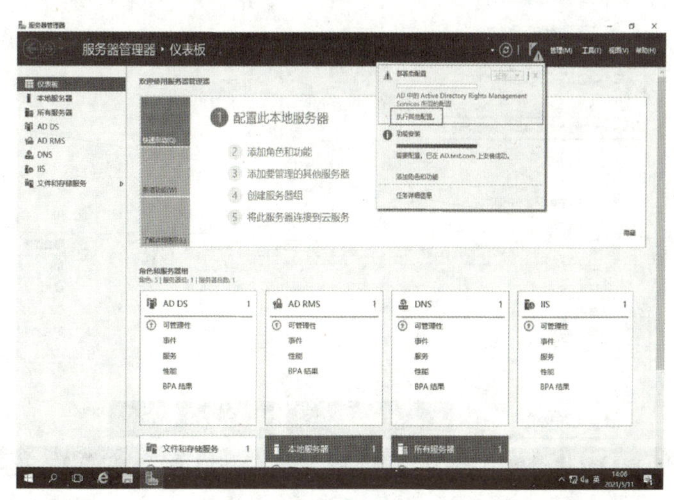

图 6-23

打开“AD RMS 配置: AD.test.com”对话框，在“AD RMS 群集”界面选择“创建新的 AD RMS 根群集”单选按钮，如图 6-24 所示。

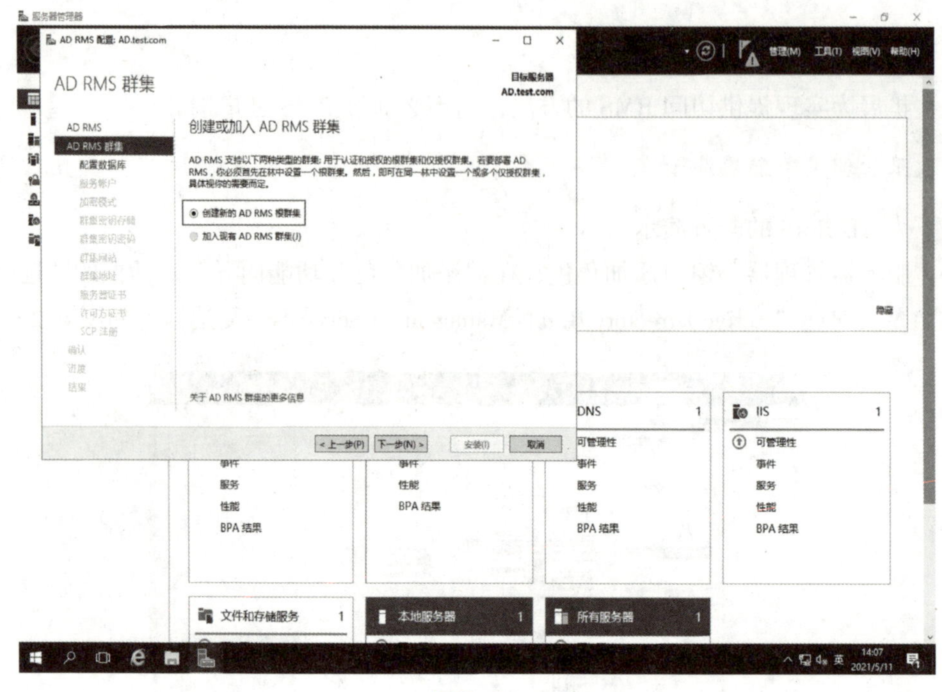

图 6-24

在“配置数据库”界面选择“在此服务器上使用 Windows 内部数据库”单选按钮，如图 6-25 所示。

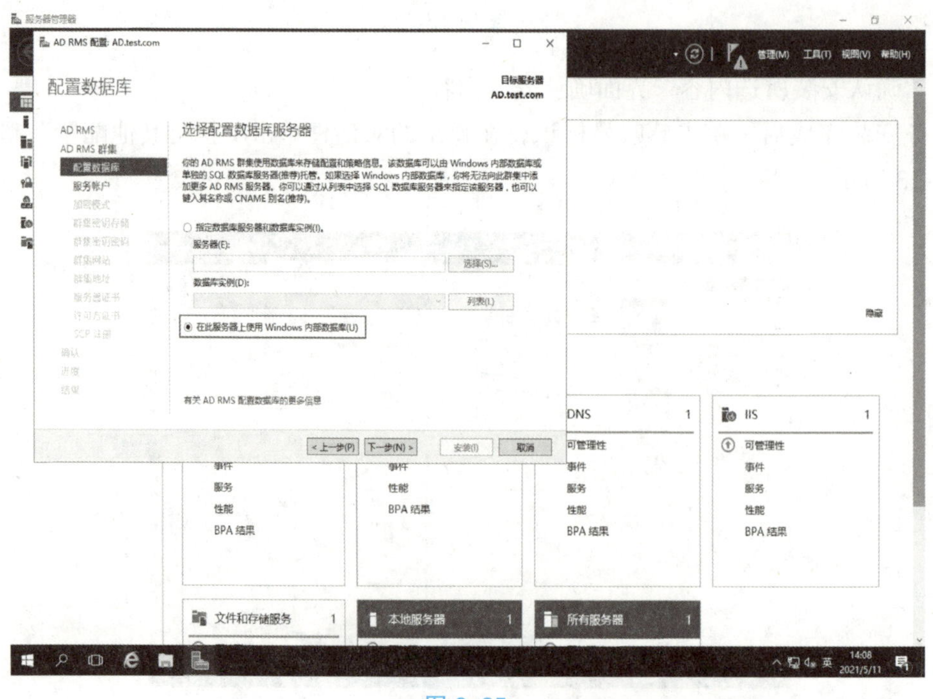

图 6-25

在“服务帐户”界面“域用户帐户”文本框中输入“test@test.com”，如图 6–26 所示。注：该账户不应该为 Administrator 用户。

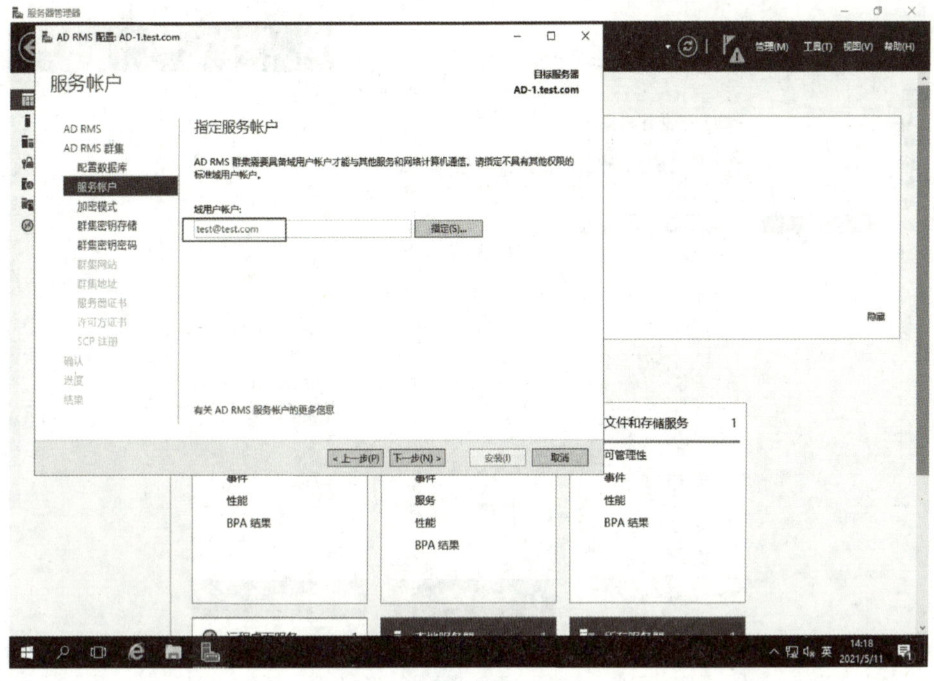

图 6–26

在“加密模式”界面选择一种加密模式，如图 6–27 所示。

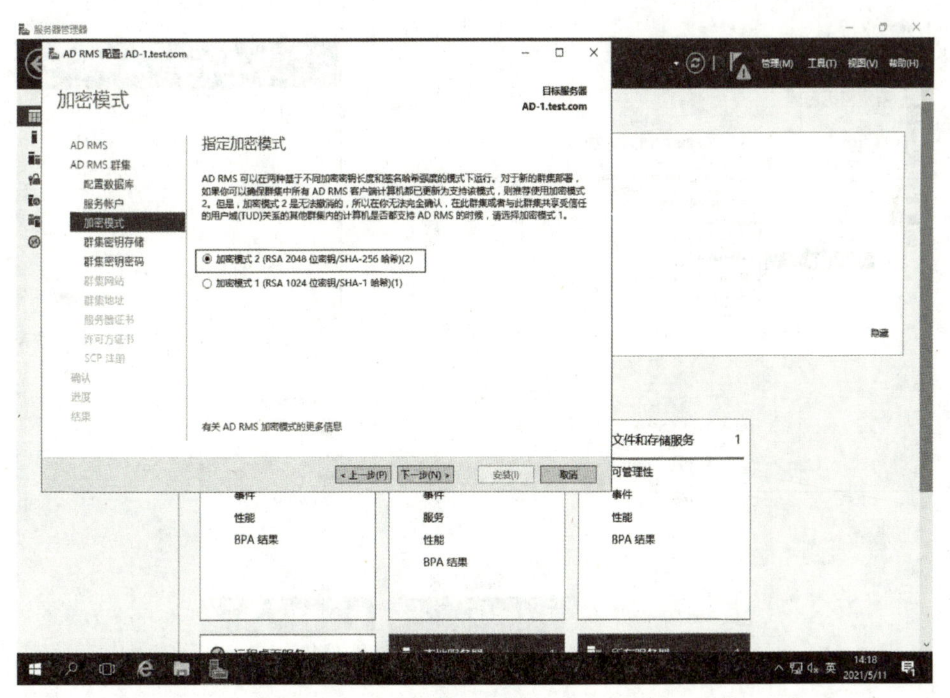

图 6–27

在“群集密钥存储”界面选择“使用 AD RMS 集中管理的密钥存储”单选按钮，如图 6–28 所示。

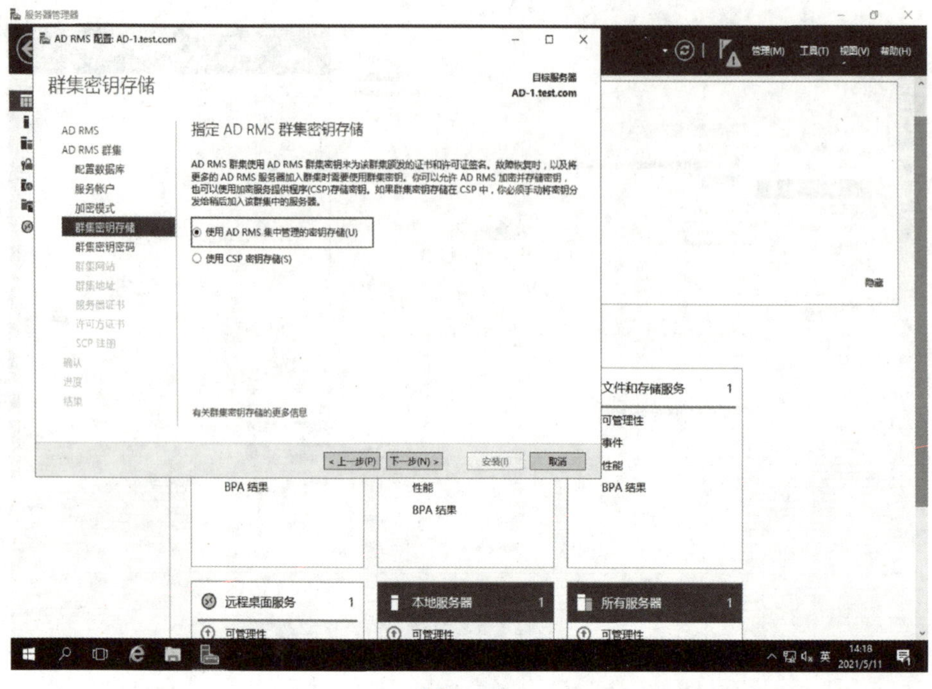

图 6–28

在“群集密钥密码”界面输入密码，如图 6–29 所示。

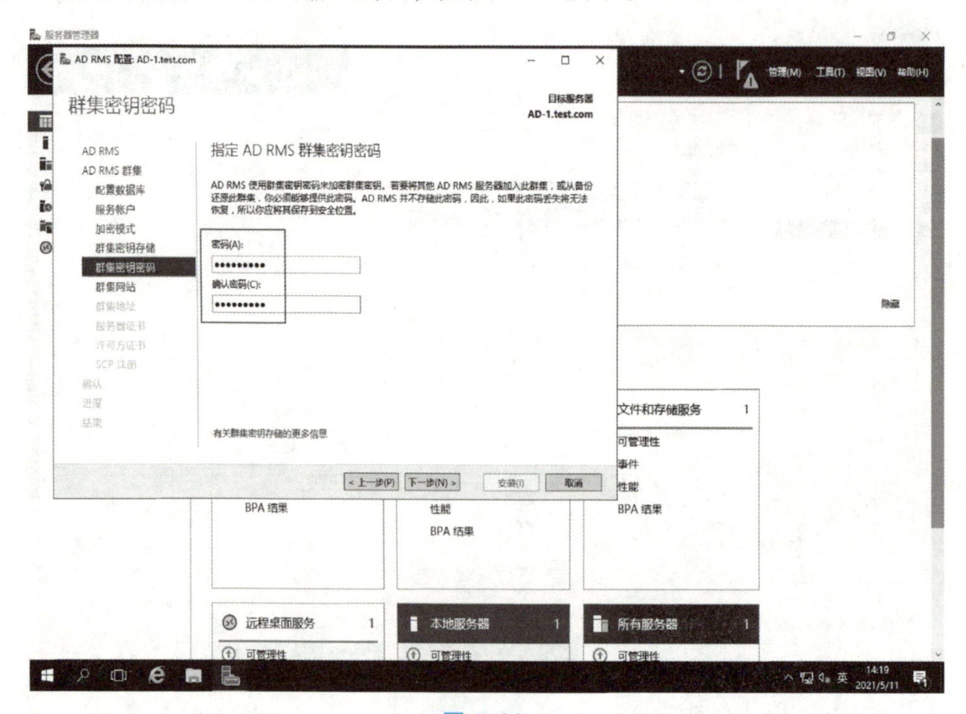

图 6–29

在“群集网站”界面选择“Default Web Site”，如图 6-30 所示。

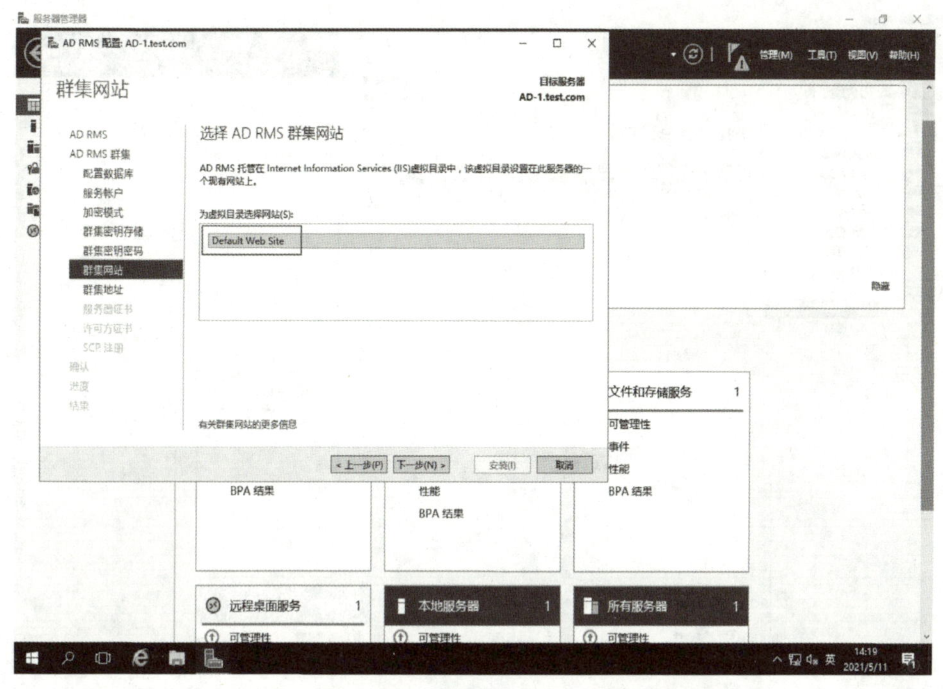

图 6-30

在“群集地址”界面选择“使用未加密的连接（http://）”单选按钮，如图 6-31 所示。

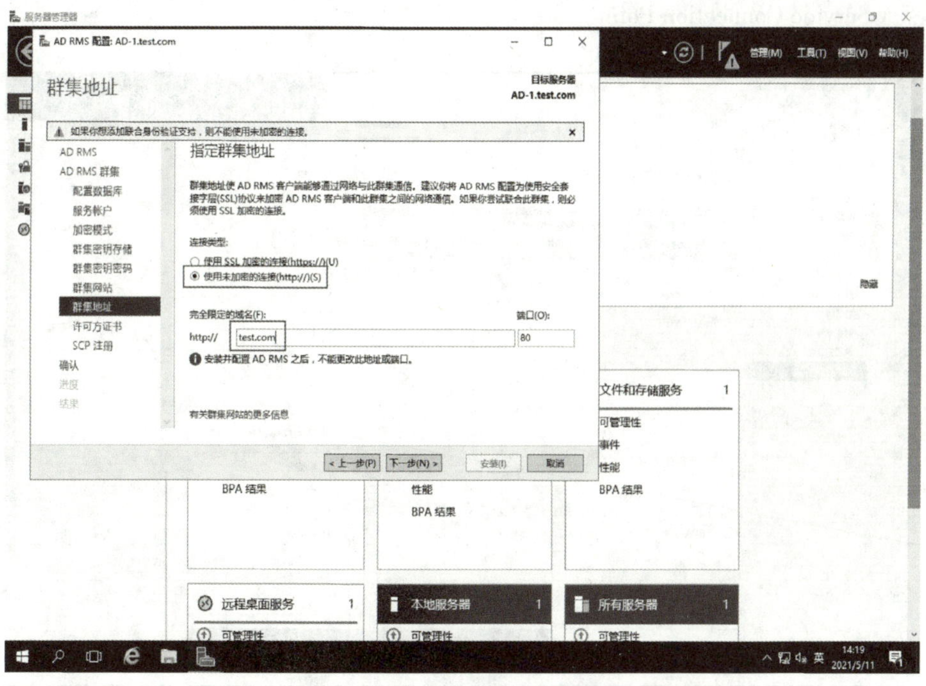

图 6-31

在“许可方证书”界面“名称”文本框中输入“CA”，如图 6-32 所示。

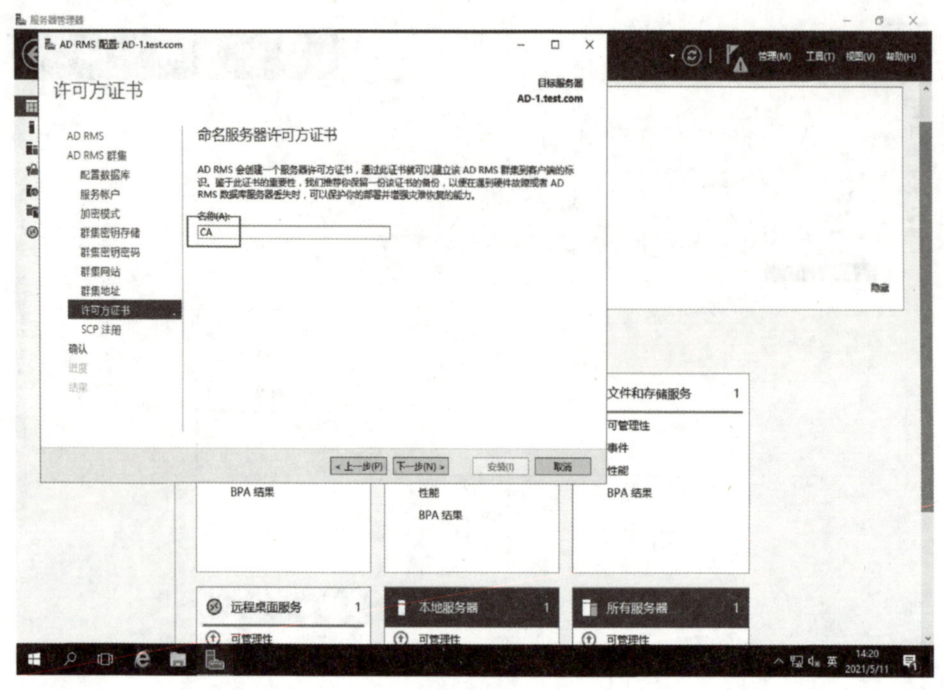

图 6-32

在“SCP 注册”界面选择“立即注册 SCP”单选按钮，如图 6-33 所示。注: SCP 为服务连接点（Service Connection Point）。

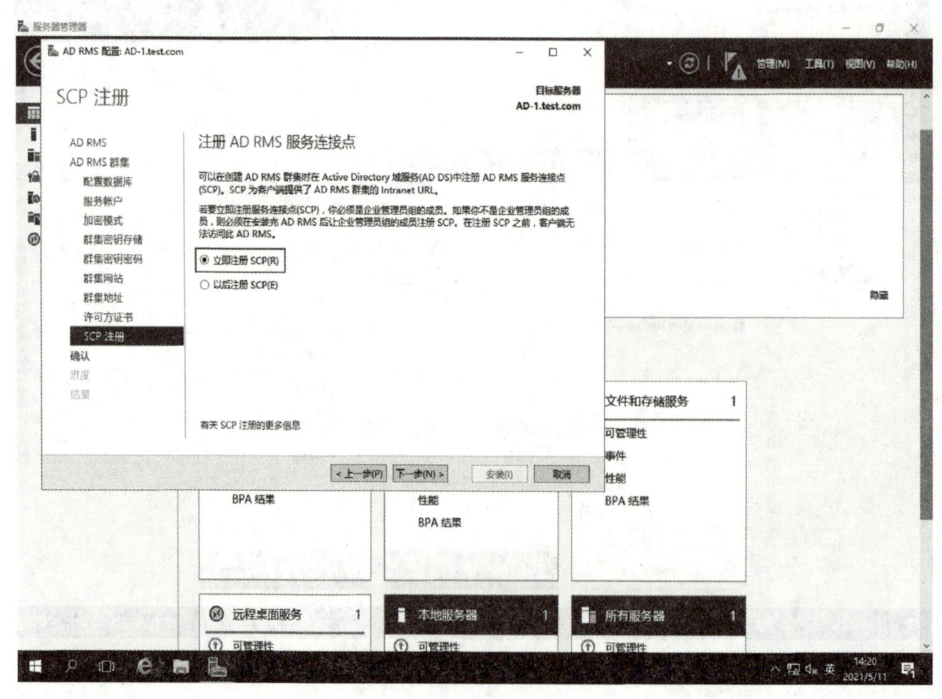

图 6-33

最后确认设置，如确认无误则单击“安装”按钮。

结果如图 6-34 所示。

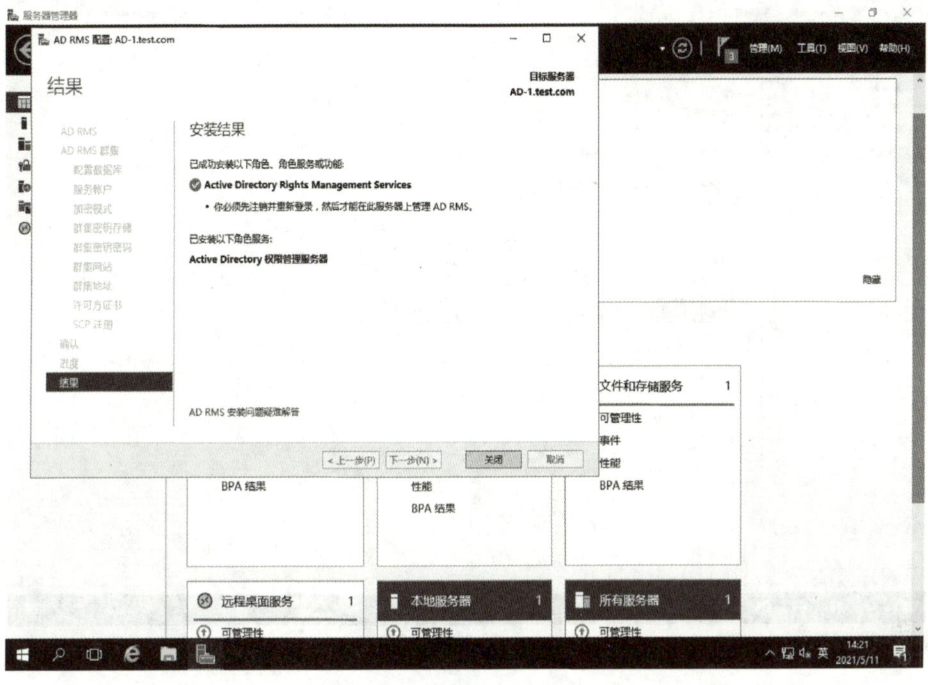

图 6-34

在本地磁盘创建对应文件夹 test，在“test”上单击鼠标右键，在弹出的快捷菜单中依次选择“共享”–“特定用户”，如图 6-35 所示。

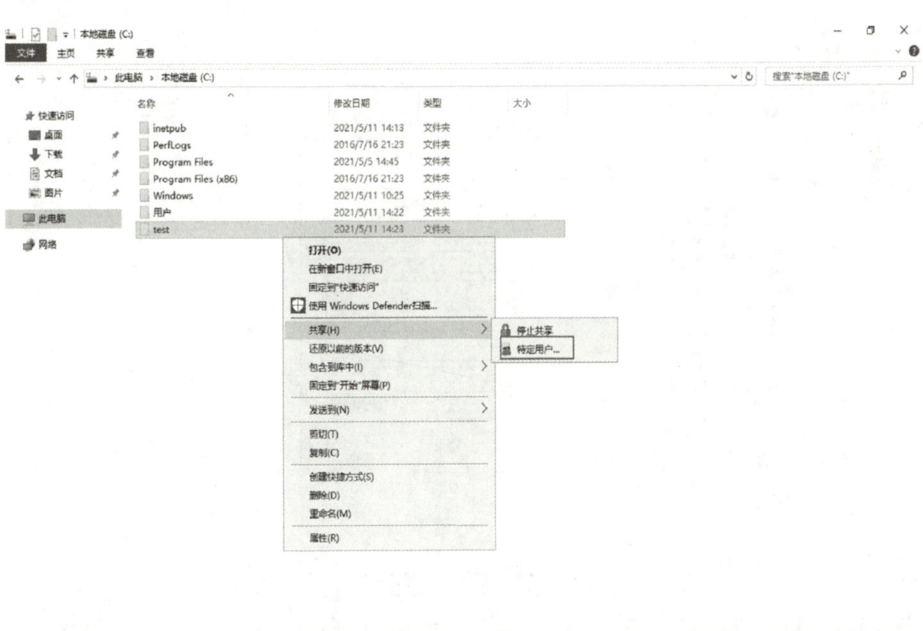

图 6-35

在打开的“文件共享”对话框中设置权限，如图 6-36 所示。

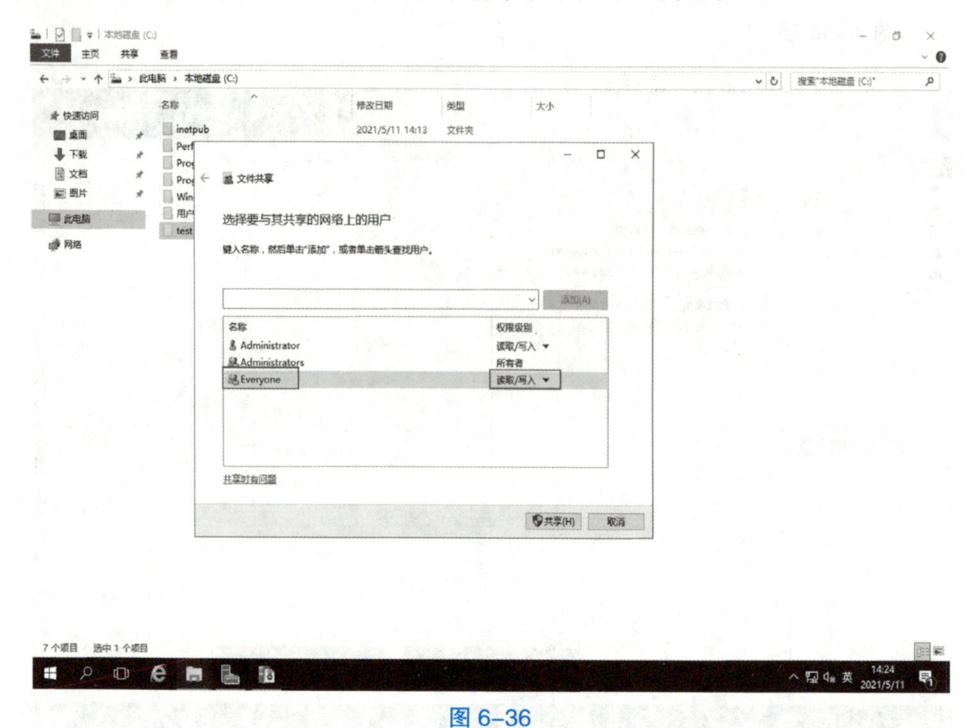

图 6-36

按“Windows+R”组合键，在“运行”对话框中输入 dsa.msc，在打开的“Active Directory 用户和计算机”窗口中选择一个用户进行测试。测试前需要配置邮件地址，双击选择的用户，在弹出的对话框中进行配置，如图 6-37 所示。

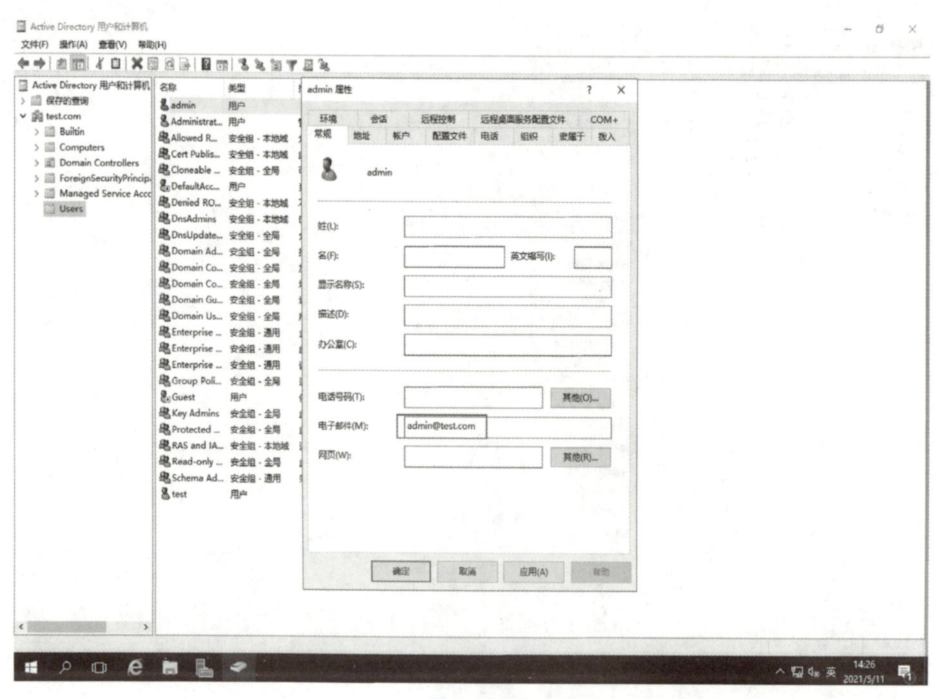

图 6-37

选择另一个用户进行测试，测试前需要配置邮件地址，如图 6-38 所示。

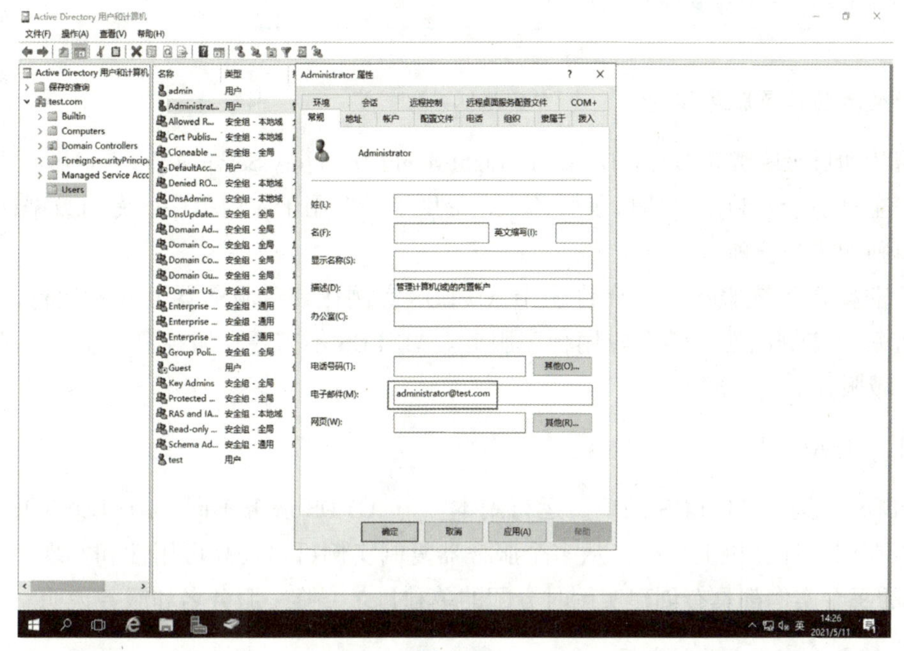

图 6-38

在测试客户端打开 iexplore，打开“Internet 选项”对话框，选择“安全”选项卡，选择“本地 intranet”，单击“站点”按钮，在弹出的对话框中单击“高级”按钮，在弹出的对话框中添加 AD RMS 地址，如图 6-39 所示。最后完成配置，打开 Office 进行 AD RMS 可用性测试。

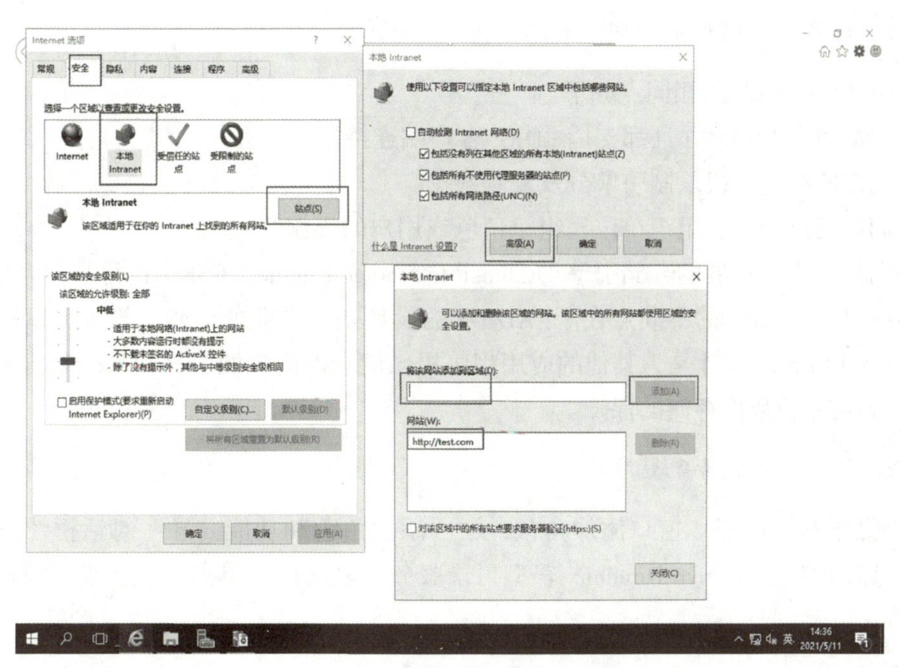

图 6-39

6.4 轻型活动目录服务

1. 轻型活动目录服务概念

轻型活动目录服务（Active Directory Lightweight Directory Services，AD LDS）角色是一个功能齐全且易于安装部署的目录服务。它提供了一个用于应用程序的专门数据存储，并可进行单独配置和管理。

作为非操作系统服务运行允许多个 AD LDS 实例在一台服务器上并发运行，并可以独立配置每个实例以便为多个应用程序服务。AD LDS 不需要在域控制器上（依靠 Active Directory 域服务）进行部署。

2. 什么是 AD LDS 实例

AD LDS 实例是 AD LDS 的单一运行副本。与 AD DS 服务不同，AD LDS 的多个副本可以同事在同一计算机上运行。从多个服务器复制实例可以提高可用性和实现负载均衡。AD LDS 的每个实例都具有创建实例时分配的单独目录、唯一服务名和服务说明。

3. 什么是 AD LDS 复制分区

AD LDS 的每个实例都可以包含一个或多个应用程序目录分区以保存应用程序数据。

AD LDS 实例中的所有应用程序目录分区共享一个单一架构，此架构用于定义可以存储在目录中的对象和属性。创建应用程序目录时，可选择新建空应用程序分区，或可从现有 AD LDS 实例中复制一个或多个应用程序目录分区。

4. AD DS 与 AD LDS 的相同点和不同点

AD DS 与 AD LDS 的相同点如下。

- 它们都使用 LDAP 并且都支持 LDAP 客户端连接。
- 它们都使用多主机复制引擎分发复制数据。
- 它们都支持分区、组织单位、组、角色或用户的委派管理。
- 它们都使用可扩展的存储引擎（Extensible Storage Engine，ESE）进行数据存储。

AD DS 与 AD LDS 的不同点在于：AD DS 的设计是为企业的运营、管理、审核等提供服务。而 AD LDS 的设计是为其他的应用程序提供健全而简单的工具和基础架构来实现管理、审核等功能的数据存储的保障。

5. 轻型活动目录服务配置演示

在“服务器管理器”窗口添加角色，在“添加角色和功能向导”对话框“选择服务器角色”界面勾选“Active Directory 轻型目录服务”复选框，单击“下一步”按钮，如图 6-40 所示。

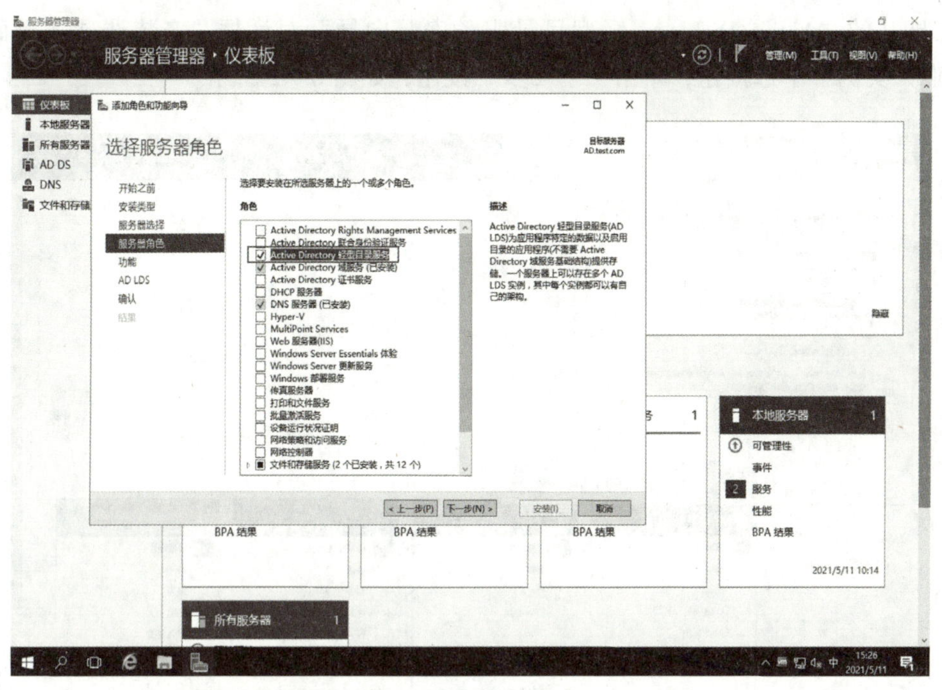

图 6-40

其余步骤保持默认直至“确认安装所选内容”界面，单击“安装”按钮。

在“服务器管理器”窗口单击“运行 Active Directory 轻型目录服务安装向导”超链接，如图 6-41 所示。

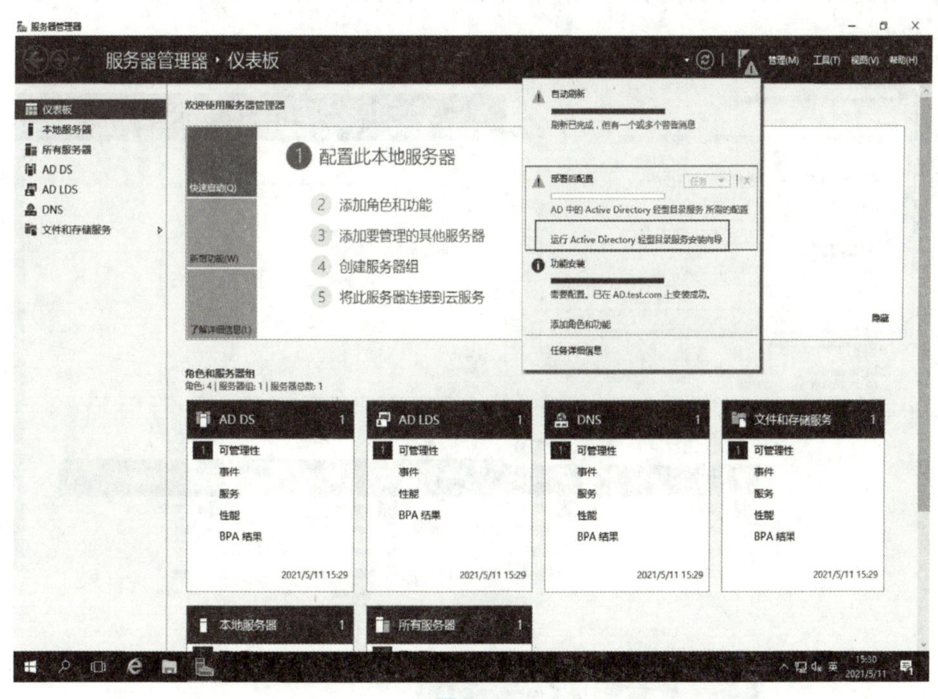

图 6-41

在打开的“Active Directory 轻型目录服务安装向导”对话框“安装选项”界面选择“一个唯一实例”单选按钮，单击“下一步”按钮，如图 6-42 所示。

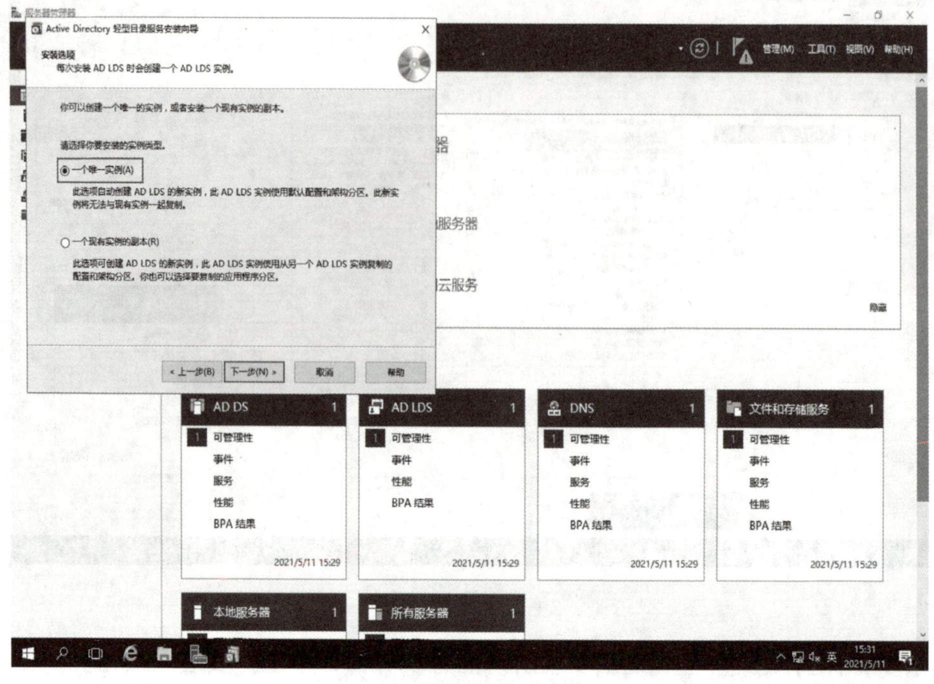

图 6-42

在“实例名”界面“实例名”文本框中输入实例名“ADLDS”，单击“下一步”按钮，如图 6-43 所示。

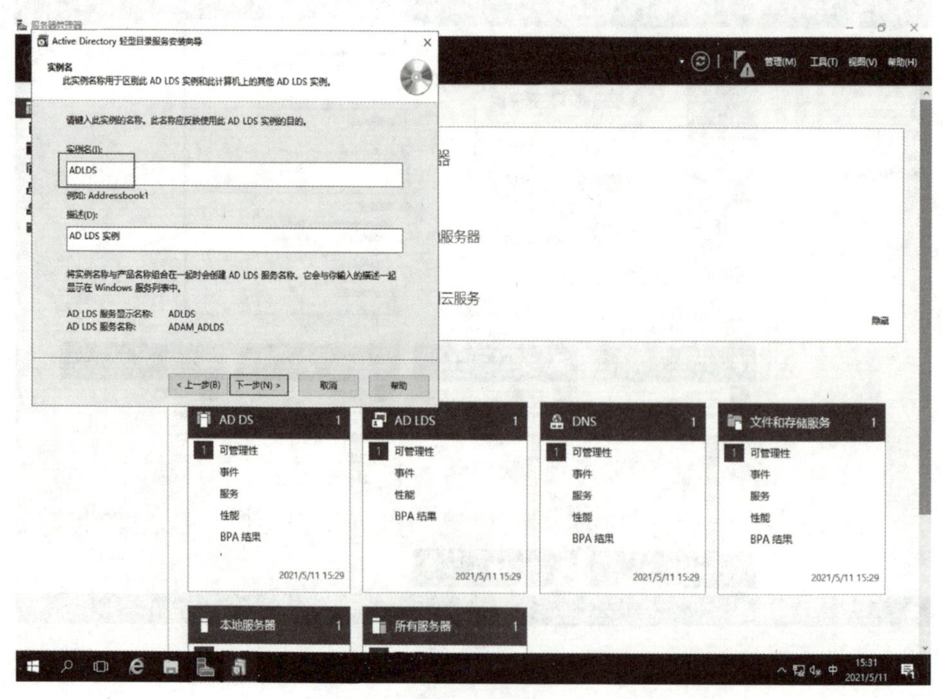

图 6-43

在“端口”界面“LDAP 端口号”文本框中输入“50000”，单击“下一步”按钮，如图 6-44 所示。

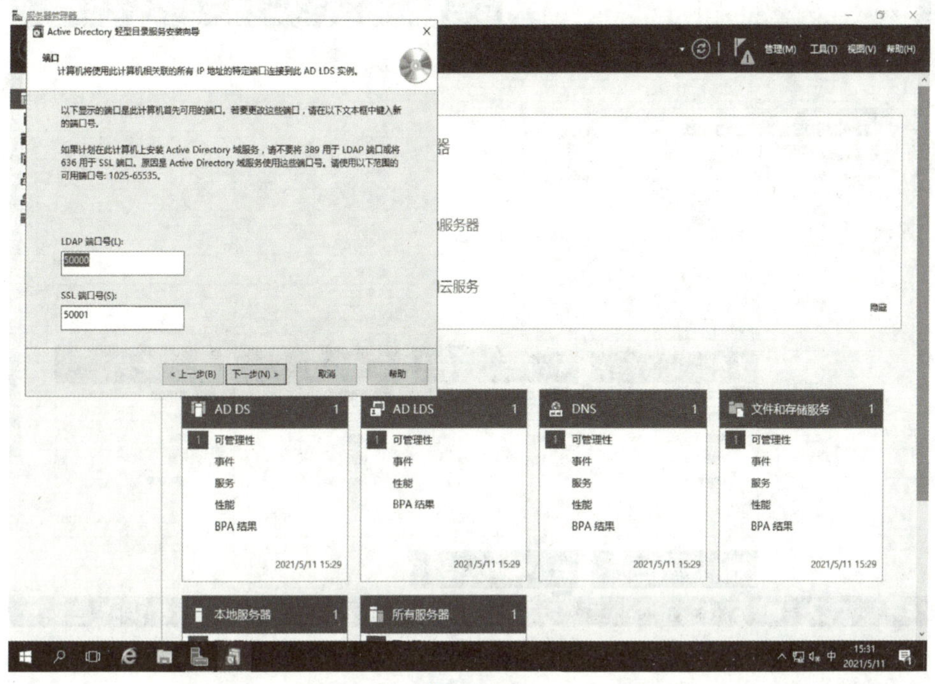

图 6-44

在“应用程序目录分区”界面设置分区名，如图 6-45 所示。

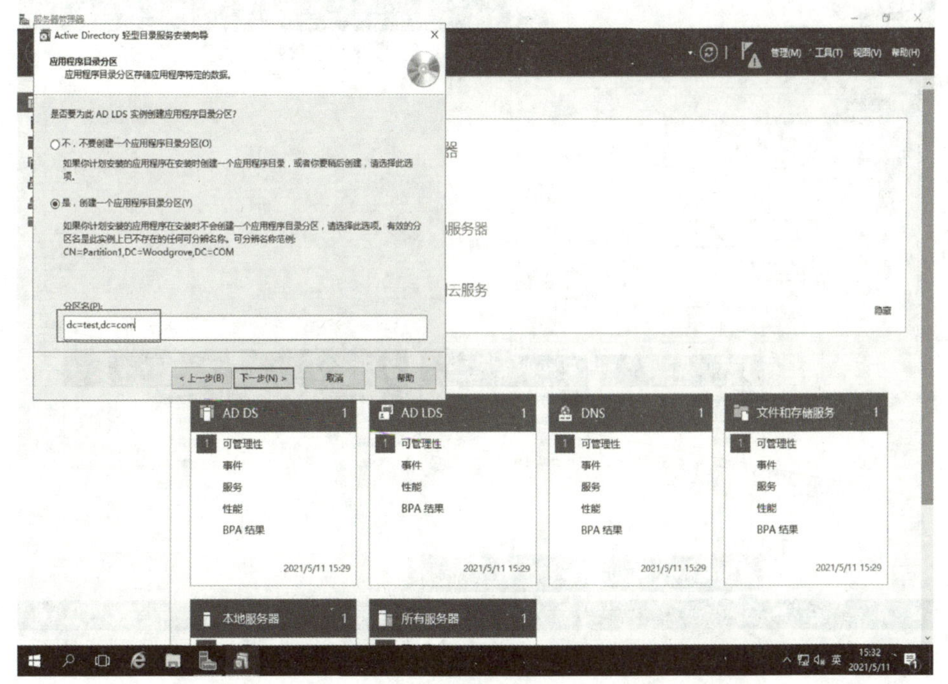

图 6-45

在“文件位置”界面设置数据文件存储路径，如图 6-46 所示。

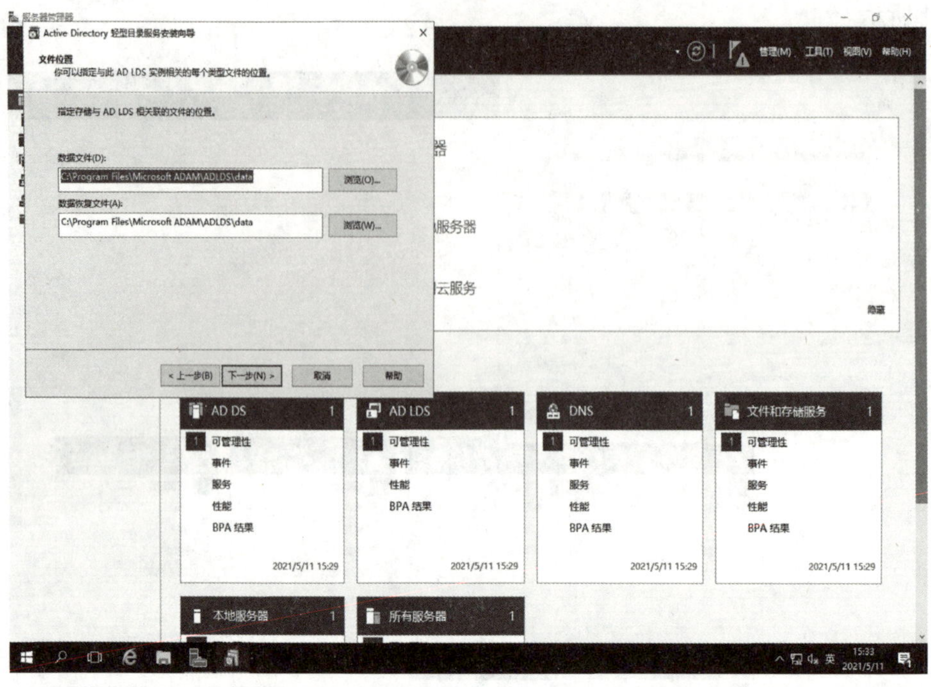

图 6-46

在“服务帐户选择”界面选择“此帐户”单选按钮，设置服务账户，如图 6-47 所示。

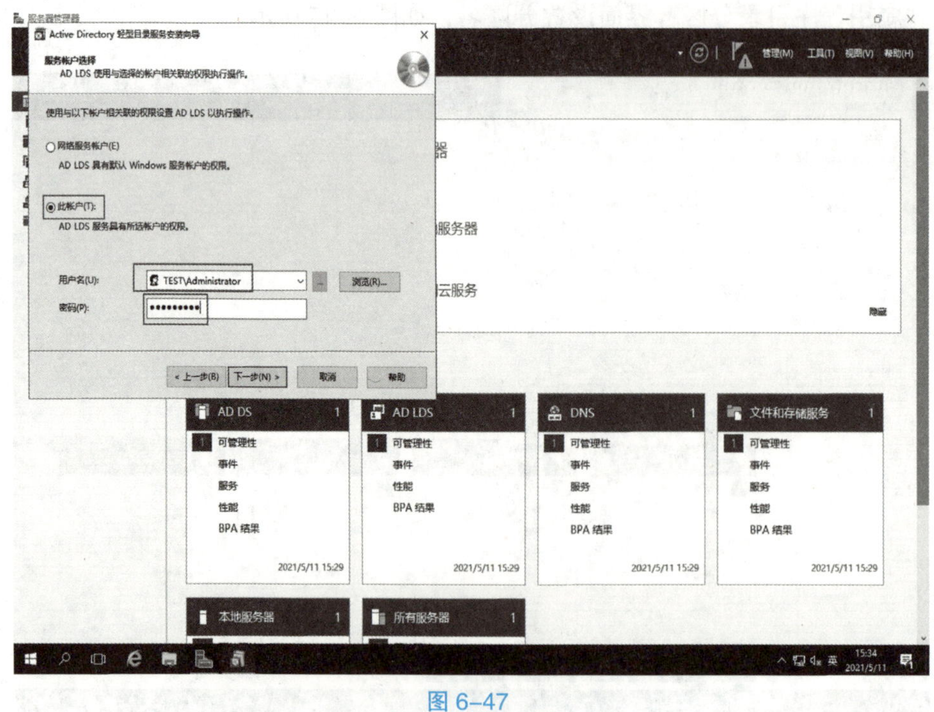

图 6-47

在“AD LDS 管理员”界面选择“当前登录的用户”单选按钮，设置当前登录的用户为管理员。如图 6-48 所示。

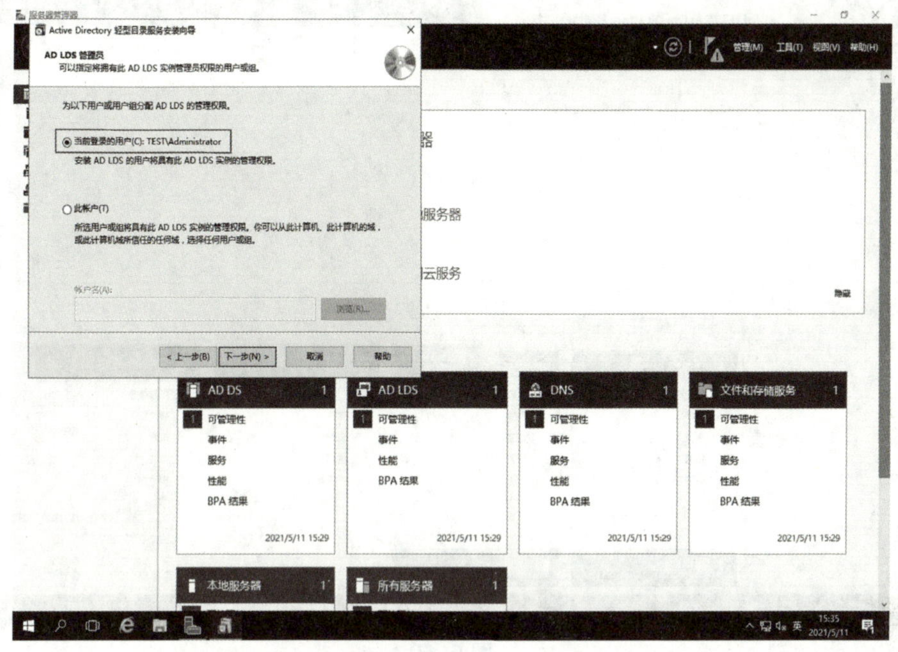

图 6-48

在“正在导入 LDIF 文件”界面勾选“MS-User.LDF”和“MS-UserProxy.LDF”复选框，将其作为LDIF文件导入，如图6-49所示。注：LDIF为轻型目录交换格式（Lightweight Directory Interchange Fomat）的缩写。

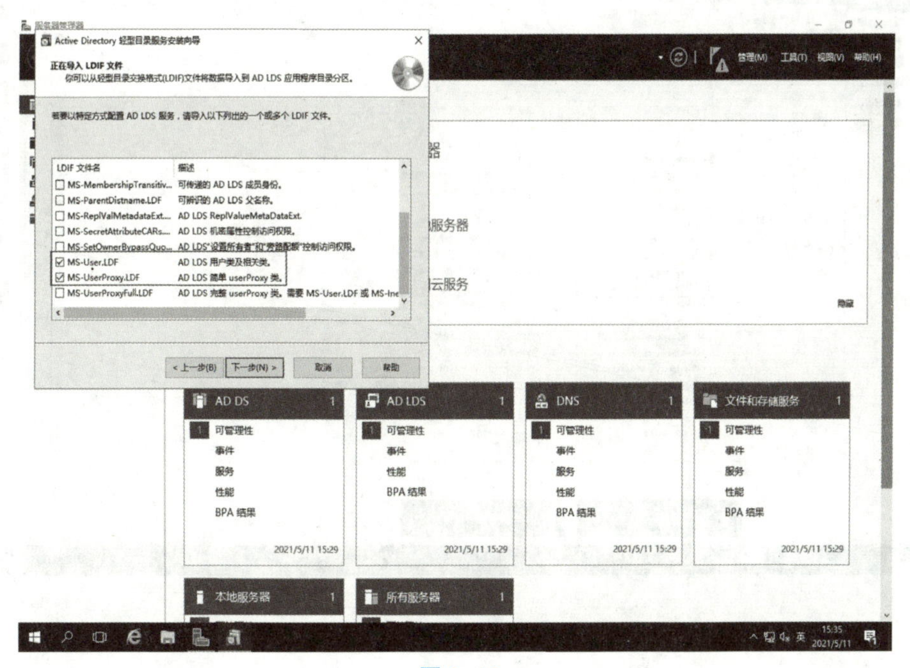

图 6-49

完成安装，如图 6–50 所示。

图 6–50

打开“C:\Windows\ADAM\ADSchemaAnalyzer.exe”，如图 6–51 所示。

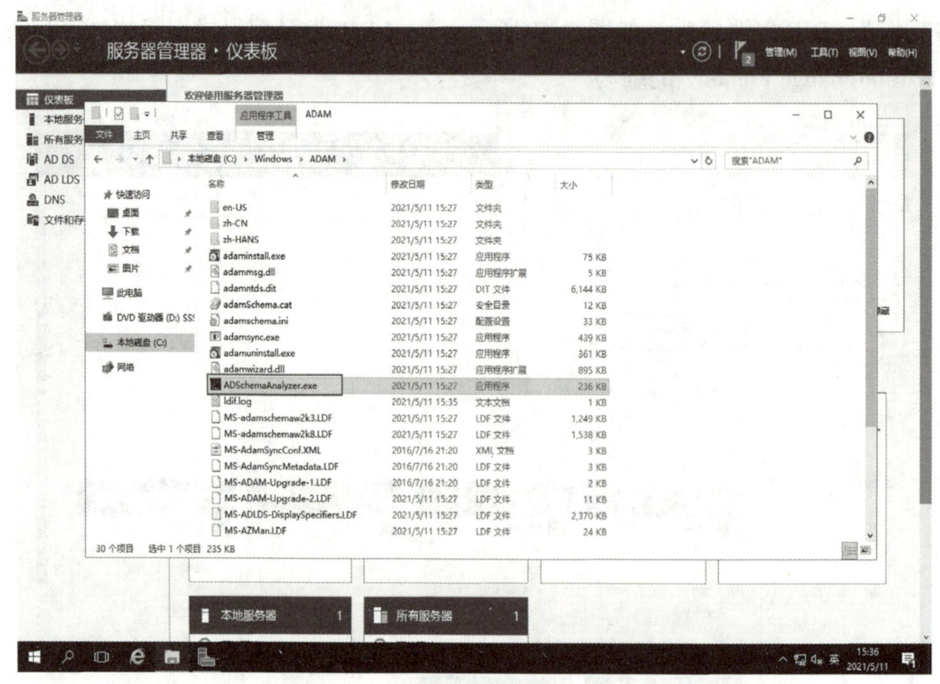

图 6–51

打开“AD DS/LDS 架构分析器”窗口中单击“文件”按钮，在弹出的下拉菜单中选择“加载目标架构”，在打开的“加载目标架构”对话框中进行配置，如图 6–52 所示。

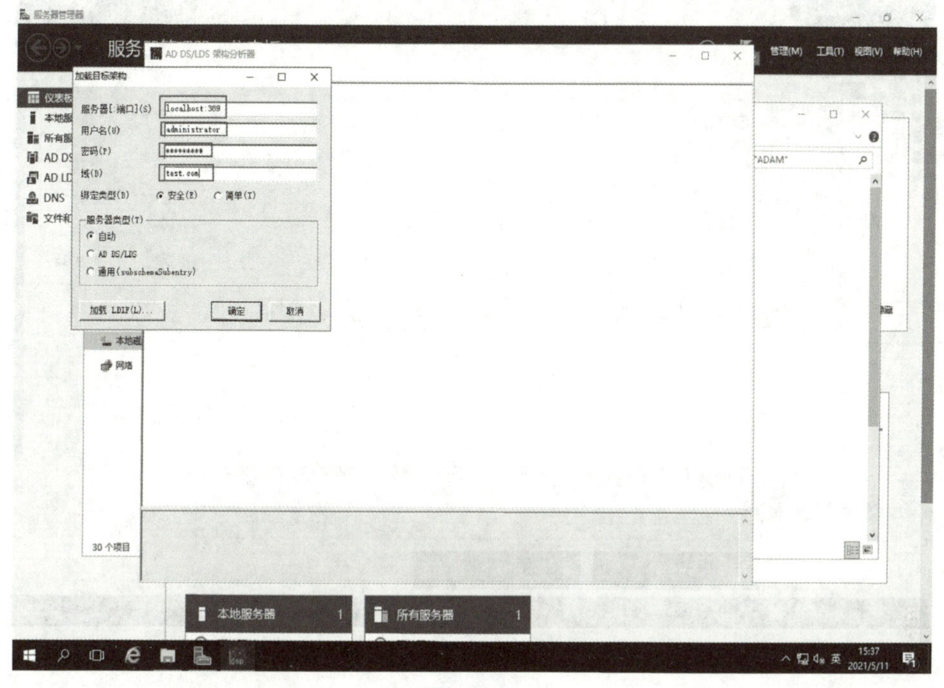

图 6–52

在“AD DS/LDS 架构分析器”窗口中单击“文件”按钮，在弹出的下拉菜单中选择“加载基础架构”，如图 6–53 所示。

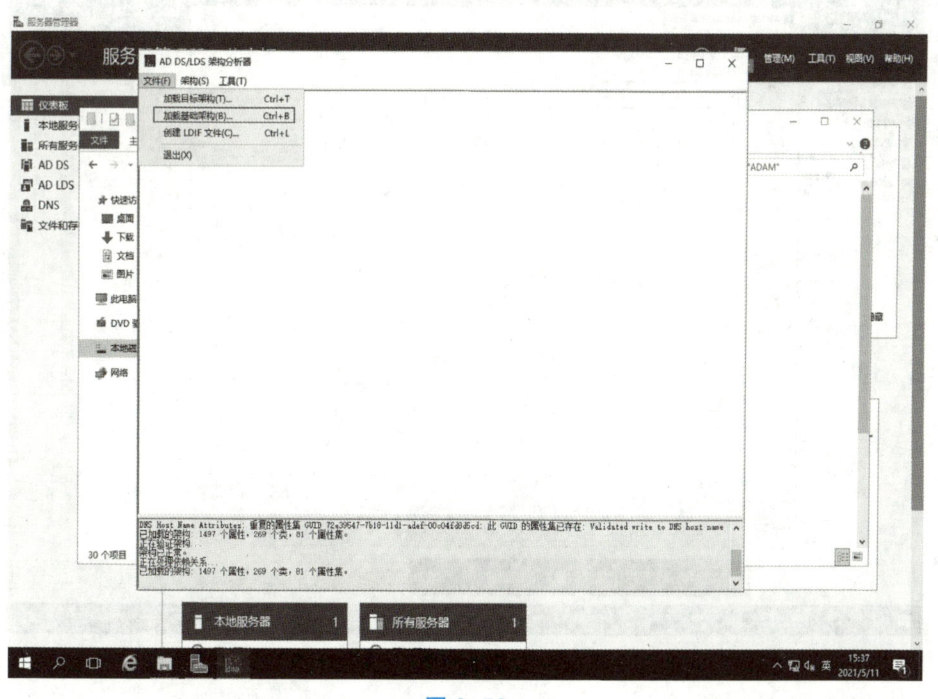

图 6–53

在打开的“加载基础架构”对话框中输入相对应的数据，如图 6-54 所示。

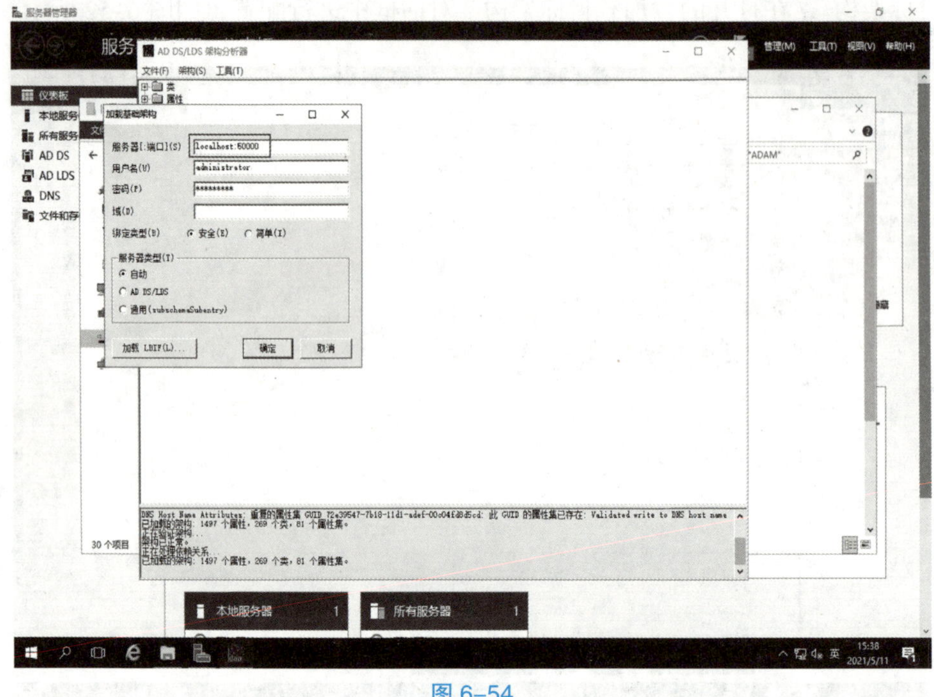

图 6-54

在“AD DS/LDS 架构分析器”窗口中单击“架构”按钮，在弹出的下拉菜单中选择“将所有非现有元素标记为已包含”，如图 6-55 所示。

图 6-55

在“AD DS/LDS 架构分析器”窗口中单击“文件”按钮，在弹出的下拉菜单中选择“创建 LDIF 文件”，如图 6–56 所示。

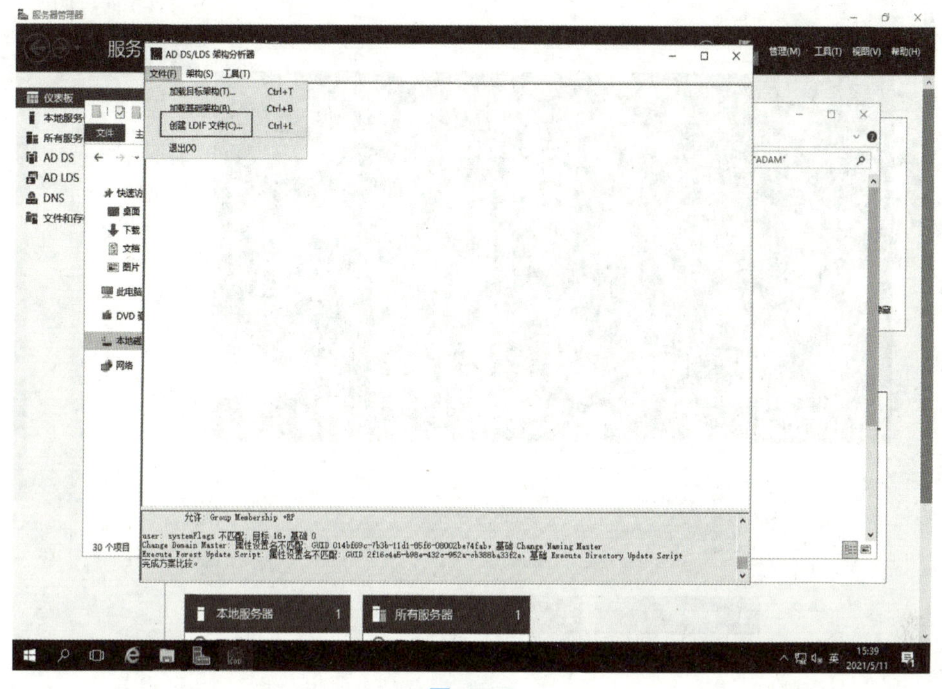

图 6–56

在弹出的对话框中输入要创建的 LDIF 文件的文件名，保存文件，如图 6–57 所示。

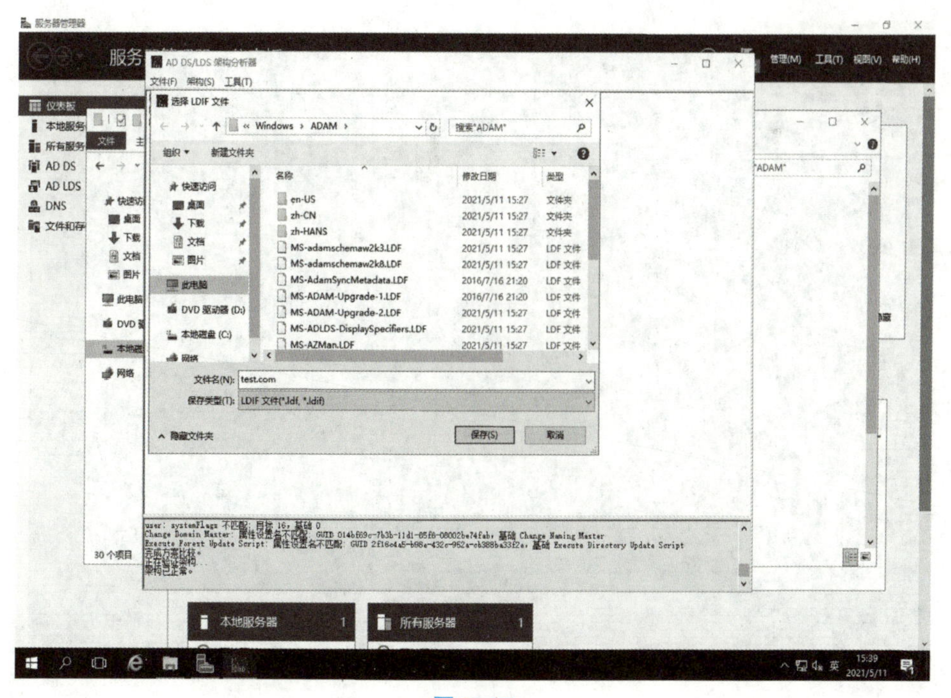

图 6–57

按“Windows+R”组合键，在“运行”对话框中输入 cmd，在命令提示符窗口中输入命令进行数据导入，如图 6–58 所示。

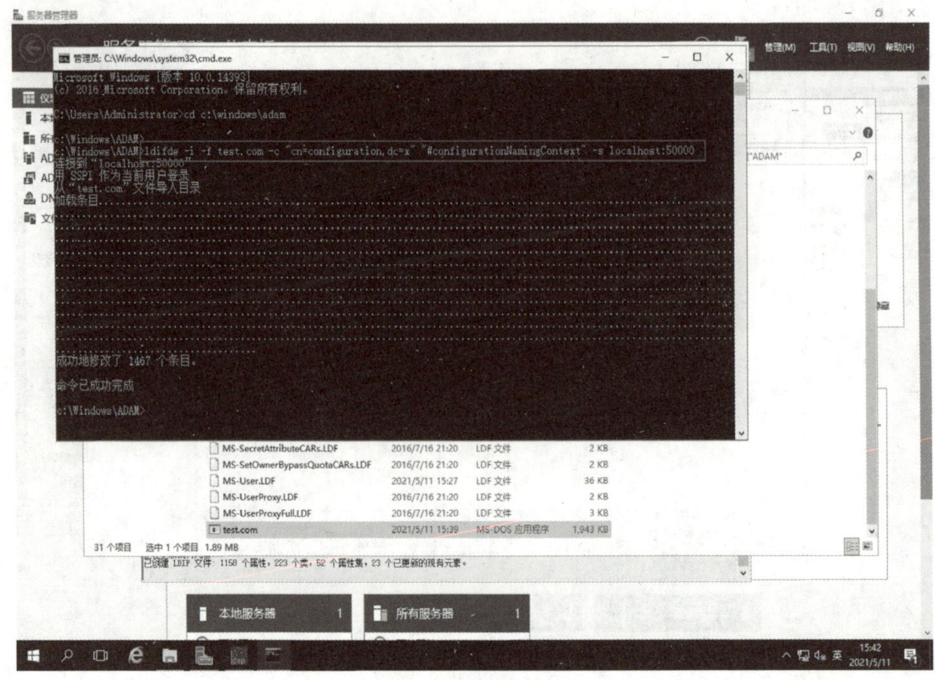

图 6–58

在命令提示符窗口输入命令进行数据修改，如图 6–59 所示。

图 6–59

复制“test.com”文件并重命名为“test.com.XML”，打开文件进行编辑，如图 6-60 所示。

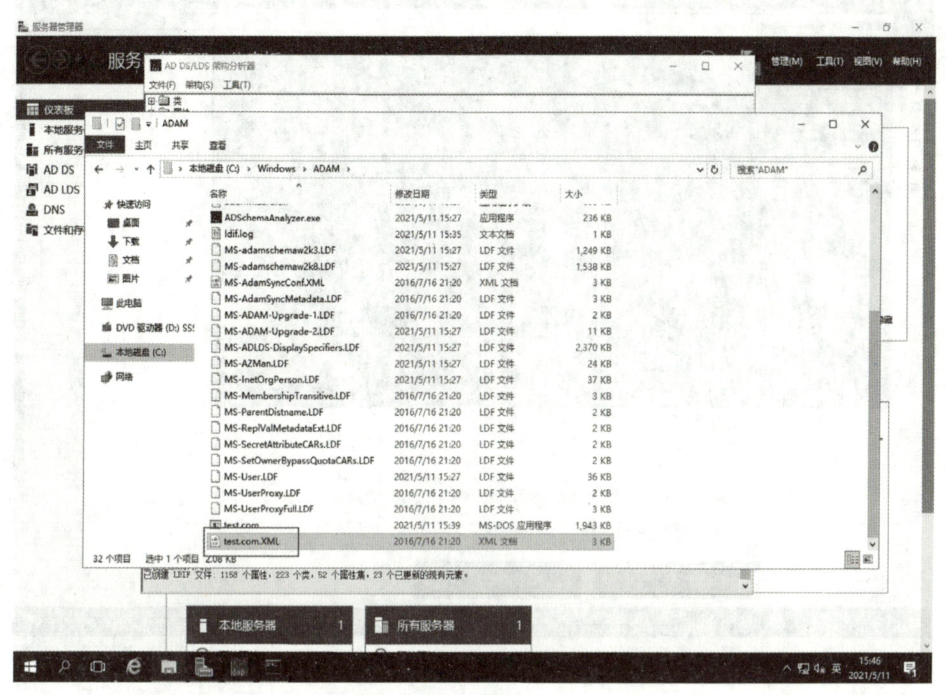

图 6-60

修改数据，如图 6-61 所示。

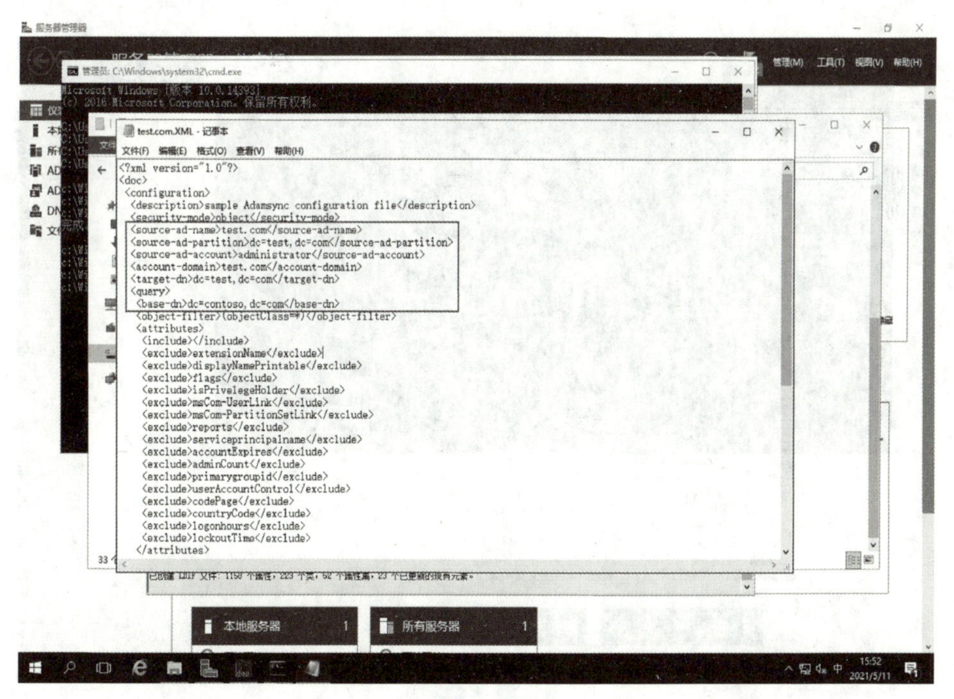

图 6-61

在命令提示符窗口中输入命令，创建 test 用户用于测试，如图 6–62 所示。

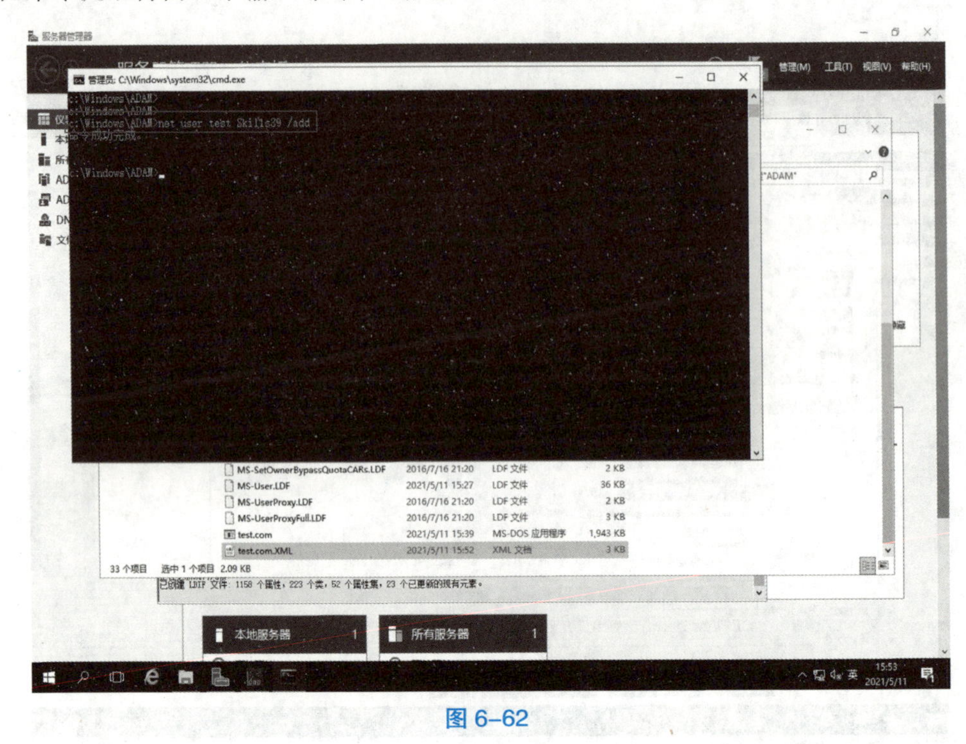

图 6–62

在命令提示符窗口中输入命令，使用 adamsync.exe 工具进行加载 test.com 的 XML 文件的安装，如图 6–63 所示。

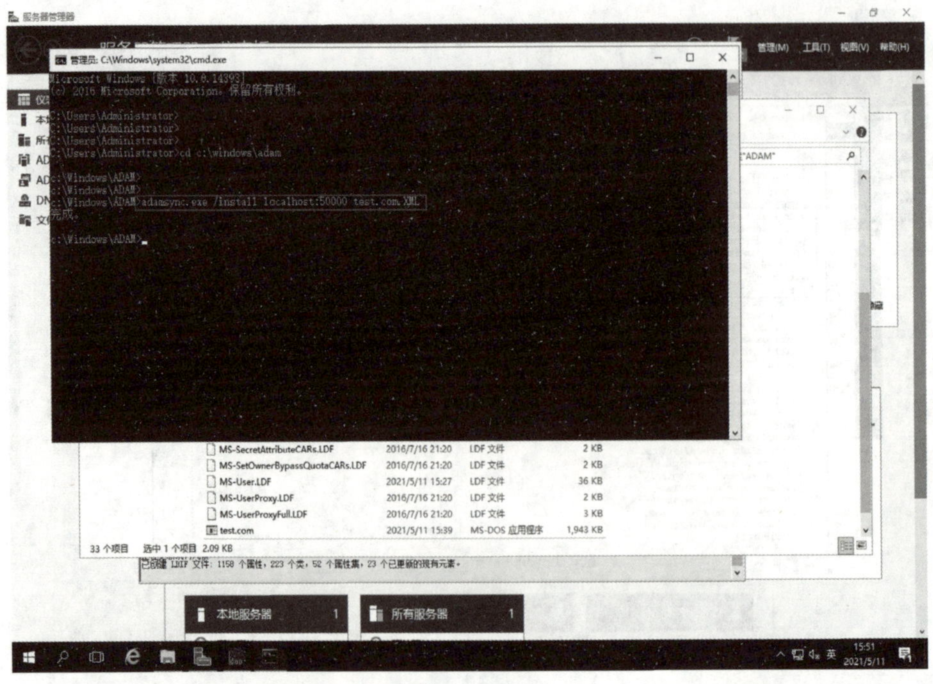

图 6–63

在命令提示符窗口中输入命令，使用 adamsync.exe 同步 AD DS 数据，如图 6-64 所示。

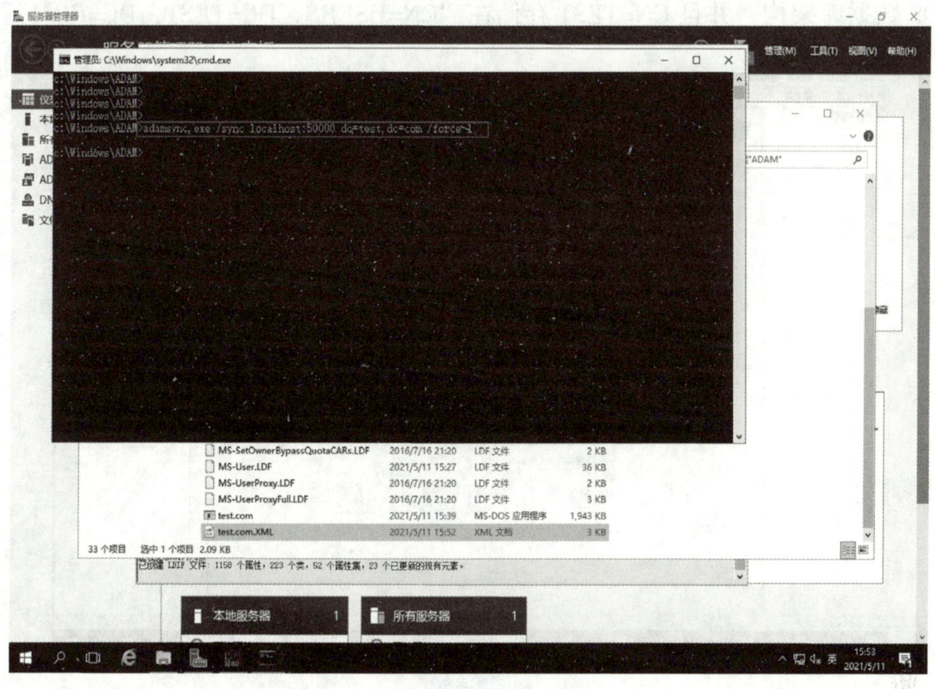

图 6-64

按“Windows+R”组合键，在“运行”对话框中输入 ADSIEDIT.msc，打开“ADSI 编辑器”窗口，在左侧的“ADSI 编辑器”上单击鼠标右键，在弹出的快捷菜单中选择“连接到”，如图 6-65 所示。

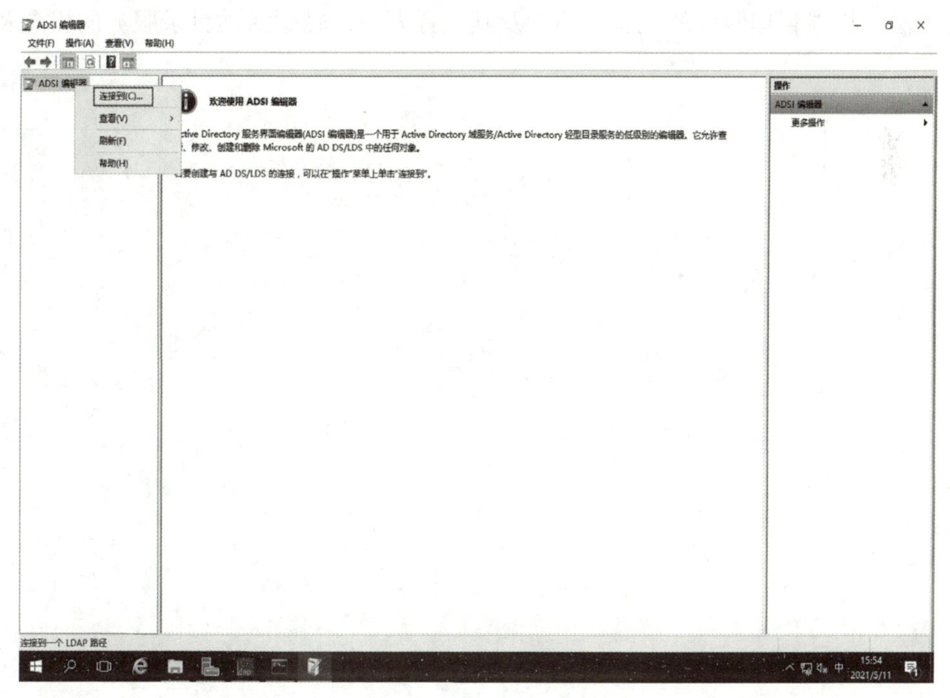

图 6-65

在打开的“连接设置”对话框中设置连接参数，如图 6-66 所示。在 ADSIEDIT 中出现 AD DS 数据库架构，并且 CN=TEST 存储在“CN=USERS，DC=TEST，DC=COM”。

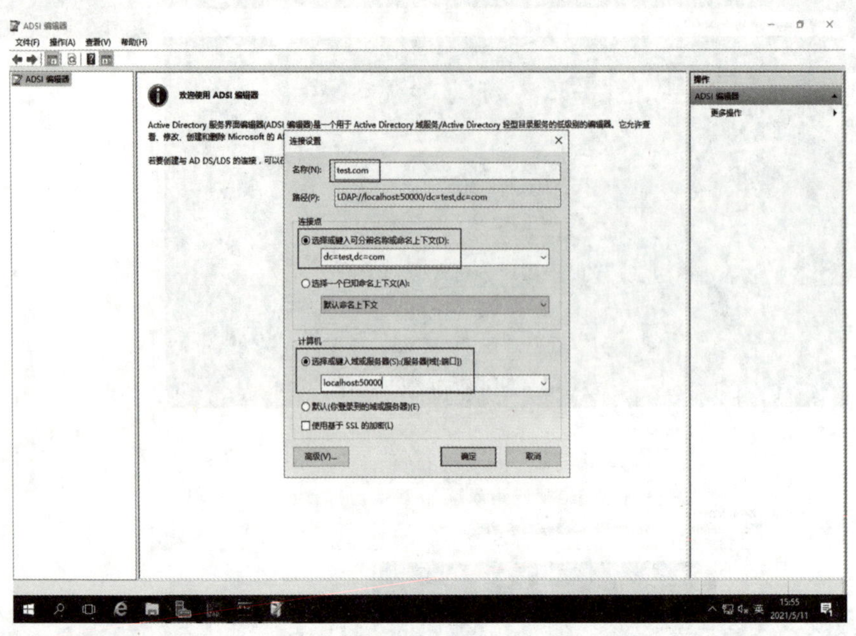

图 6-66

任务总结

本任务主要学习并掌握因特网信息服务的概念及其配置方法，远程桌面服务的概念及其配置方法，权限管理服务的概念、功能及其配置方法，轻型活动目录服务的概念及其配置方法。

任务 7 部署远程网络服务

任务目标

学习并掌握 Windows Server 的 VPN 服务及 DirectAccess 服务的概念和服务的部署。

任务描述

Windows Server VPN 服务

Windows Server DirectAccess 服务

7.1 VPN 服务

1. VPN 概念

VPN 是跨专用或公用网络（如 Internet）的点对点连接。

VPN 客户端使用特殊的基于 TCP/IP 或 UDP 的协议（称为隧道协议）对 VPN 服务器上的虚拟端口进行虚拟调用。

在典型的 VPN 部署中，客户端通过 Internet 启动到远程访问服务器的虚拟点对点连接。远程访问服务器应答呼叫，对呼叫者进行身份验证，并在 VPN 客户端和组织的专用网络之间传输数据，如图 7-1 所示。

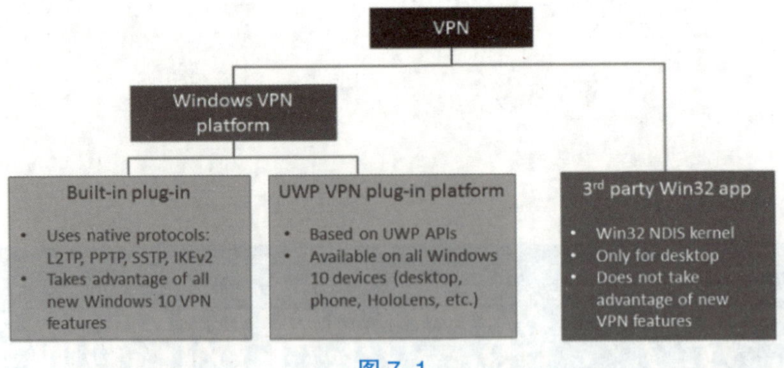

图 7-1

2. 隧道协议

隧道协议主要有以下几类。

• IKEv2 协议，即第 2 版互联网密钥交换（Internet Key Exchange，IKE）协议。

• L2TP，即第二层隧道协议（Loyer Two Tunneling Protocol），即点到点隧道协议。

• PPTP（Point-to-Point Tunneling Protocol）。

• SSTP，即安全套接字隧道协议（Secure Socket Tunneling Protocol）。仅 Windows 桌面版本支持 SSTP。

3. 通用 Windows 平台 VPN 插件

Windows 10 中引入了通用 Windows 平台（Universal Windows Platform，UWP）VPN 插件，最初有单独的 VPN 插件可用于 Windows 8.1 Mobile 和 Windows 8.1 PC 平台。

使用 UWP，第三方 VPN 提供商可以使用 WinRT API 创建包含应用程序的插件，从而消除了编写系统级驱动程序复杂性和经常遇到的问题。

有许多通用 Windows 平台 VPN 应用程序，如 Pulse Secure、Cisco AnyConnect、F5 Access、Sonicwall Mobile Connect 和 Check Point Capsule。

如果要使用 UWP VPN 插件，需要与供应商合作以配置 VPN 解决方案所需的任何自定义设置。

4. VPN 配置演示

以下是 VPN 配置演示。

打开“服务器管理器”窗口，添加角色，在“添加角色和功能向导”对话框“选择服务器角色”界面勾选“远程访问”复选框，单击“下一步”按钮，如图 7-2 所示。

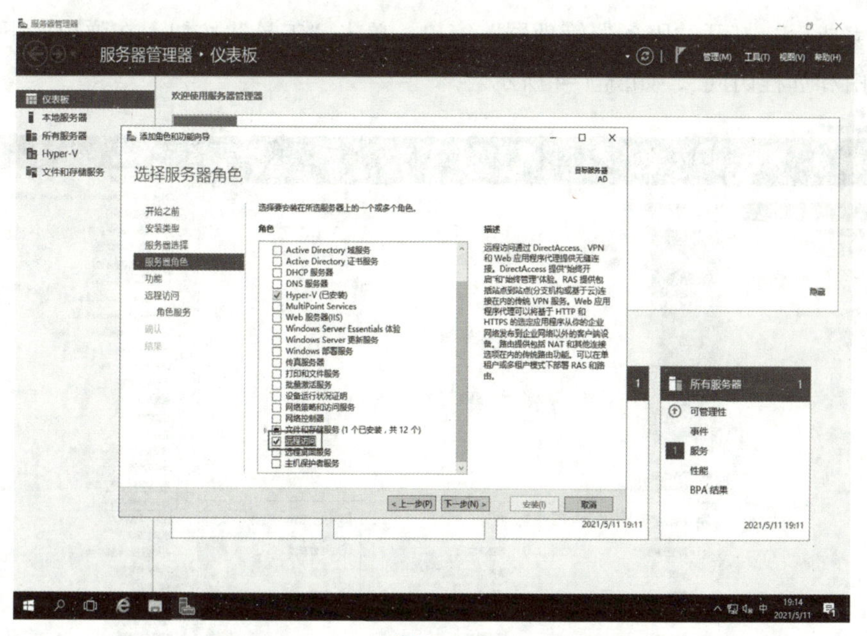

图 7–2

在“角色服务”列表框中勾选“Directaccess 和 VPN（RAS）”和“路由”复选框，单击“下一步”按钮，如图 7–3 所示。

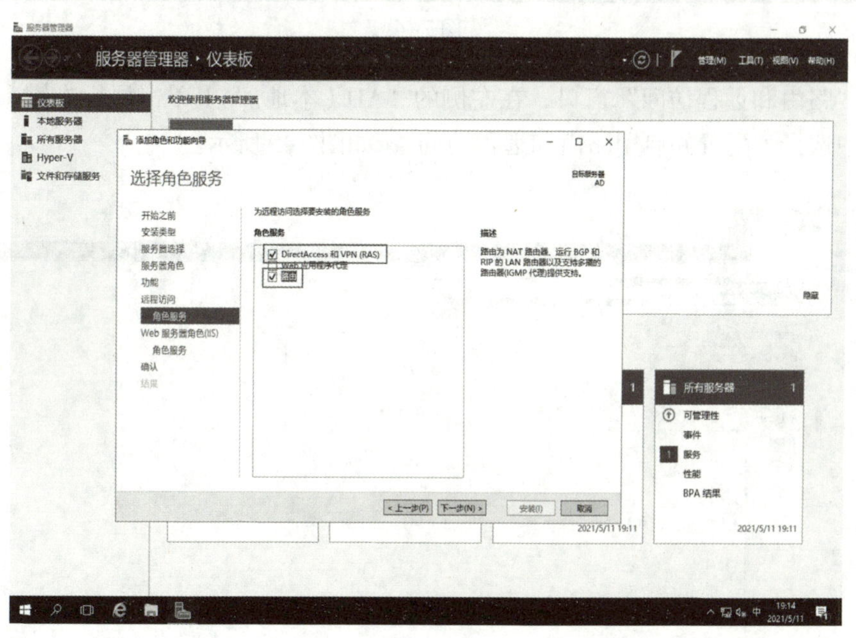

图 7–3

安装完成后，打开“服务器管理器”窗口，单击“工具”按钮，在弹出的下拉菜单中选择“路由和远程访问”，如图 7–4 所示。

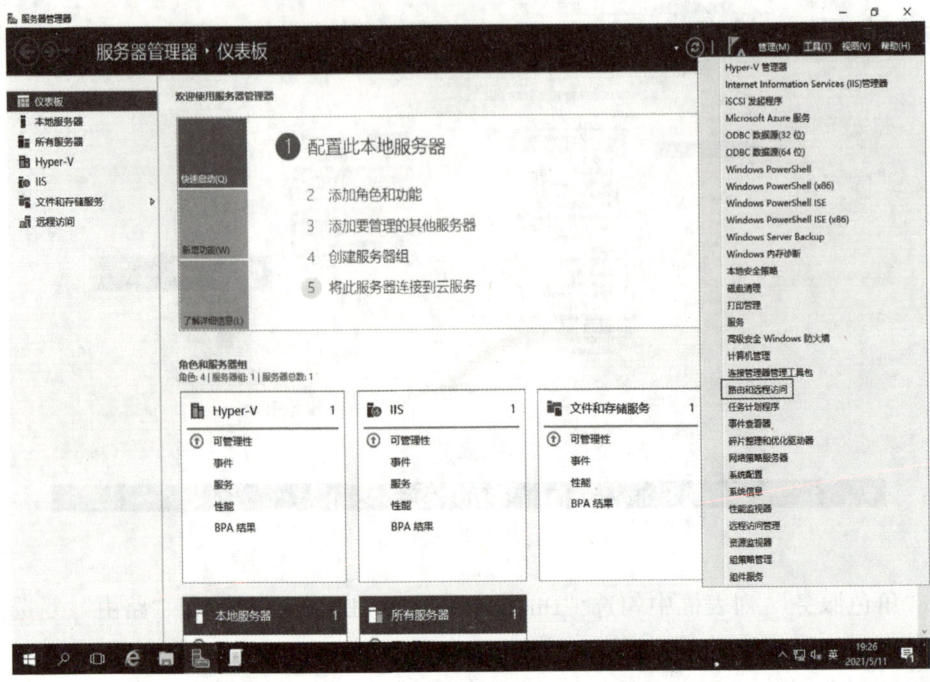

图 7–4

打开“路由和远程访问”窗口，在左侧的“AD（本地）”上单击鼠标右键，在弹出的快捷菜单中选择“配置并启用路由和远程访问”，如图 7–5 所示。

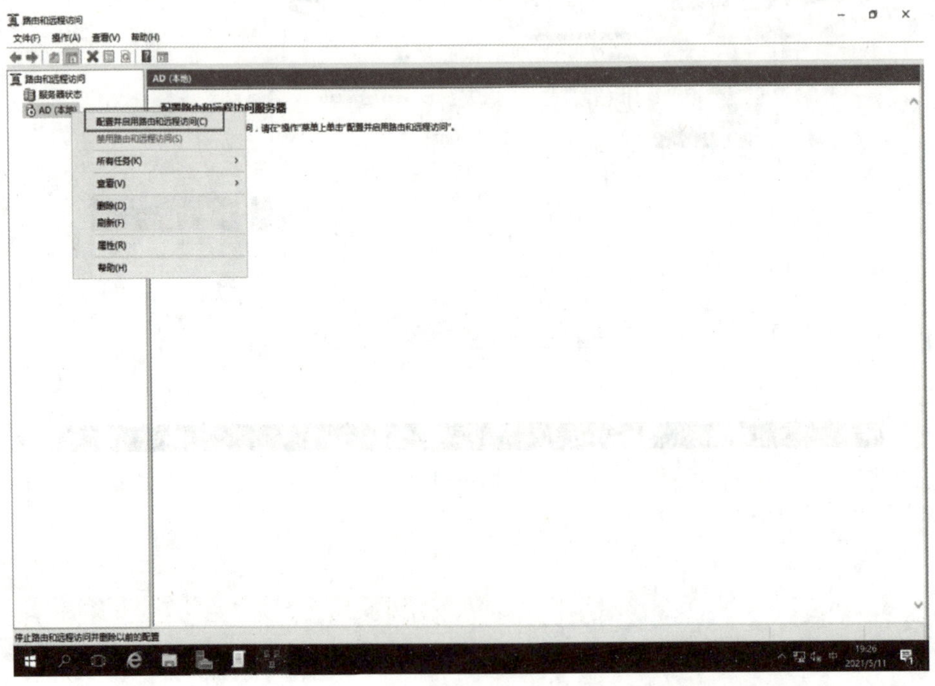

图 7–5

在打开的“路由和远程访问服务器安装向导”对话框“配置”界面选择“自定义配置”单选按钮，单击“下一步”按钮，如图 7–6 所示。

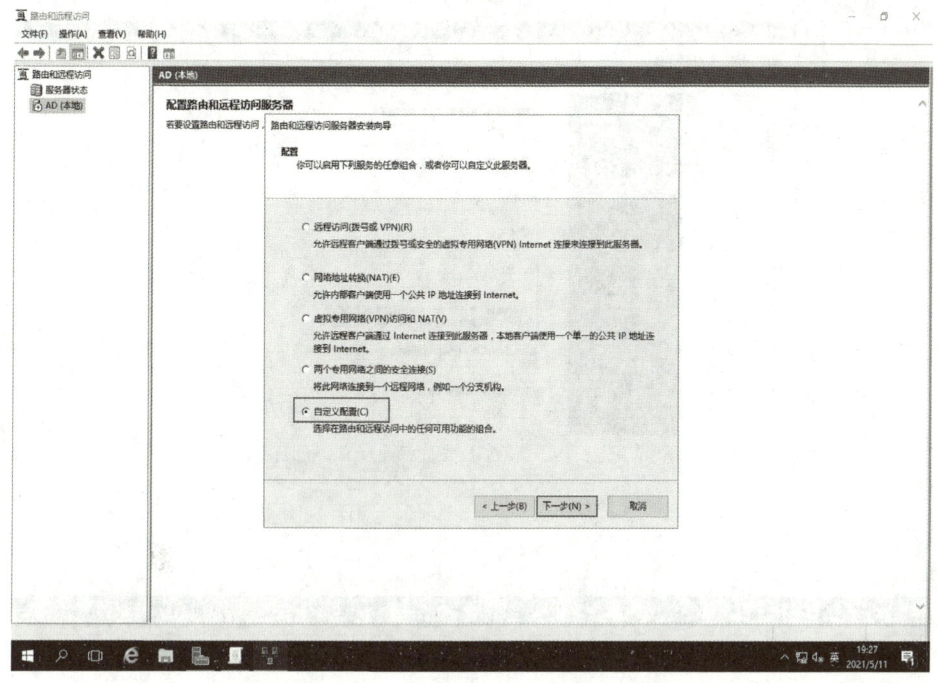

图 7–6

在“自定义配置”界面勾选“VPN 访问”复选框，如图 7–7 所示。

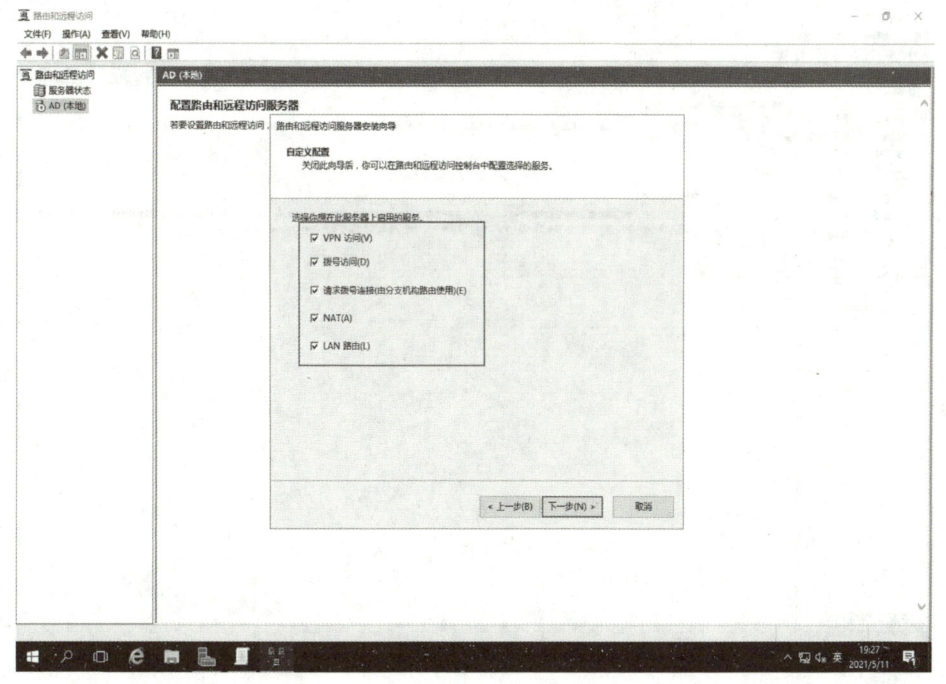

图 7–7

安装完成，结果如图 7–8 所示。

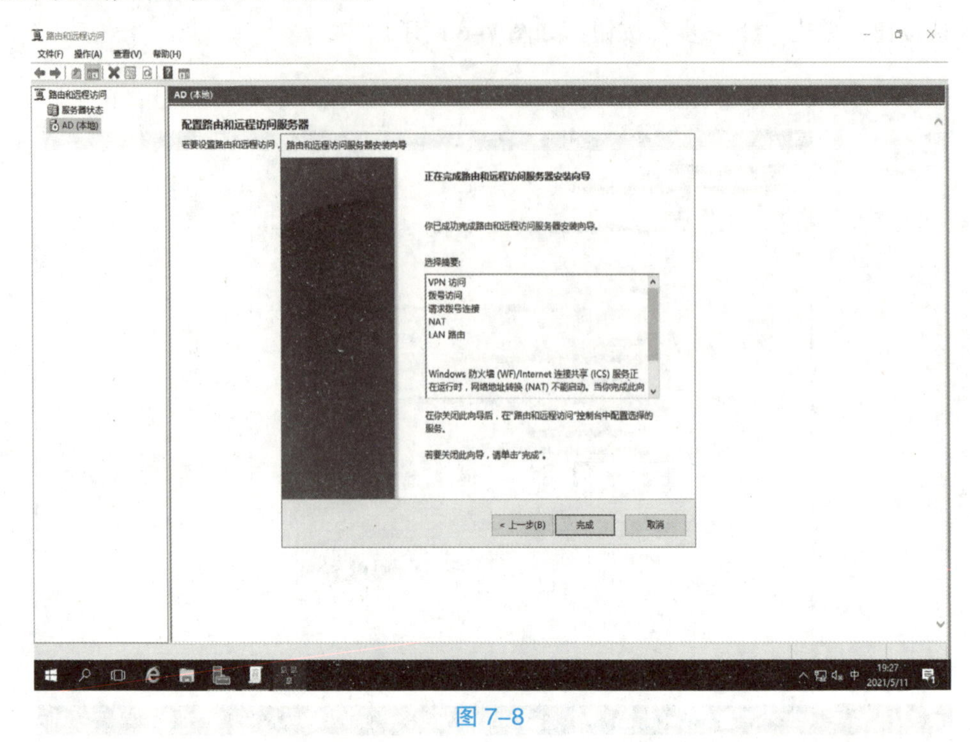

图 7–8

在“路由和远程访问”窗口左侧“AD（本地）”上单击鼠标右键，在弹出的快捷菜单中选择“属性”，如图 7–9 所示。

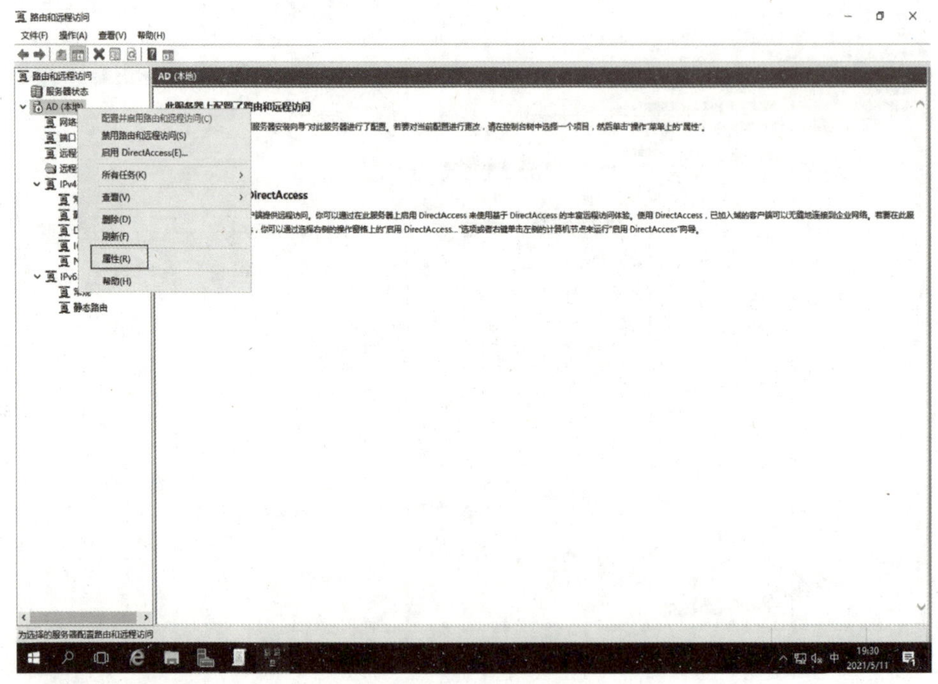

图 7–9

打开“AD（本地）属性”对话框，选择“IPv4”选项卡，勾选“启用 IPv4 转发”复选框，选择“静态地址池”单选按钮，单击“添加”按钮，设置地址范围为 192.168.10.2~192.168.10.100，如图 7–10 所示。

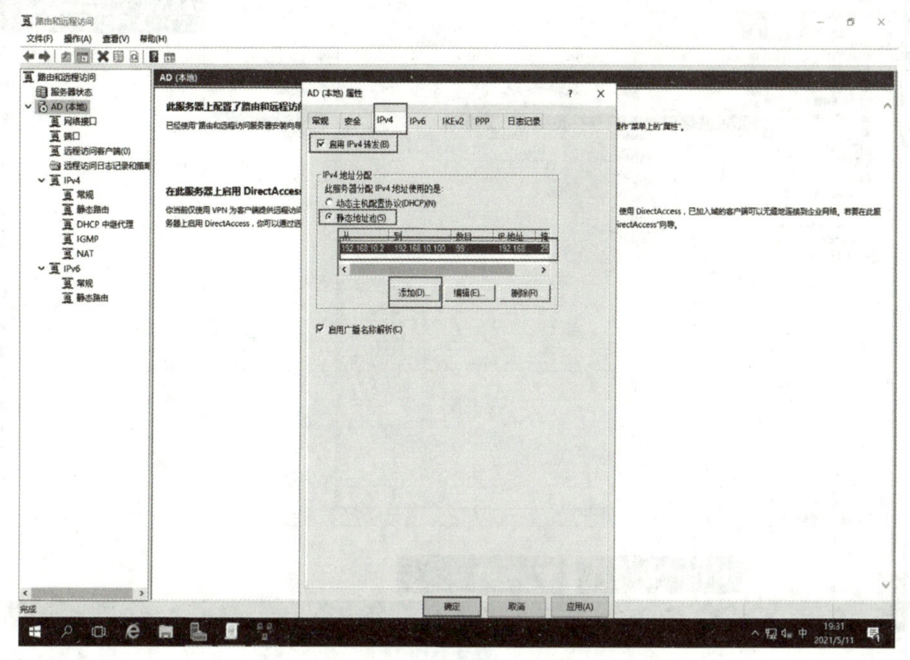

图 7–10

在“服务器管理器”窗口单击“工具”按钮，在弹出的下拉菜单中选择“计算机管理”，如图 7–11 所示。

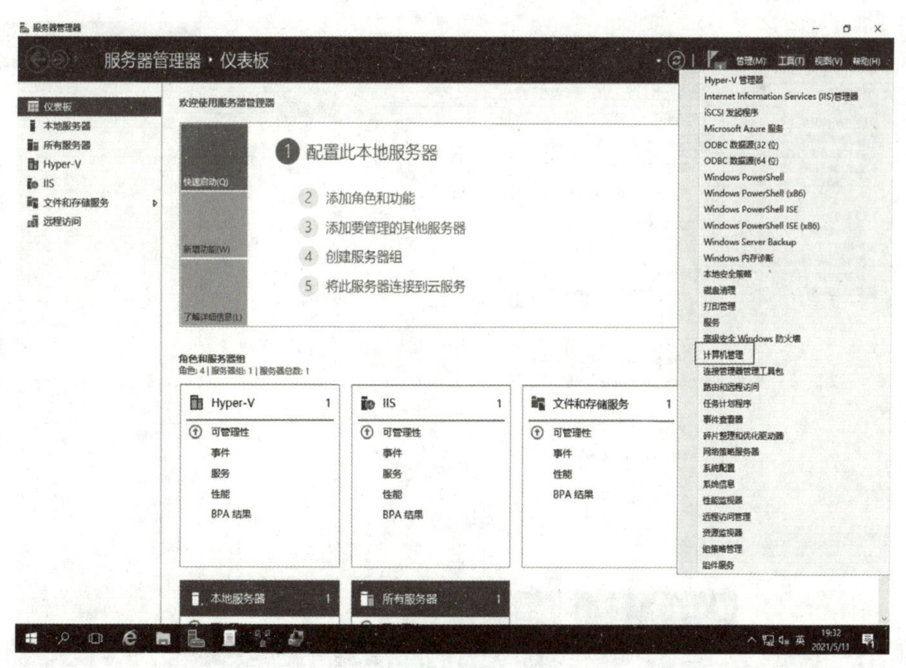

图 7–11

打开“计算机管理”窗口创建 vpn01 用户，并在窗口中间的“vpn01”上单击鼠标右键，在弹出的快捷菜单中选择“属性”，如图 7–12 所示。

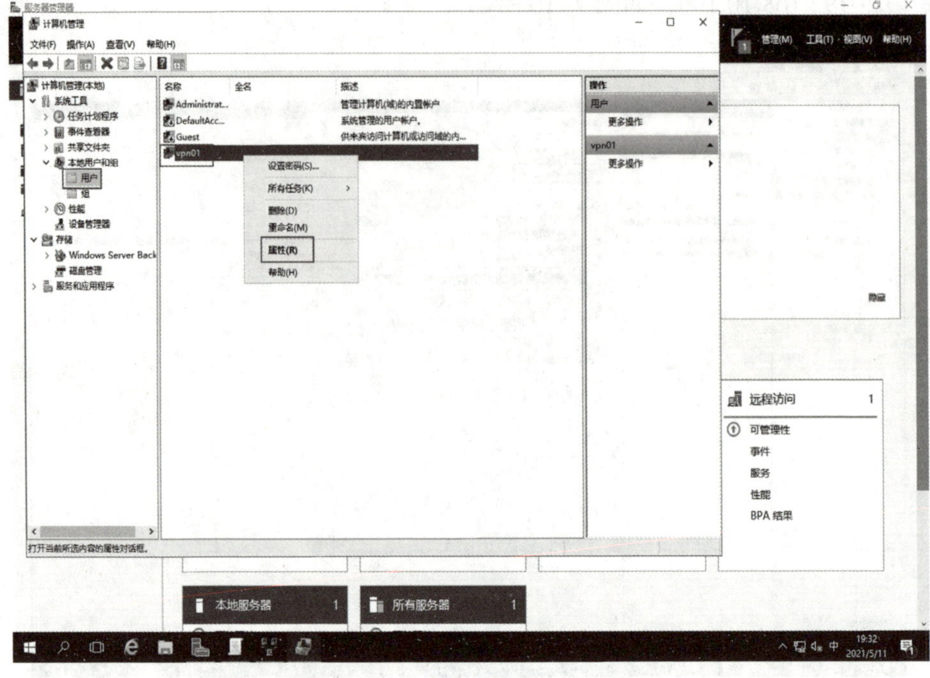

图 7–12

打开“vpn01 属性”对话框，选择“拨入”选项卡，选择“允许访问”单选按钮，如图 7–13 所示。

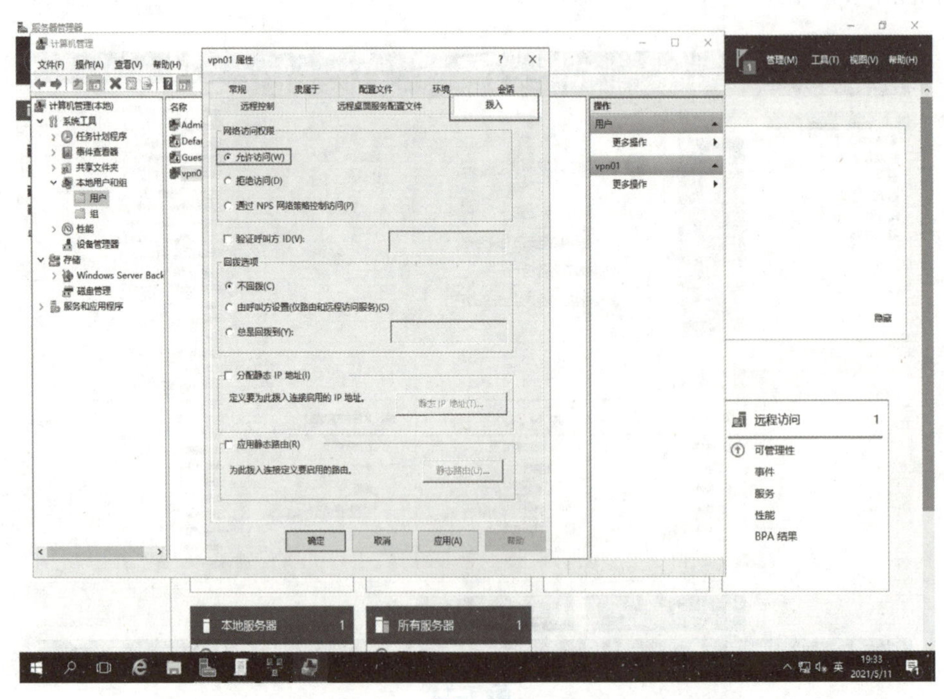

图 7–13

按“Windows+R”组合键，在“运行”对话框中输入 rrasmgmt.msc，打开“路由和远程访问”窗口，在窗口左侧的“AD（本地）”上单击鼠标右键，在弹出的快捷菜单中依次选择“所有任务”–“重新启动”，如图 7–14 所示。

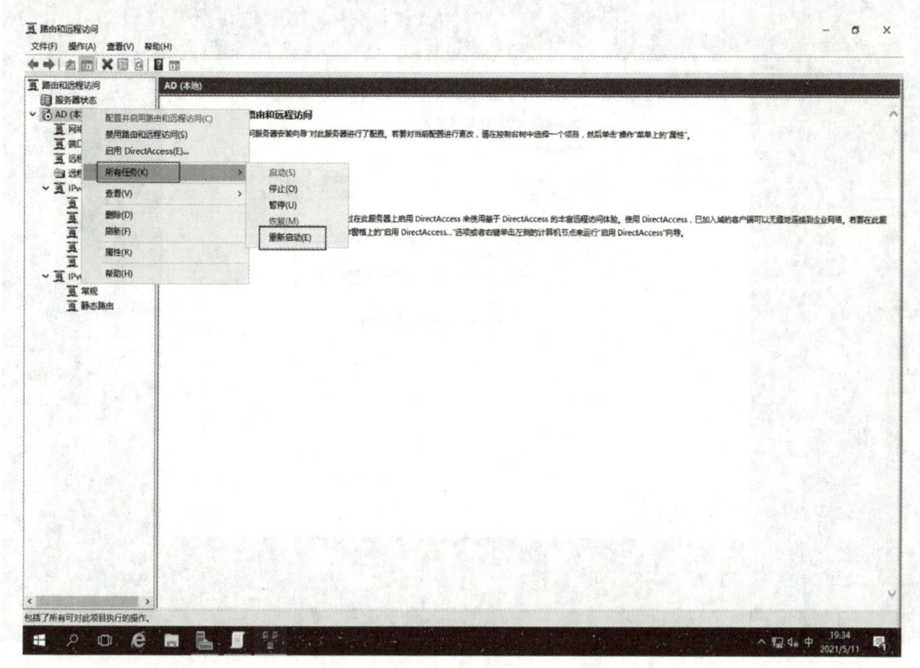

图 7–14

在 VPN 客户端桌面任务栏的网络图标上单击鼠标右键，在弹出的快捷菜单中选择“打开网络和共享中心”，如图 7–15 所示。

图 7–15

在打开的“网络和共享中心”窗口中单击“设置新的连接或网络”超链接，如图7-16所示。

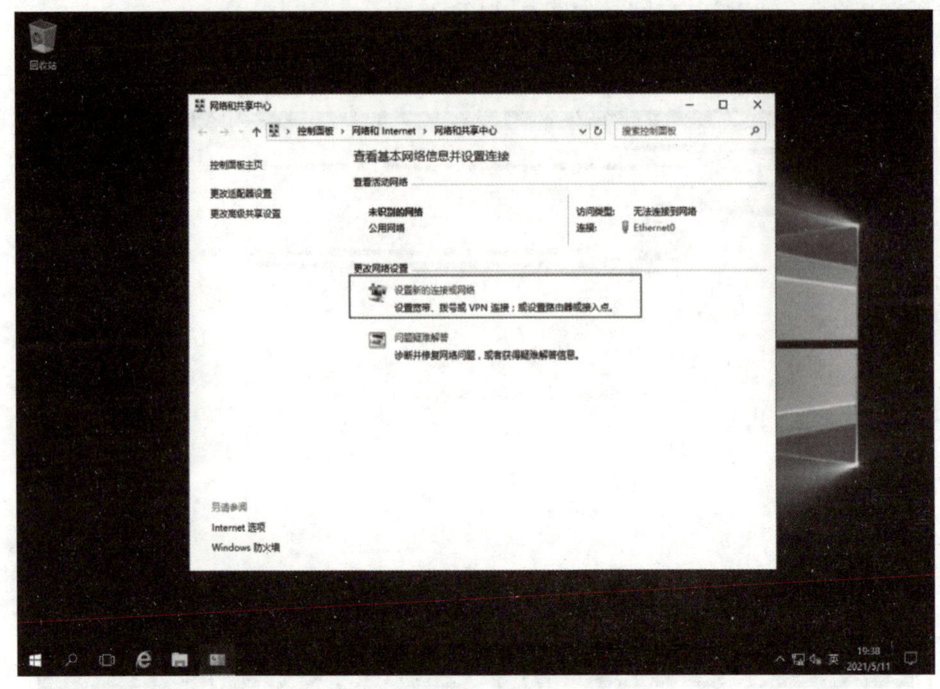

图 7-16

在“设置连接或网络”对话框中选择“连接到工作区”，单击“下一步”按钮，如图7-17所示。

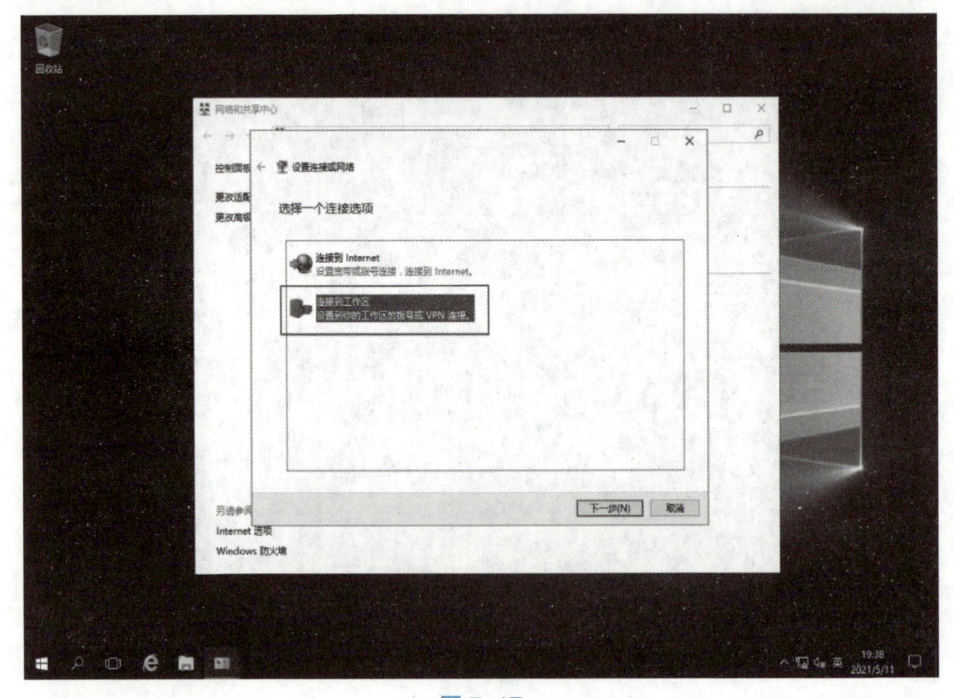

图 7-17

选择“使用我的 Internet 连接（VPN）”，如图 7-18 所示。

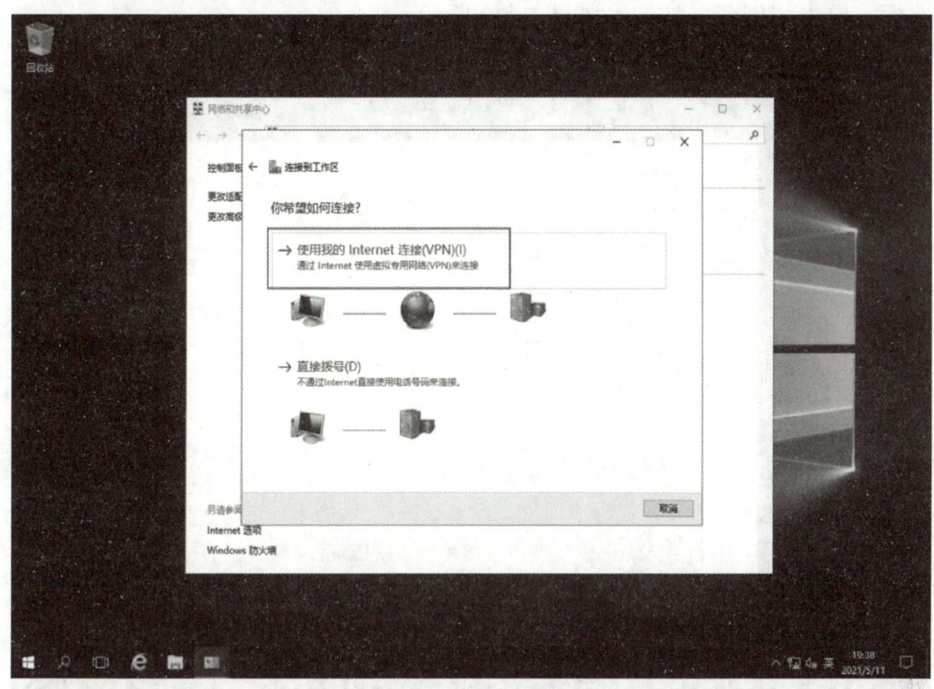

图 7-18

选择“我将稍后设置 Internet 连接”，如图 7-19 所示。

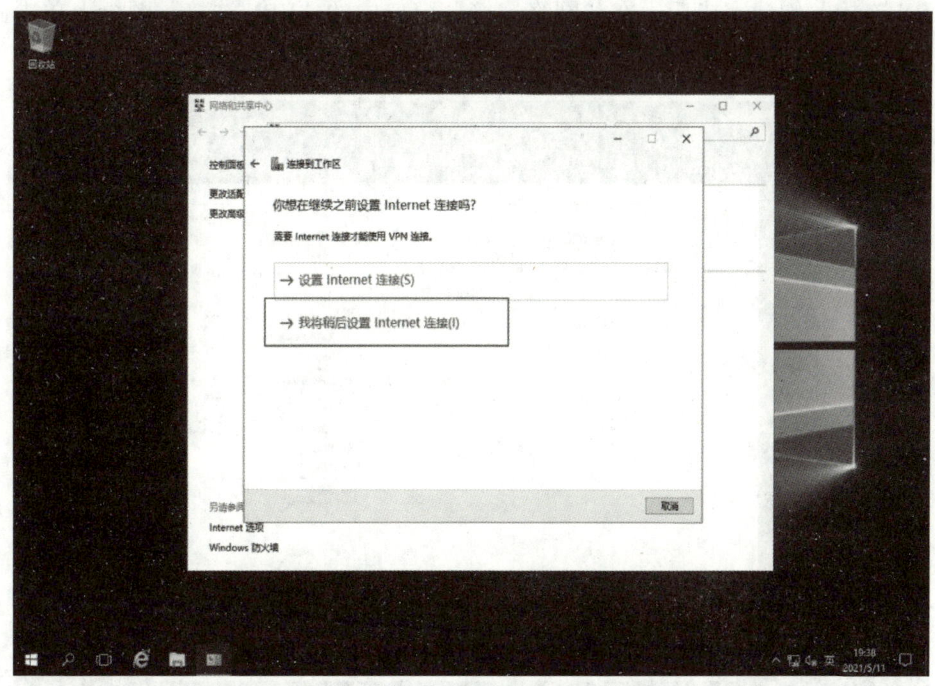

图 7-19

在“键入要连接的 Internet 地址”界面输入 VPN 服务器相关信息，勾选“记住我的凭据”复选框，单击“创建”按钮，如图 7-20 所示。

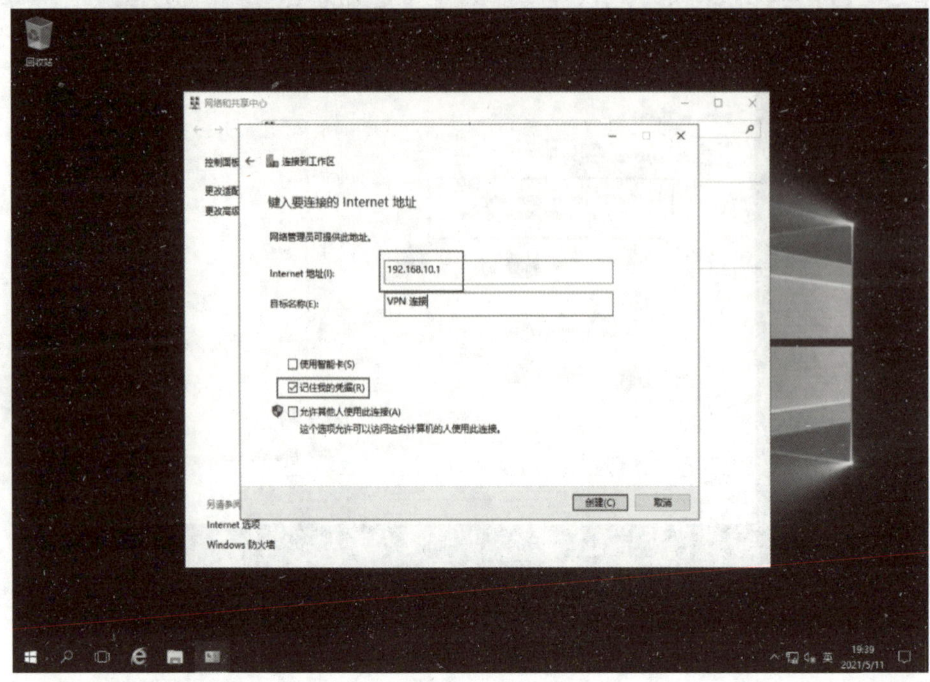

图 7-20

“VPN 连接”创建完毕后，在“网络连接”窗口中的“VPN 连接”图标上单击鼠标右键，在弹出的快捷菜单中选择“属性”，如图 7-21 所示。

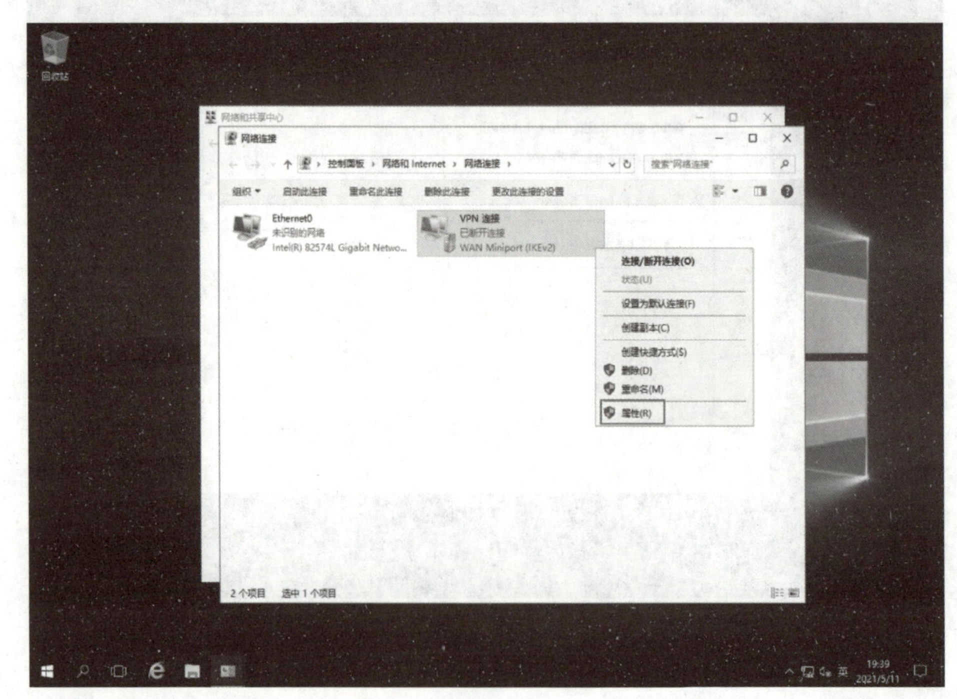

图 7-21

打开“VPN 连接属性”对话框，选择“安全”选项卡，设置如图 7-22 所示。

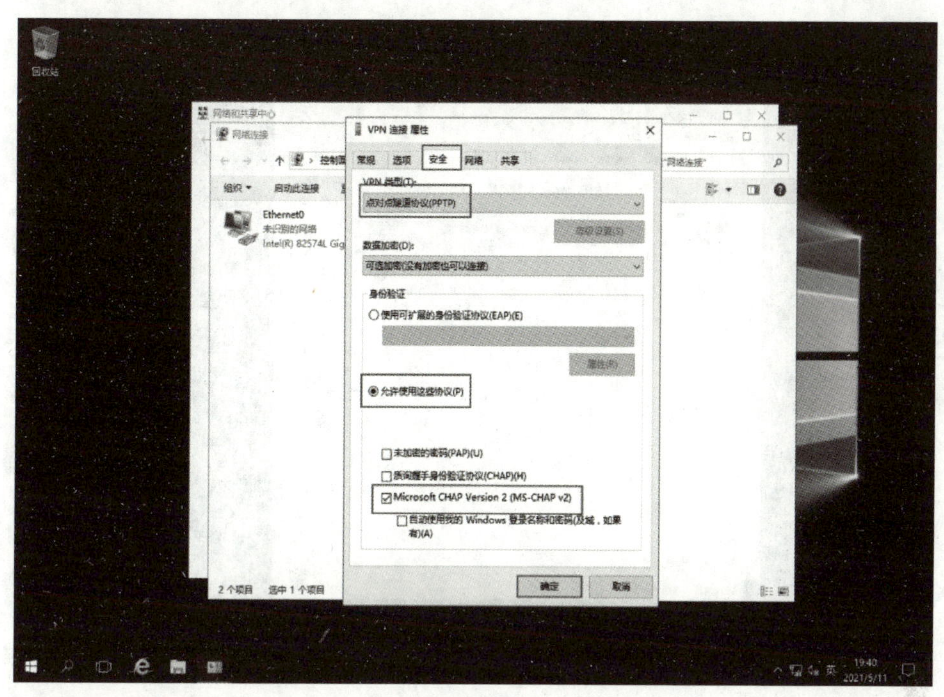

图 7-22

在“网络连接”窗口中的“VPN 连接”图标上单击鼠标右键，在弹出的快捷菜单中选择“连接 / 断开连接”，如图 7-23 所示。

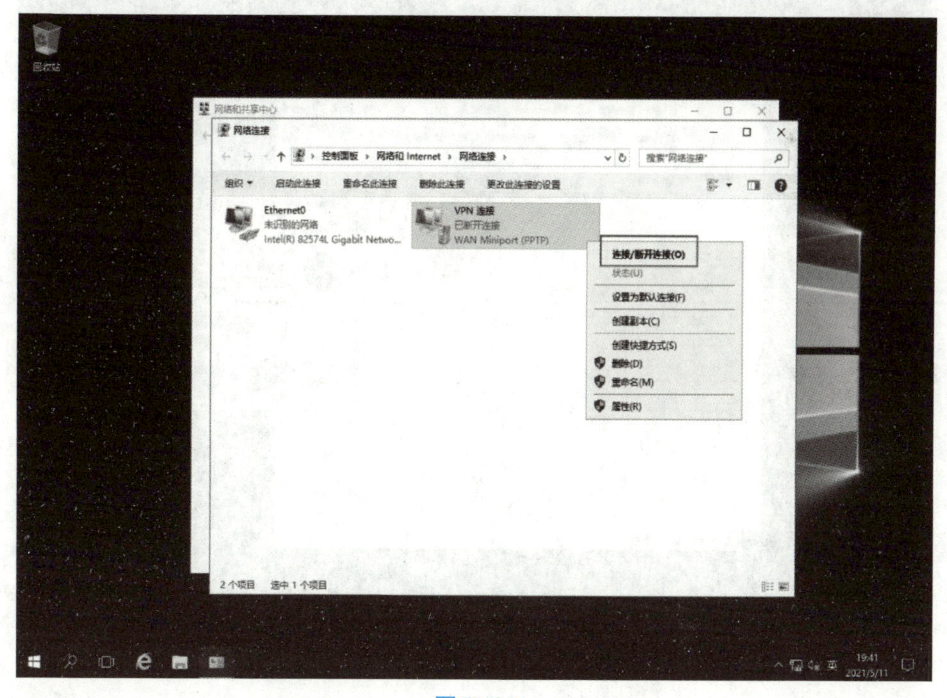

图 7-23

在“网络”侧边栏中单击“连接”按钮，如图 7–24 所示。

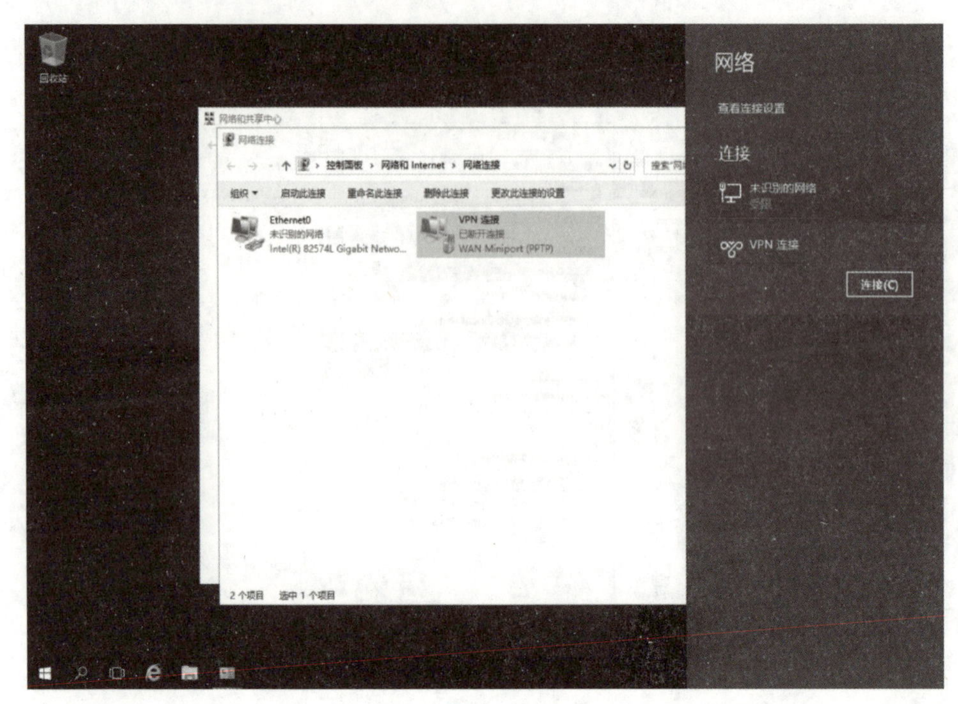

图 7–24

在弹出的“Windows 安全性”对话框中输入用户凭据，如图 7–25 所示。

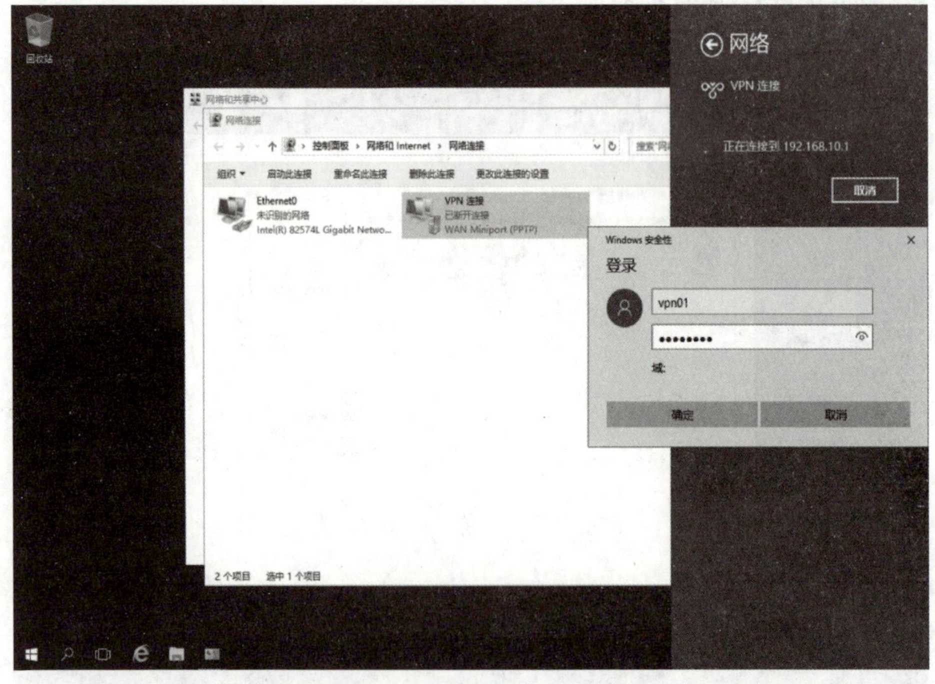

图 7–25

VPN 连接成功，如图 7–26 所示。

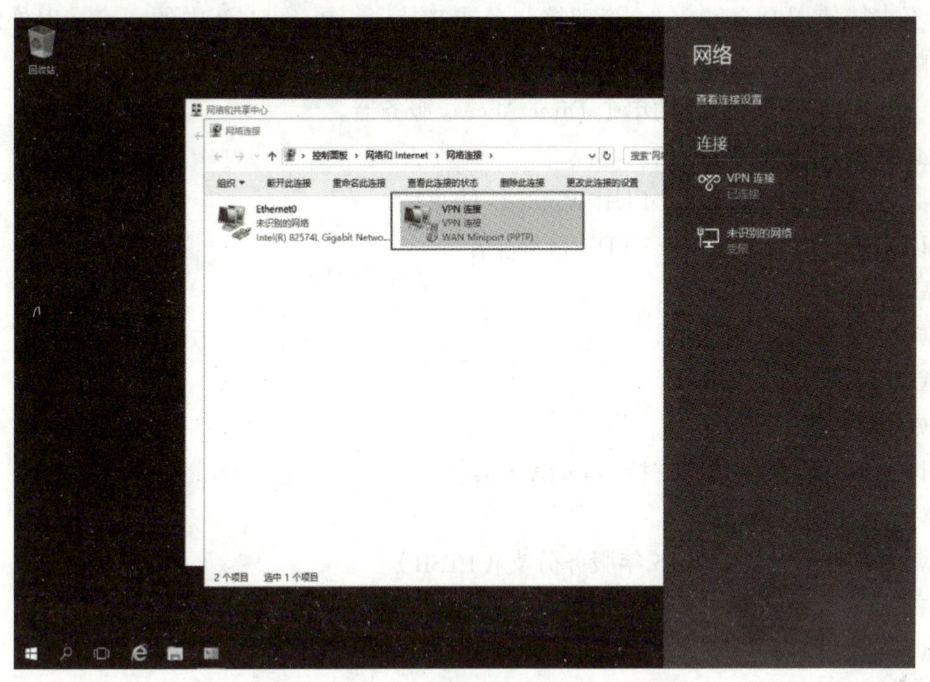

图 7–26

7.2 DirectAccess 服务

1. DirectAccess 服务概念

DirectAccess 允许连接远程用户以组织网络资源，而无须传统的 VPN 连接。

使用 DirectAccess 连接，远程客户端计算机始终连接到组织，不需要远程用户像 VPN 连接那样启动和停止连接。

管理员可以在客户端运行了 DirectAccess 并且已经连接 Internet 时对其进行管理。

2. 部署 DirectAccess 的先决条件

（1）使用入门向导部署单个 DirectAccess 服务器。

①必须在所有配置文件上启用 Windows 防火墙。

②仅支持运行 Windows10、Windows8 和 Windows8.1 Enterprise 的客户端。

③不需要公钥基础结构。

④不支持部署两因素身份验证。域凭据是身份验证所必需的。

⑤自动将 DirectAccess 部署到当前域中的所有移动计算机。

⑥到 Internet 的流量不会通过 DirectAccess。不支持强制隧道配置。

⑦ DirectAccess 服务器是网络位置服务器。

⑧不支持网络访问保护（Network Access Protection，NAP）。

⑨不支持使用 DirectAccess 管理控制台或 Windows PowerShell 中的 cmdlet 以外的功能更改策略。

（2）部署具有高级设置的单个 DirectAccess 服务器。

①必须部署公钥基础结构。

②必须在所有配置文件上启用 Windows 防火墙。

③以下服务器操作系统支持 DirectAccess。

- Windows Server 2016。
- Windows Server 2012 R2。
- Windows Server 2012。
- Windows Server 2008 R2。

④以下客户端操作系统支持 DirectAccess。

- Windows 10 企业版。
- Windows 10 企业版 2015 年服务分支（LTSB）。
- Windows 8 企业版。
- Windows 8.1 企业版。
- Windows 7 Ultimate。
- Windows 7 Enterprise。

⑤ KerbProxy 身份验证不支持强制隧道配置。

⑥不支持使用 DirectAccess 管理控制台或 Windows PowerShell 中的 cmdlet 以外的功能更改策略。

⑦不支持在另一台服务器上分离 NAT64 / DNS64 和 IPHTTPS 服务器角色。

3. DirectAccess 服务配置演示

打开“服务器管理器”窗口，添加角色，在“添加角色和功能向导”对话框“选择服务器角色”界面中勾选“Active Directory 证书服务”复选框，单击“下一步”按钮，如图 7–27 所示。

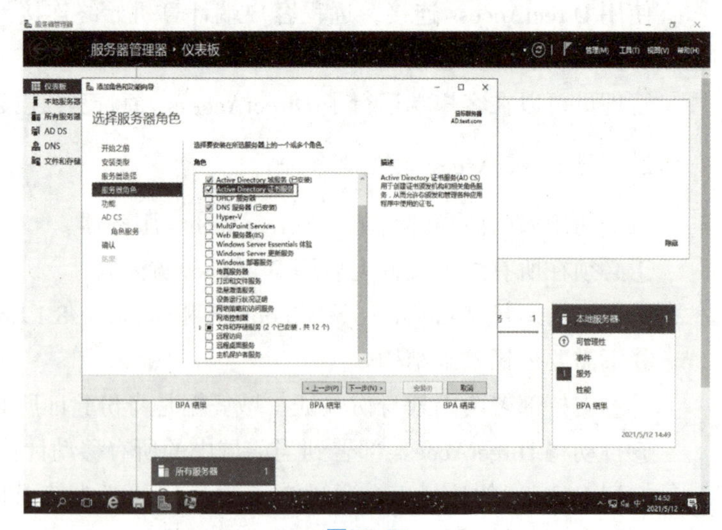

图 7–27

依次单击“下一步”按钮，直到最后一步，单击“安装”按钮。安装完成后，在“服务器管理器”窗口单击感叹号标识，在弹出对话框单击“配置目标服务器上的 Active Directory 证书服务”超链接，如图 7–28 所示。

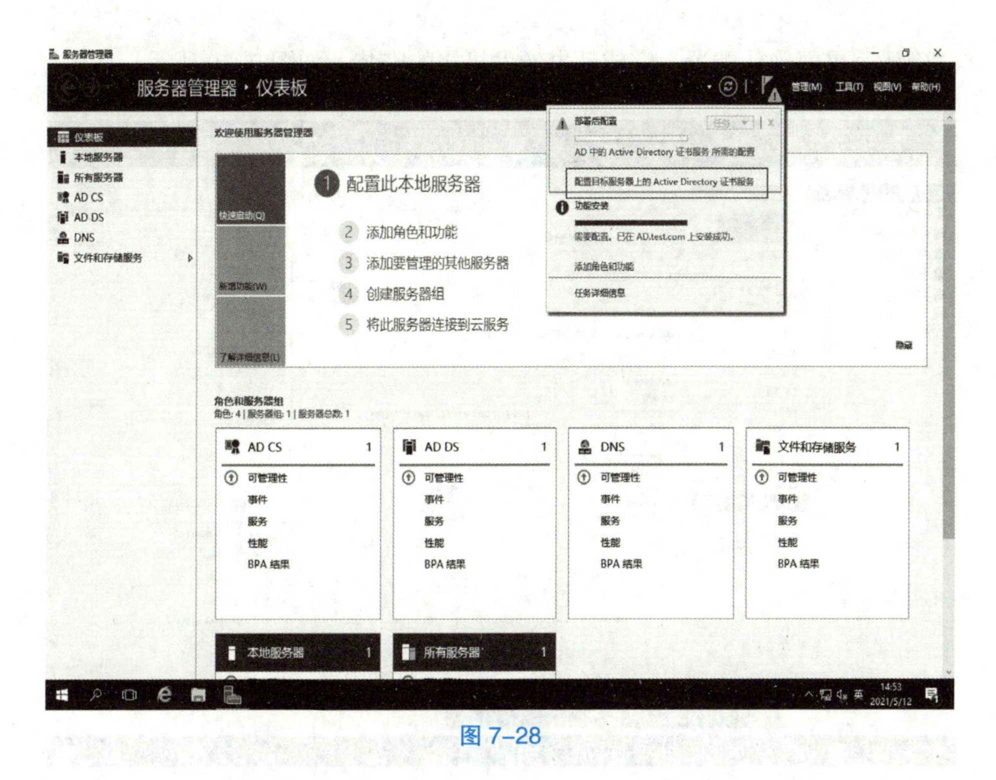

图 7-28

在“AD CS 配置”对话框“角色服务”界面，勾选“证书颁发机构”复选框，单击“下一步”按钮，如图 7-29 所示。

图 7-29

在“确认”界面确认配置，完成证书颁发机构的安装，如图 7–30 所示。

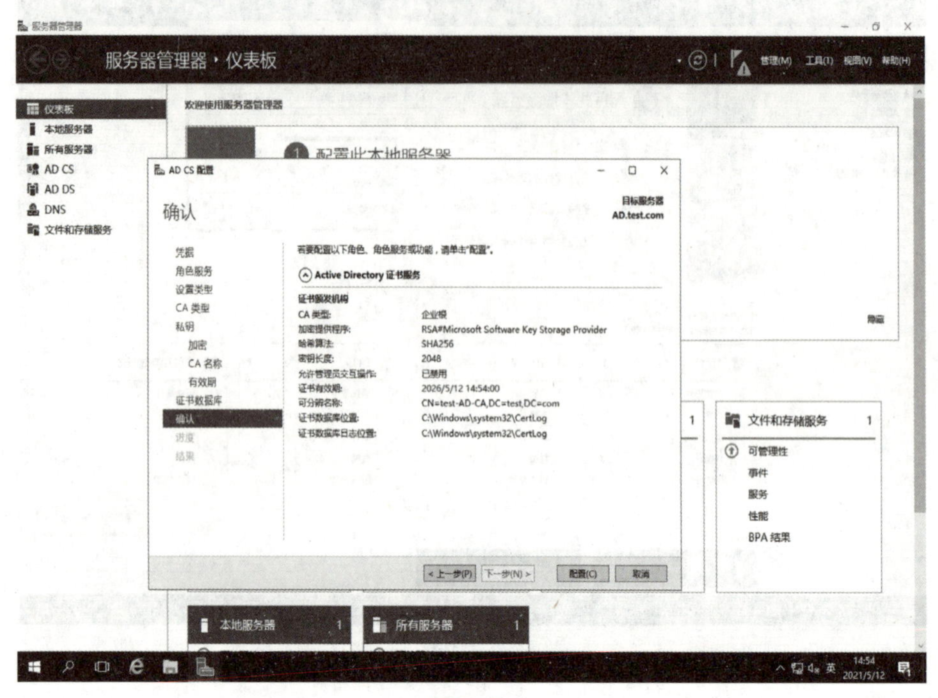

图 7–30

在“服务器管理器”窗口单击“工具”按钮，在弹出的下拉菜单中选择“证书颁发机构”，如图 7–31 所示。

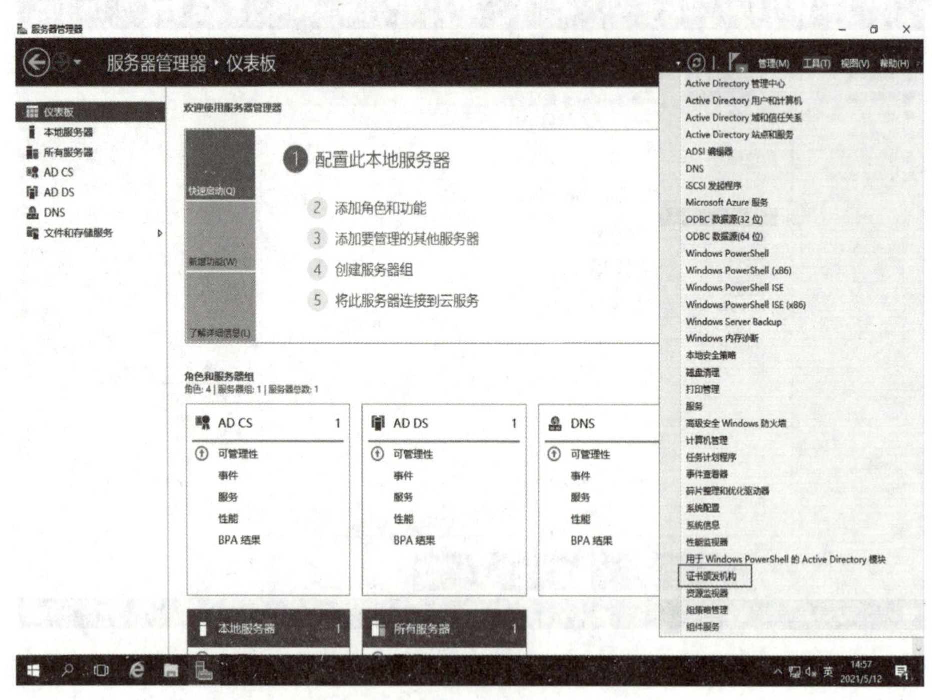

图 7–31

按“Windows+R”组合键，在“运行”对话框中输入 Certsrv.msc，打开“certsrv”窗口，在窗口左侧选择“证书模板”，在窗口中部“计算机”模板上单击鼠标右键，在弹出的快捷菜单中选择“复制模板”，如图 7-32 所示。

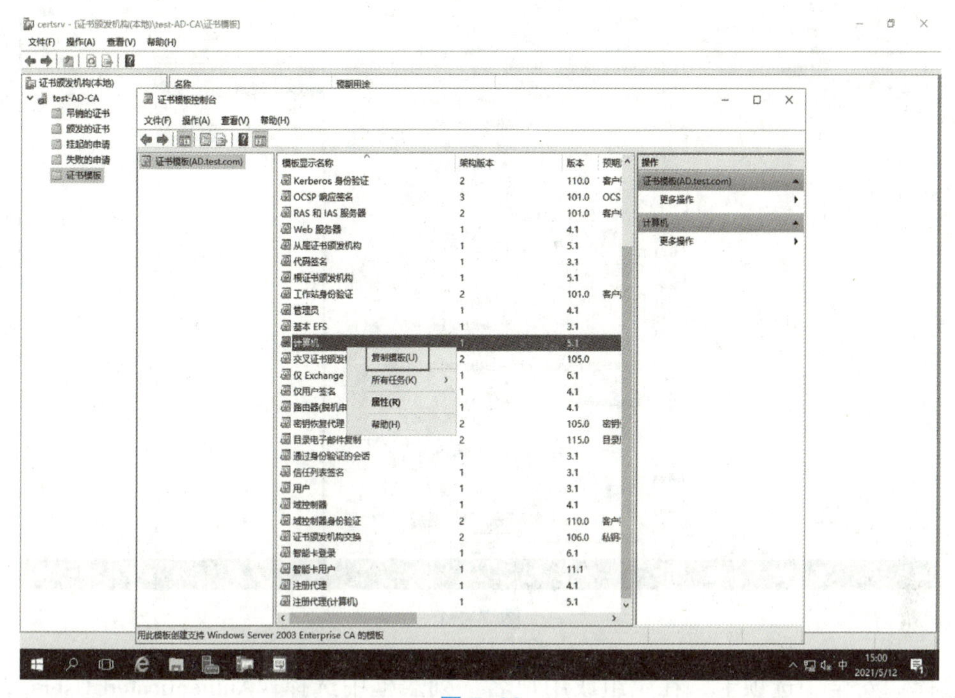

图 7-32

打开“新模板的属性”对话框选择“常规”选项卡，输入模板名称，如图 7-33 所示。

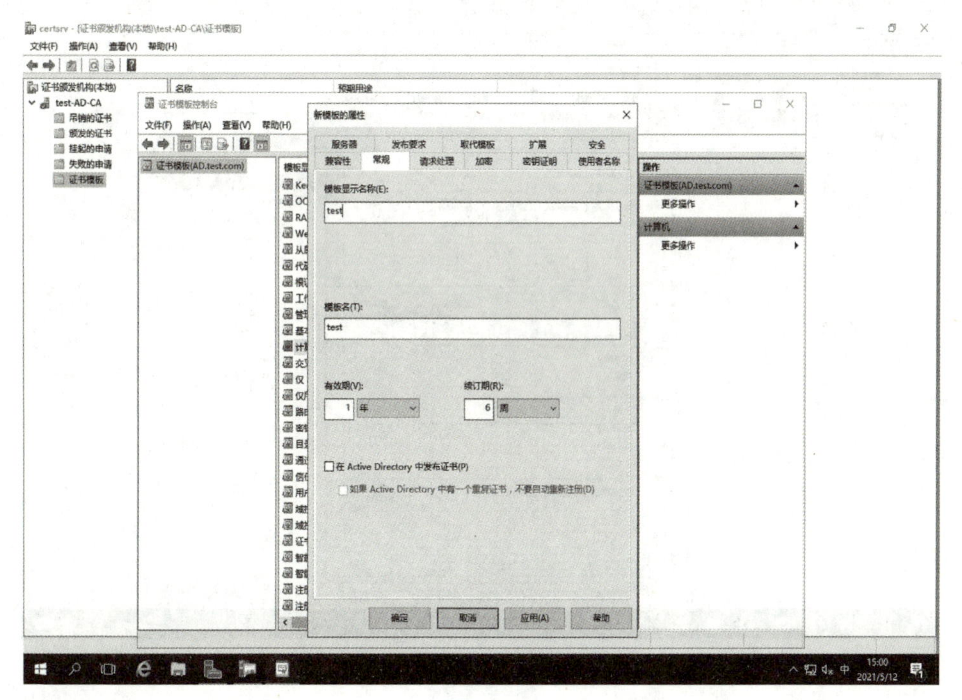

图 7-33

选择“请求处理”选项卡，勾选“允许导入私钥”复选框，如图 7–34 所示。

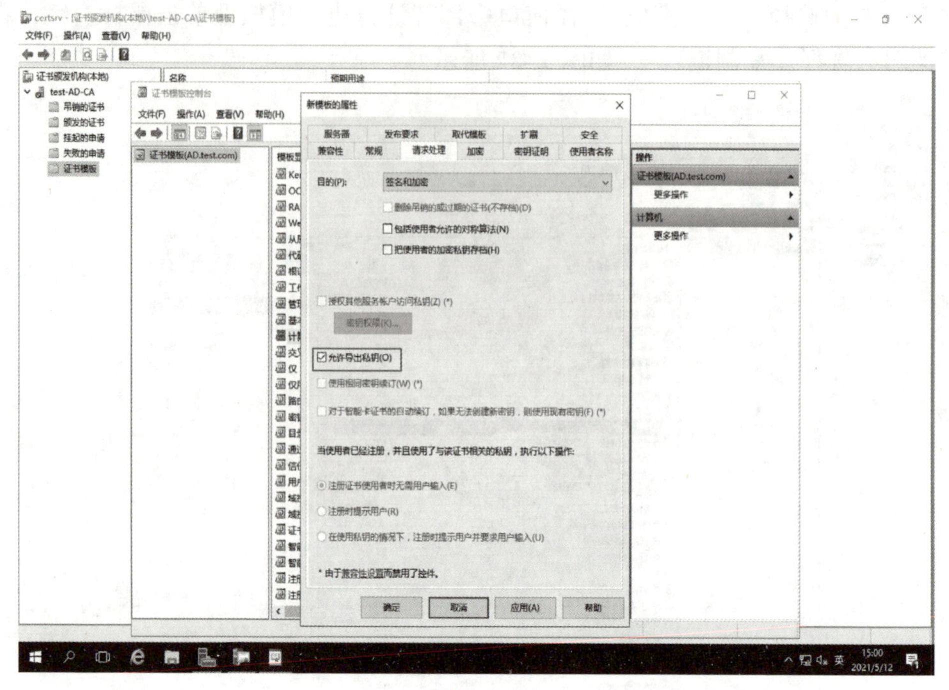

图 7–34

选择“安全”选项卡，在“组或用户名”列表框中选择“Authenticated Users”，在下方列表框中勾选“注册”权限的“允许”复选框，如图 7–35 所示。

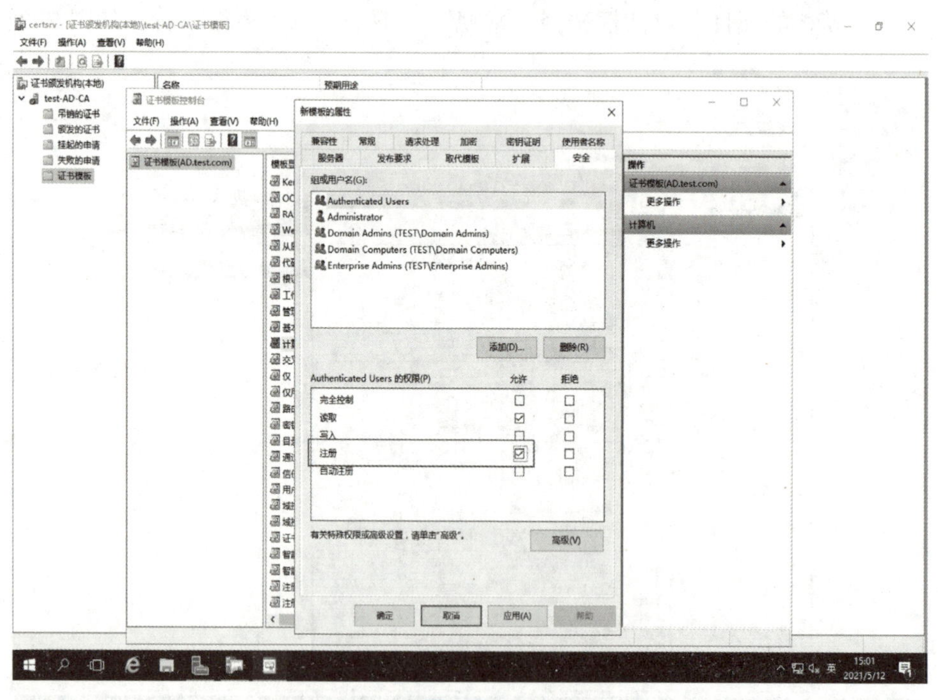

图 7–35

选择“使用者名称”选项卡，选择“在请求中提供”单选按钮，如图 7–36 所示。

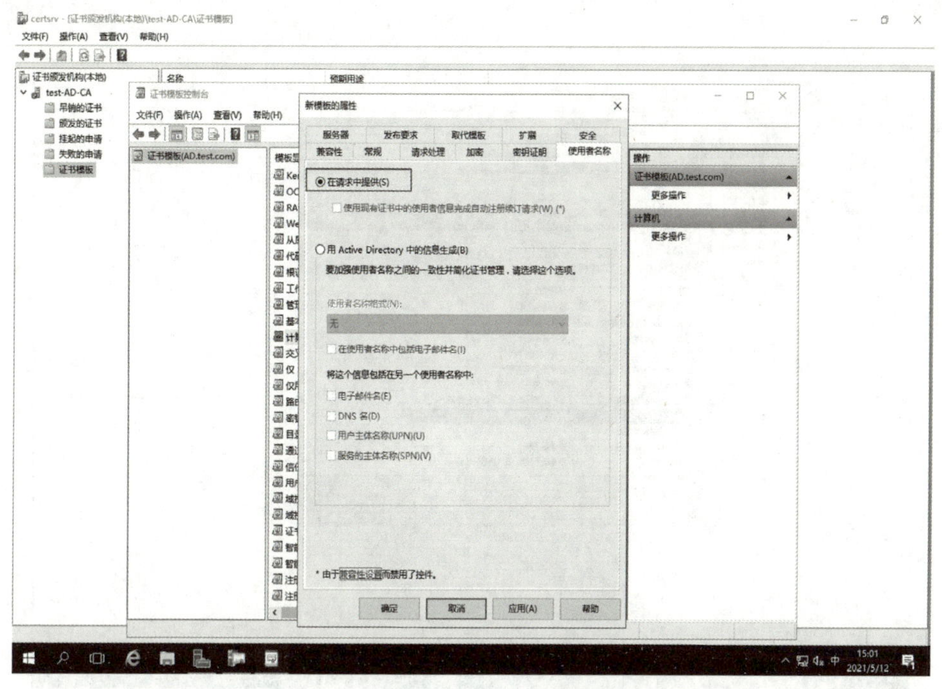

图 7–36

在“certsrv”左侧“证书模板”上单击鼠标右键，在弹出的快捷菜单中依次选择“新建”–“要颁发的证书模板”，如图 7–37 所示。

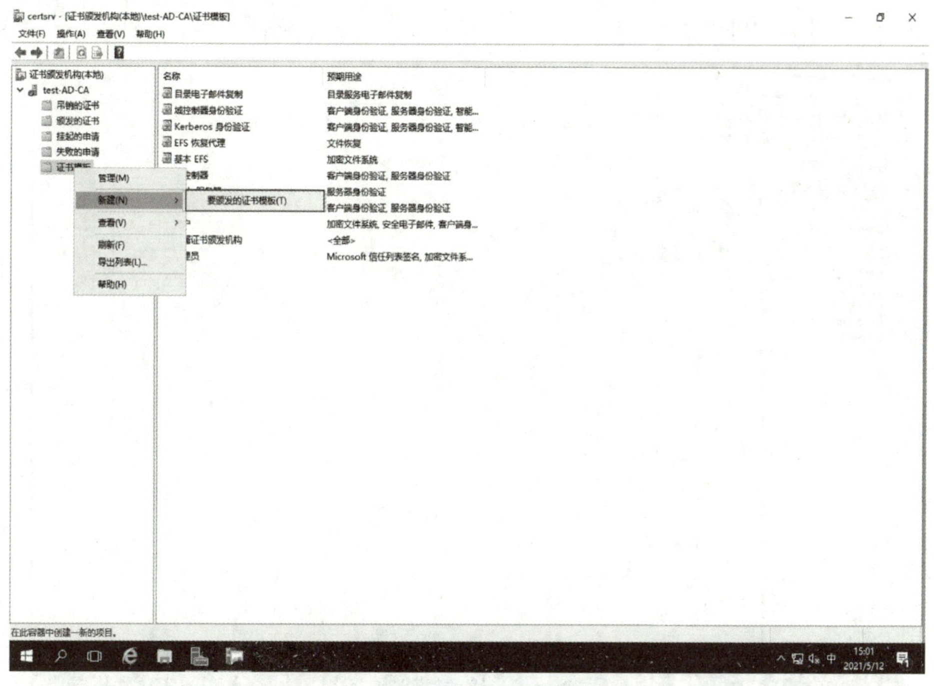

图 7–37

打开“启用证书模板”对话框，选择“test”模板，单击“确定”按钮，如图 7-38 所示。

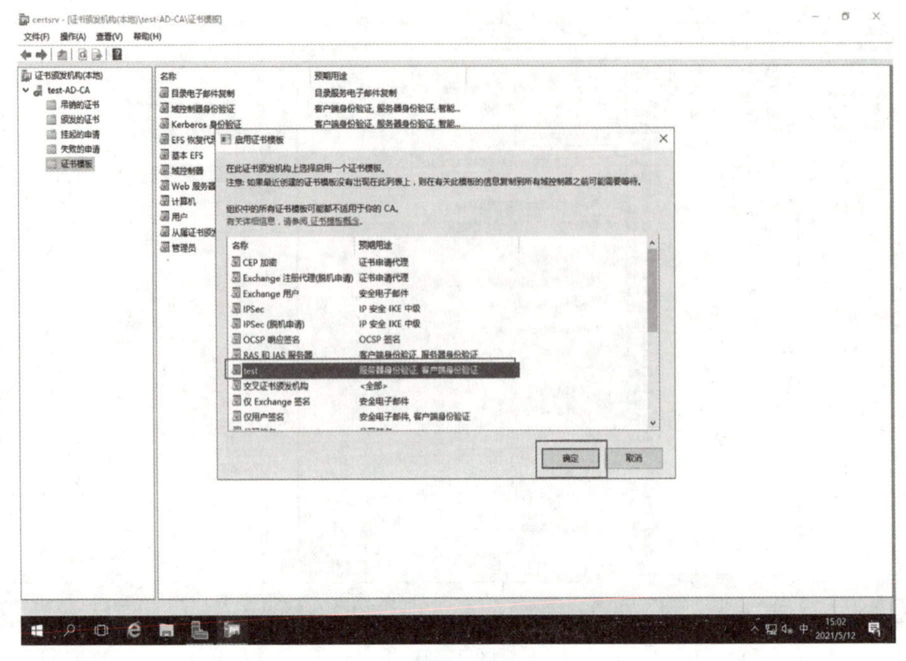

图 7-38

按“Windows+R”组合键，在“运行”对话框中输入 certlm.msc，打开“certlm”窗口，在左侧的“个人”上单击鼠标右键，在弹出的快捷菜单中依次选择“所有任务”-“申请新证书”，如图 7-39 所示。

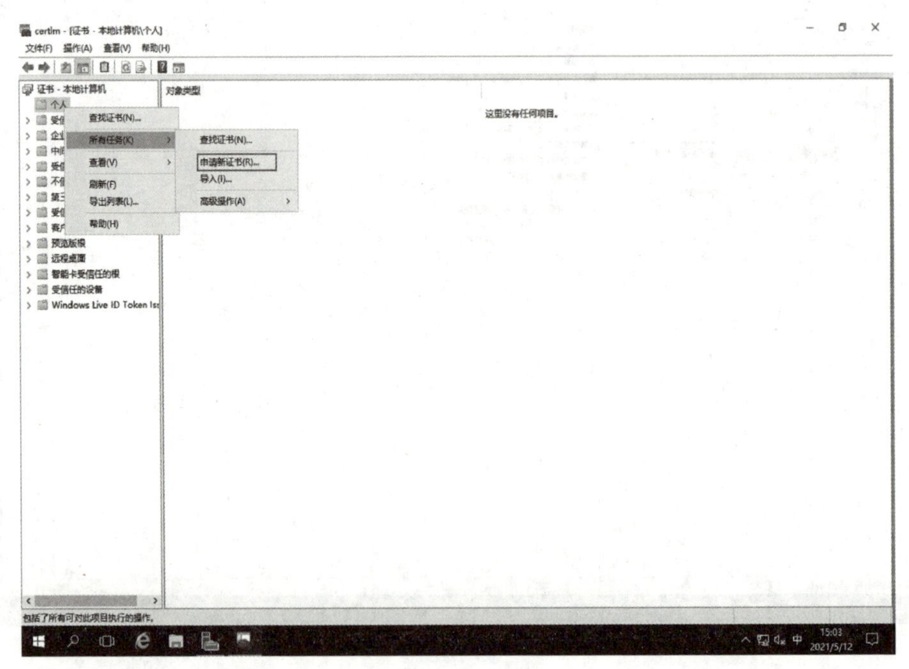

图 7-39

在打开的“证书注册”对话框中选中“test”模板，进行证书注册，如图 7-40 所示。

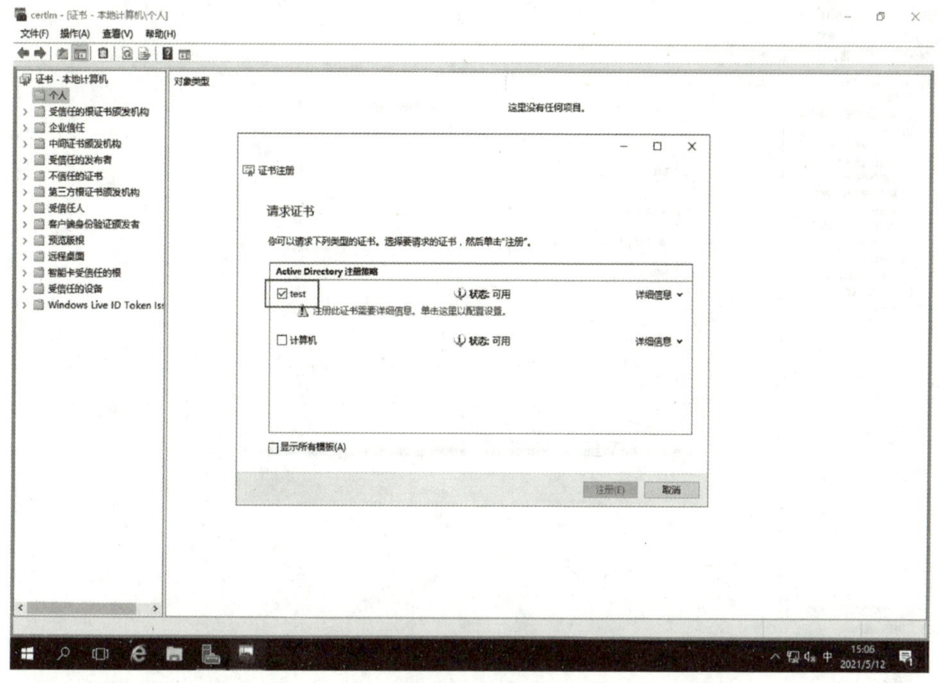

图 7-40

打开“证书属性”对话框，在“使用者”选项卡中的“类型”下拉列表框中选择“公用名”，写入值“DA.test.com”，如图 7-41 所示。

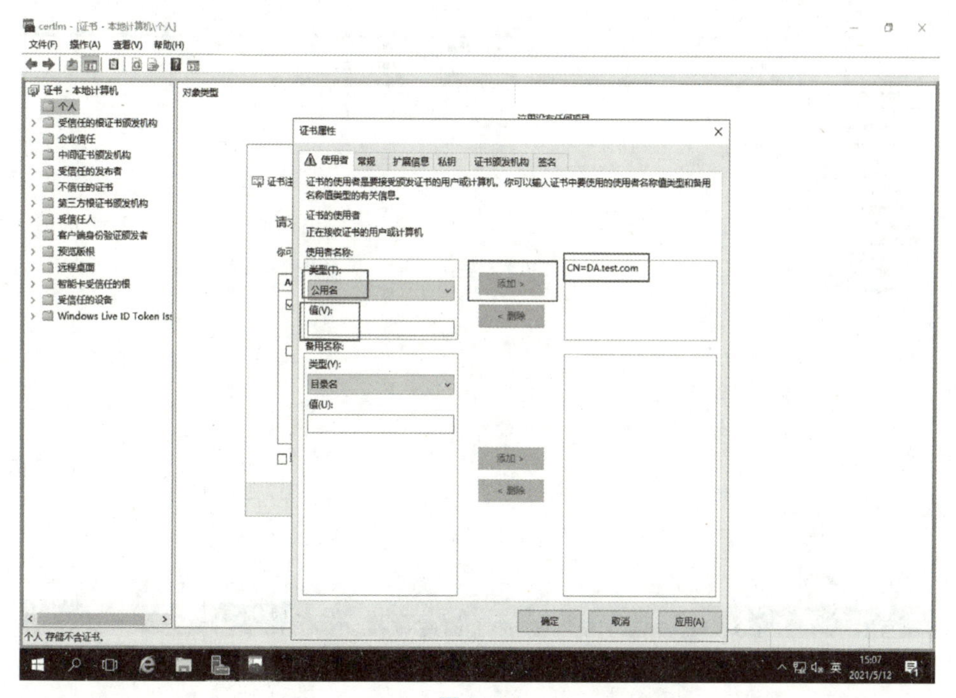

图 7-41

单击“完成”按钮完成注册，如图 7–42 所示。

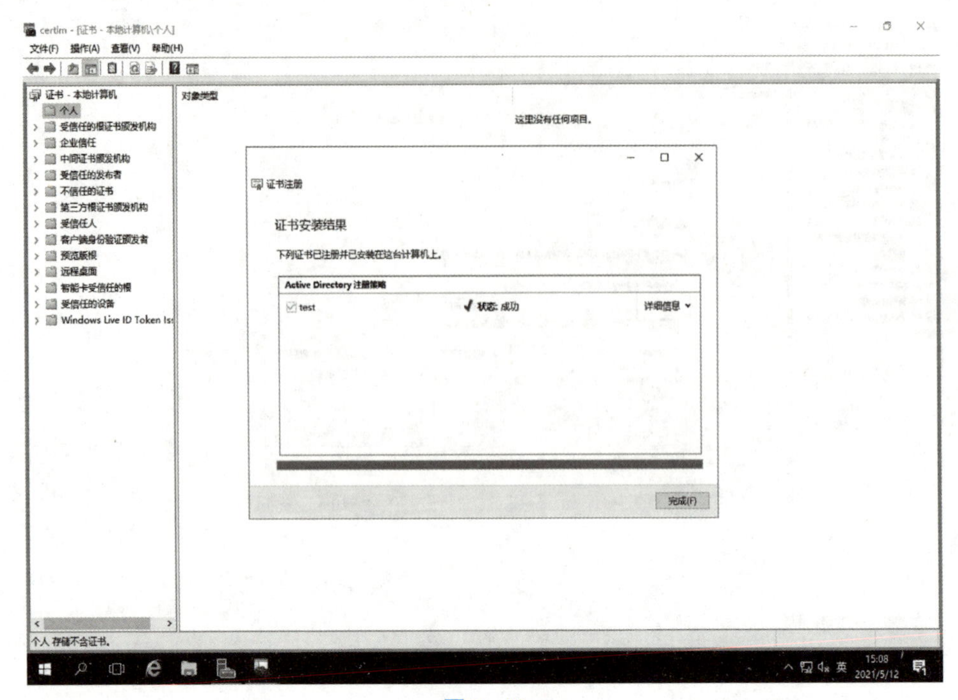

图 7–42

在“certlm”窗口中查看证书注册情况，如图 7–43 所示。

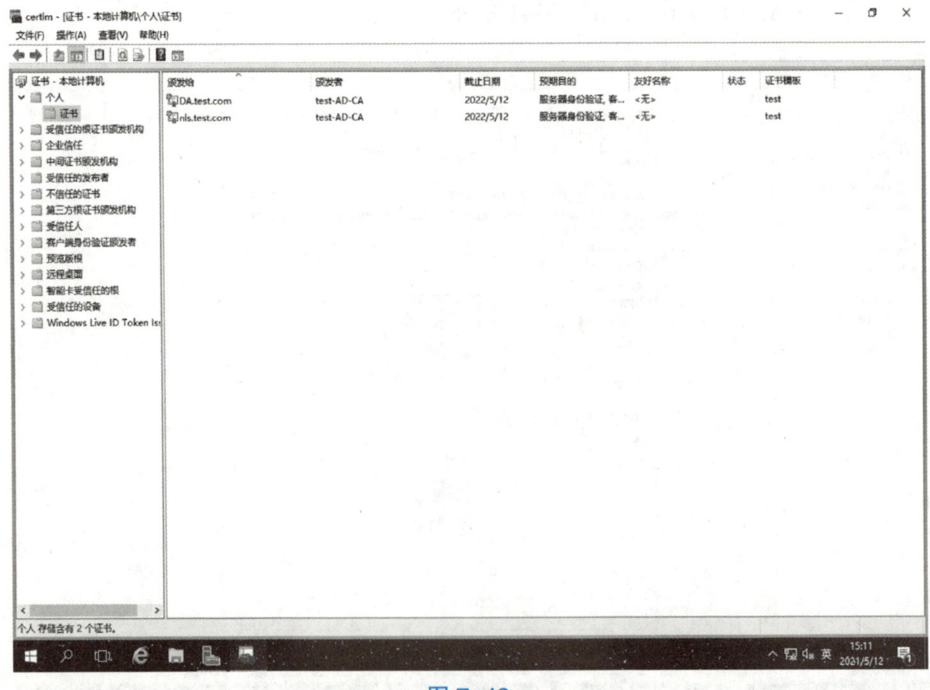

图 7–43

按“Windows+R”组合键，在“运行”对话框中输入 dnsmgmt.msc，打开“DNS 管理器”窗口，在窗口左侧单击“test.com”，在弹出的快捷菜单中选择“A 记录”，创建两个 A 记录，分别为“nca”和“nls”，如图 7-44 所示。

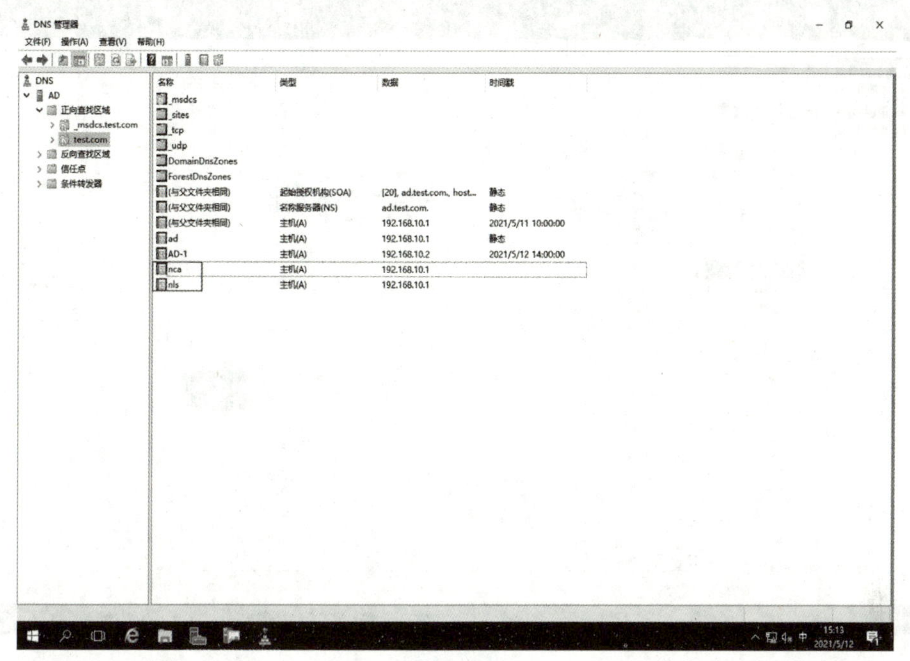

图 7-44

在“服务器管理器”窗口添加角色，在“添加角色和功能向导”对话框“选择服务器角色”界面勾选“远程访问”复选框，单击“下一步”按钮，如图 7-45 所示。

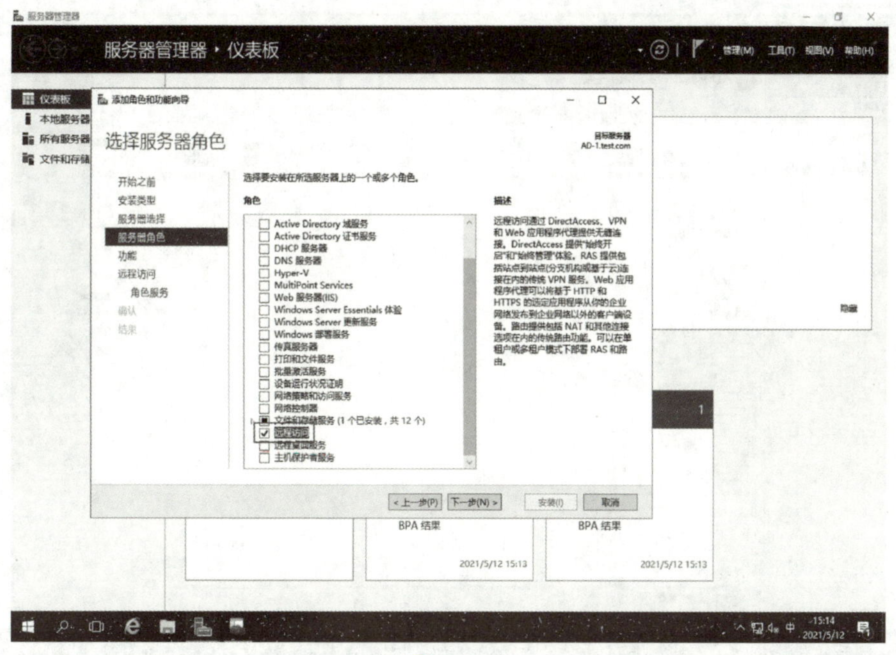

图 7-45

在“角色服务”列表框中勾选“Directaccess 和 VPN（RAS）”和“路由”复选框，单击“下一步”按钮至安装完成，如图 7-46 所示。

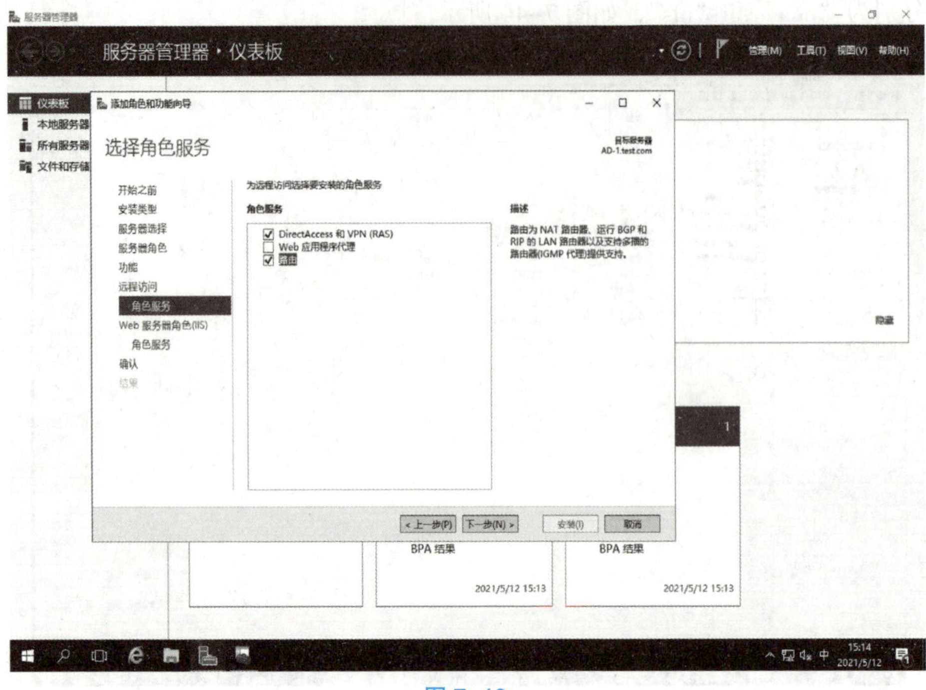

图 7-46

按“Windows+R”组合键，在“运行”对话框中输入 INETMGR，打开“Internet Information Services（IIS）管理器”窗口，在窗口右侧选择“绑定”，如图 7-47 所示。

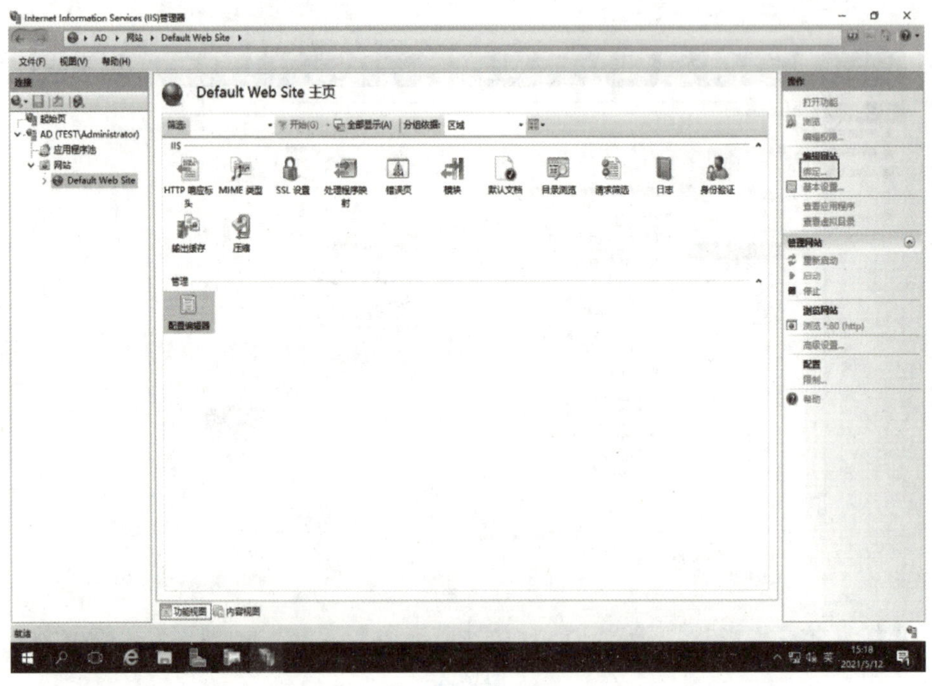

图 7-47

打开“添加网站绑定”对话框，在“SSL 证书”下拉列表框中选择“nls.test.com”，如图 7–48 所示。

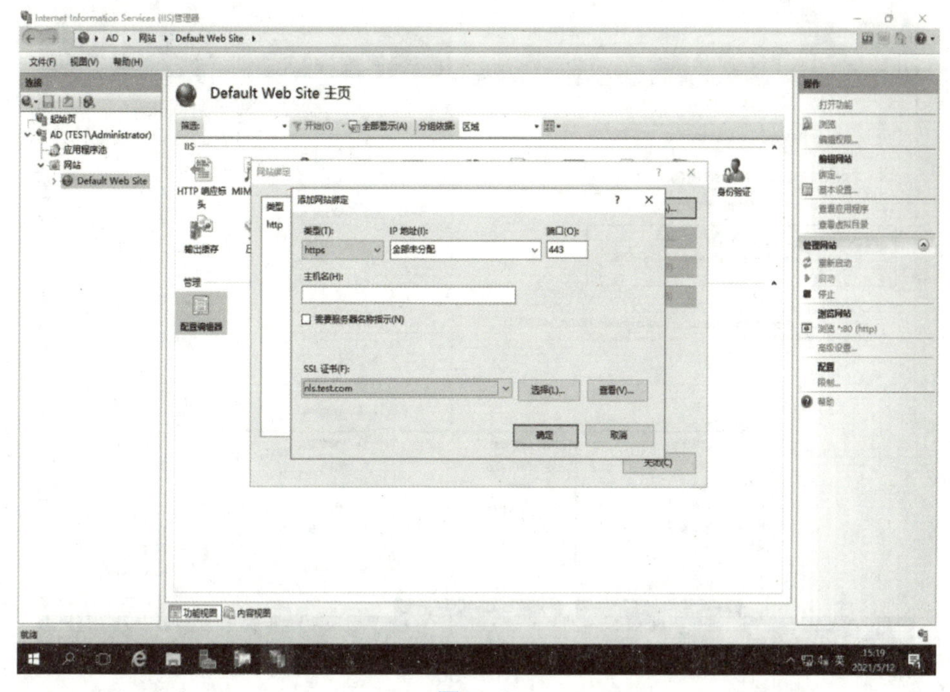

图 7–48

等待远程访问安装完成，在“服务器管理器”窗口单击感叹号标识，在弹出的对话框中单击“打开‘开始向导’”超链接，如图 7–49 所示。

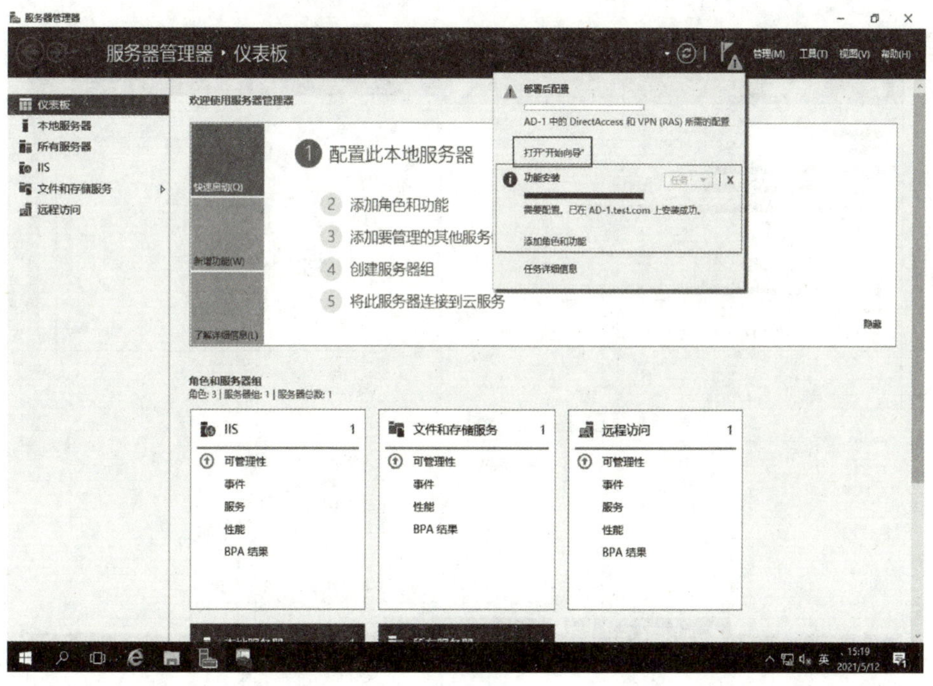

图 7–49

打开“配置远程访问”对话框，在“配置远程访问”界面选择“仅部署 Directaccess”，如图 7–50 所示。

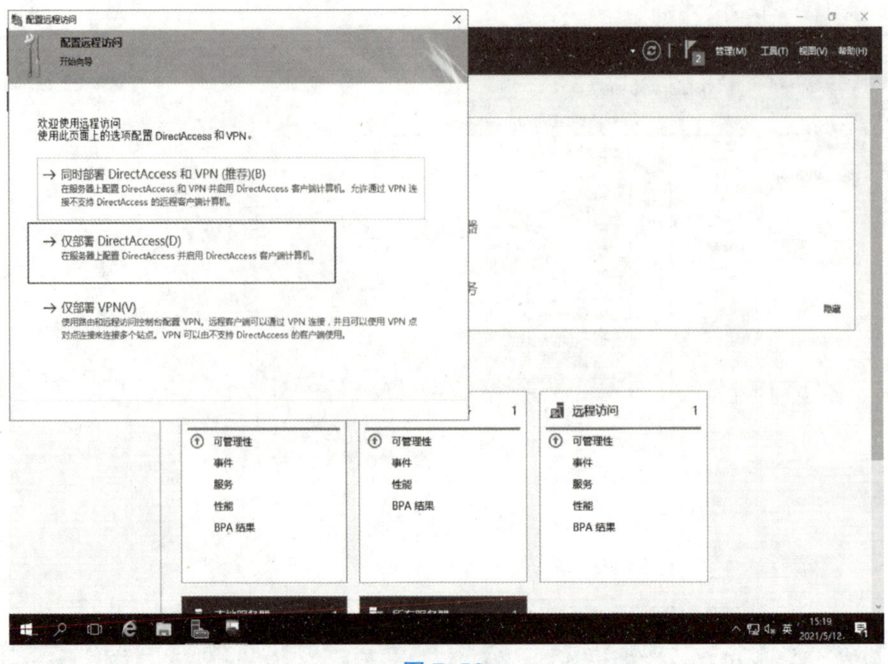

图 7–50

在“远程访问服务器设置”界面选择“位于某个边缘设备之后（具有一个网络适配器）”单选按钮，在下方文本框中输入“DA.test.com”，单击“下一步”按钮，如图 7–51 所示。

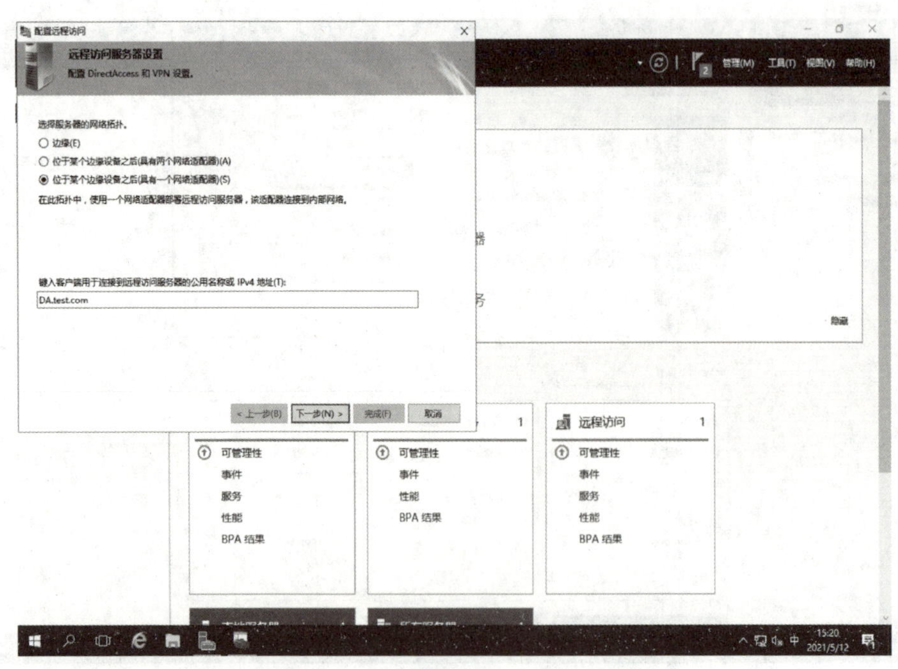

图 7–51

其余选项保持默认配置，直到配置完成。在“远程访问管理控制台”窗口，单击“仪表板”，打开“远程访问仪表板”对话框查看状态，无异常，如图 7–52 所示。

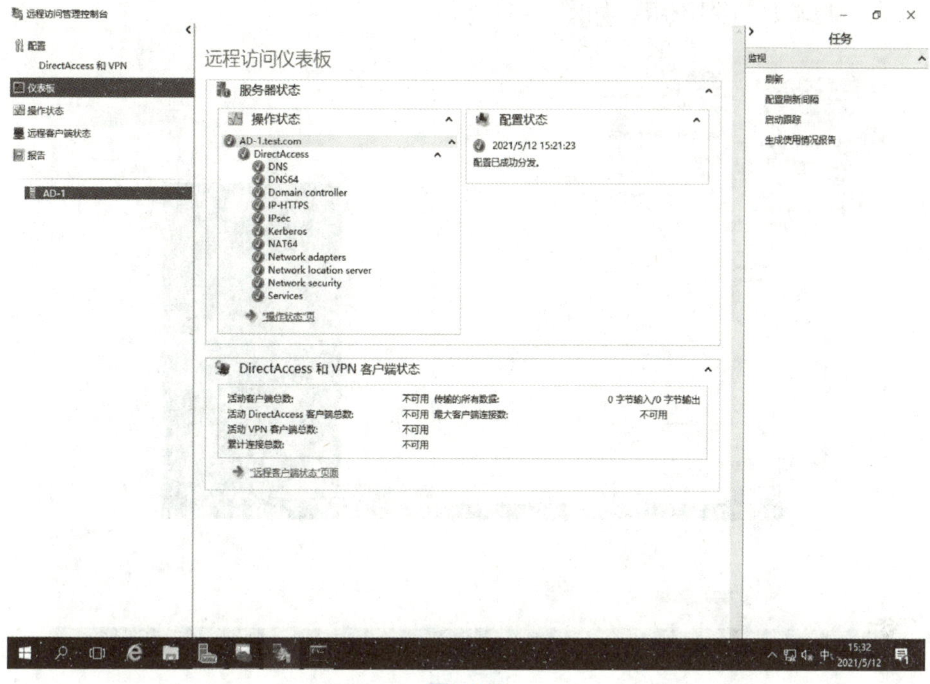

图 7–52

在域控制器，打开命令提示符窗口，输入命令“net group dagroup /add”创建 dagroup 组，如图 7–53 所示。

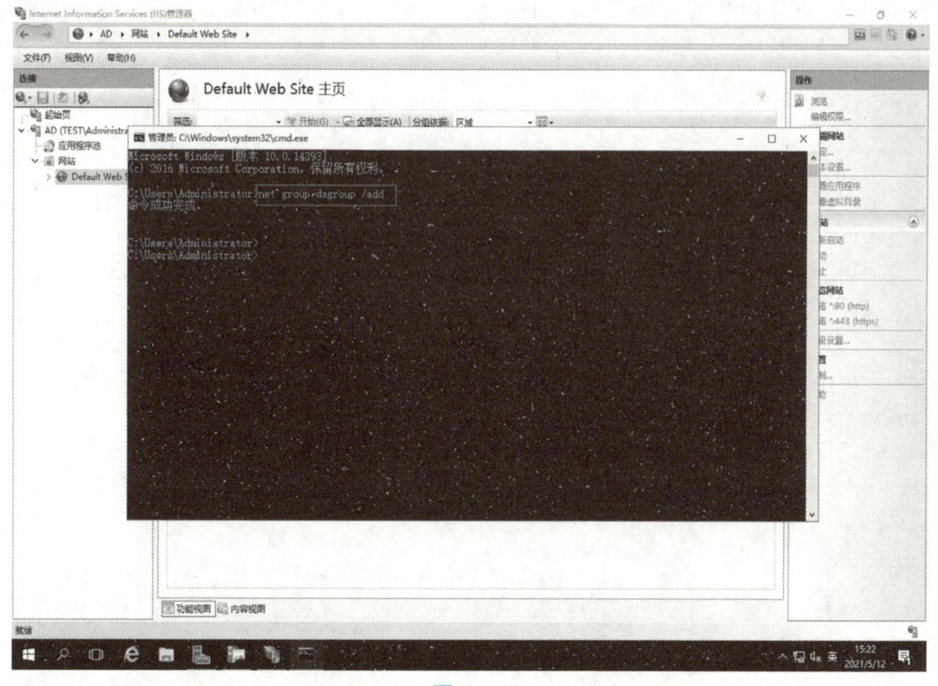

图 7–53

在“Active Directory 用户和计算机”窗口的“dagroup”上单击鼠标右键，在弹出的快捷菜单中选择“属性”命令，打开“dagroup 属性”对话框，单击“添加”按钮，将 DirectAccess 客户端加入到该组，如图 7-54 所示。

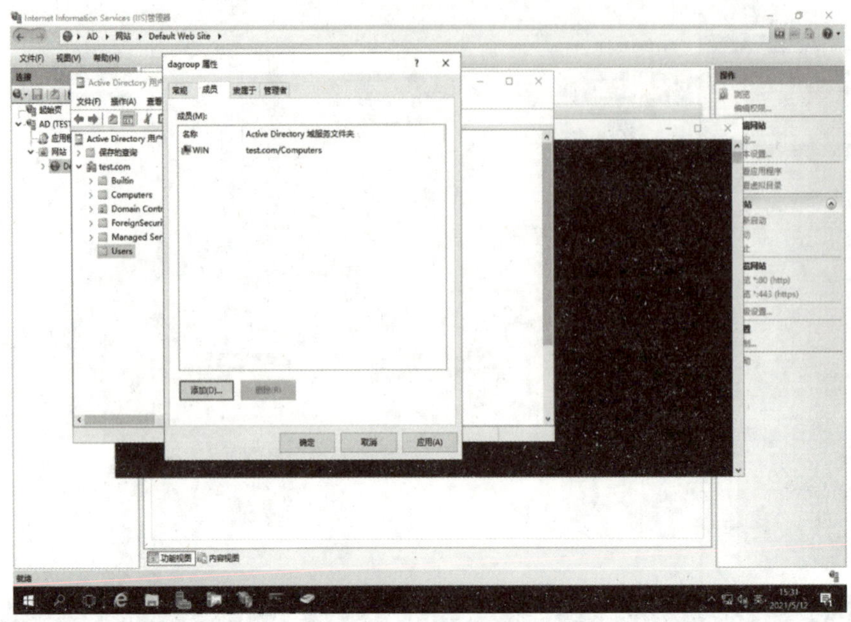

图 7-54

任务总结

本任务主要学习并掌握 VPN 服务的概念及其配置方法、DirectAccess 服务的概念及其配置方法。

任务8　部署虚拟化服务

任务目标

学习并掌握 Windows Server Hyper-V 服务的概念和虚拟机的基础设置。

任务描述

Windows Server Hyper-V 服务

1. Hyper-V 概念

Hyper-V 是微软公司的硬件虚拟化产品。

它使我们可以创建和运行称为虚拟机的计算机软件版本。

每个虚拟机的行为就像一台完整的计算机，可以运行操作系统或应用程序。

与仅在物理硬件上运行一个操作系统相比，当需要计算资源时，虚拟机可为我们提供更大的灵活性，帮助我们节省时间和金钱，并且是使用硬件的更有效方法。

Hyper-V 在其自己的隔离空间中运行每个虚拟机，这意味着我们可以在同一硬件上同时运行多个虚拟机。这样做可以避免诸如崩溃影响其他工作负载之类的问题，或者使不同的人员、组或服务可以访问不同的系统。

2. Hyper-V 的用途

Hyper-V 的主要用途如下。

- 建立或扩展私有云环境：通过转移或扩展对共享资源的使用来提供更灵活的按需求服务，并根据需求的变化调整利用率。
- 更有效地使用硬件：将服务器和工作负载整合到数量更少、功能更强大的物理计算机上，以使用更少的电源和物理空间。
- 改善业务连续性：最大限度地减少工作负载的计划内和计划外停机时间的影响。
- 建立或扩展 VDI：将集中式桌面策略与 VDI 结合使用可以帮助我们提高业务敏捷性

和数据安全性，并简化法规遵从性并管理桌面操作系统和应用程序。在同一服务器上部署 Hyper-V 和远程桌面虚拟化主机，以使用户可以使用个人虚拟桌面或虚拟桌面池。

• 使开发和测试更加高效：如果仅使用物理系统，则无须购买或维护所有所需的硬件即可重现不同的计算环境。

3. Hyper-V 的功能

（1）计算环境。

Hyper-V 虚拟机包括与物理计算机相同的基本部分，例如内存、处理器、存储器和网络。这些基本部分都具有功能和选项，我们可以配置不同的方式来满足不同的需求。由于可以使用多种配置方式，因此存储和网络都可以视为各自的类别。

（2）灾难恢复和备份。

对于灾难恢复，Hyper-V 副本创建虚拟机副本，该副本将存储在另一个物理位置，因此我们可以从副本中还原虚拟机。

对于备份，Hyper-V 提供了两种类型：一种使用保存的状态；另一种使用卷影复制服务（Volume Shadow Copy Service，VSS），我们可以为支持 VSS 的程序进行与应用程序一致的备份。

（3）优化。

每个受支持的客户机操作系统都有一组自定义的服务和驱动程序，称为集成服务。它使在 Hyper-V 虚拟机中使用该操作系统更加容易。

（4）可移植性。

实时迁移、存储迁移和导入 / 导出等功能使移动或分发虚拟机更加容易。

（5）远程连接。

Hyper-V 包括虚拟机连接，这是一种可与 Windows 操作系统和 Linux 操作系统一起使用的远程连接工具。

与远程桌面不同，Hyper-V 可以提供控制台访问权限，因此即使尚未启动操作系统，也可以查看客户机中发生的情况。

（6）安全性。

安全启动和受屏蔽的虚拟机有助于防止恶意软件和其他对虚拟机及其数据的未授权访问。

4. Hyper-V 配置

在“服务器管理器”窗口添加角色，在“添加角色和功能向导”对话框“选择服务器角色”界面勾选“Hyper-V”复选框，单击“下一步”按钮，如图 8-1 所示。

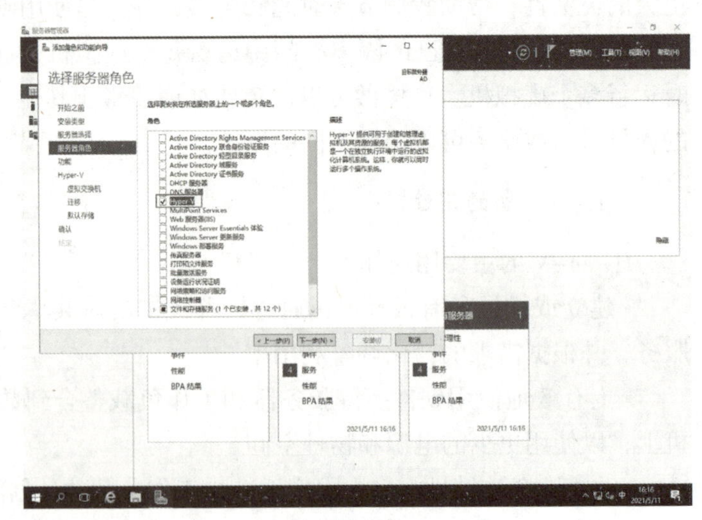

图 8-1

在“默认存储”界面选择存储的路径，单击“下一步”按钮，如图 8-2 所示。

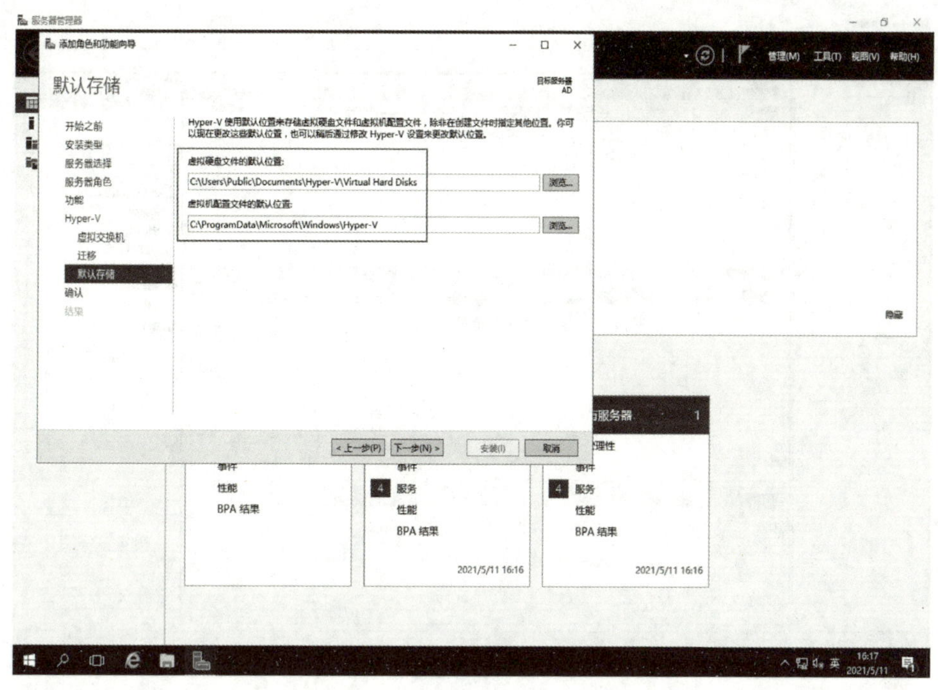

图 8-2

在“确认安装所选内容”界面单击“安装”按钮。

安装完成后，在“服务器管理器”窗口单击“工具”按钮，在弹出的下拉菜单中选择“Hyper-V 管理器”，如图 8-3 所示。

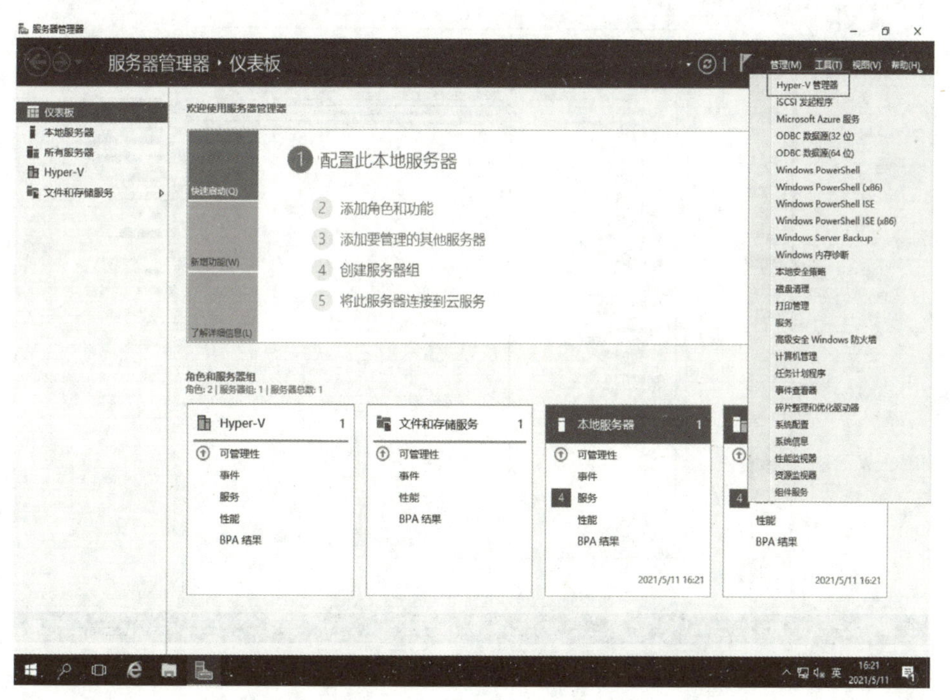

图 8-3

在打开的“Hyper-V 管理器”窗口选择“Hyper-V 设置”，如图 8-4 所示。

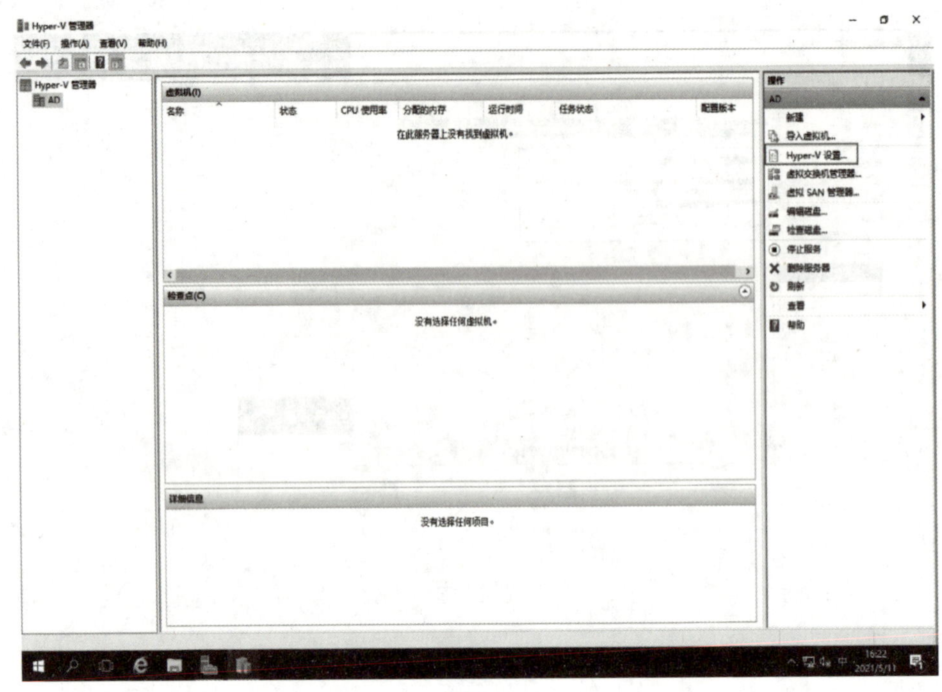

图 8-4

在打开的“AD 的 Hyper-V 设置”对话框中选择“虚拟硬盘”，设置虚拟硬盘路径，如图 8-5 所示。

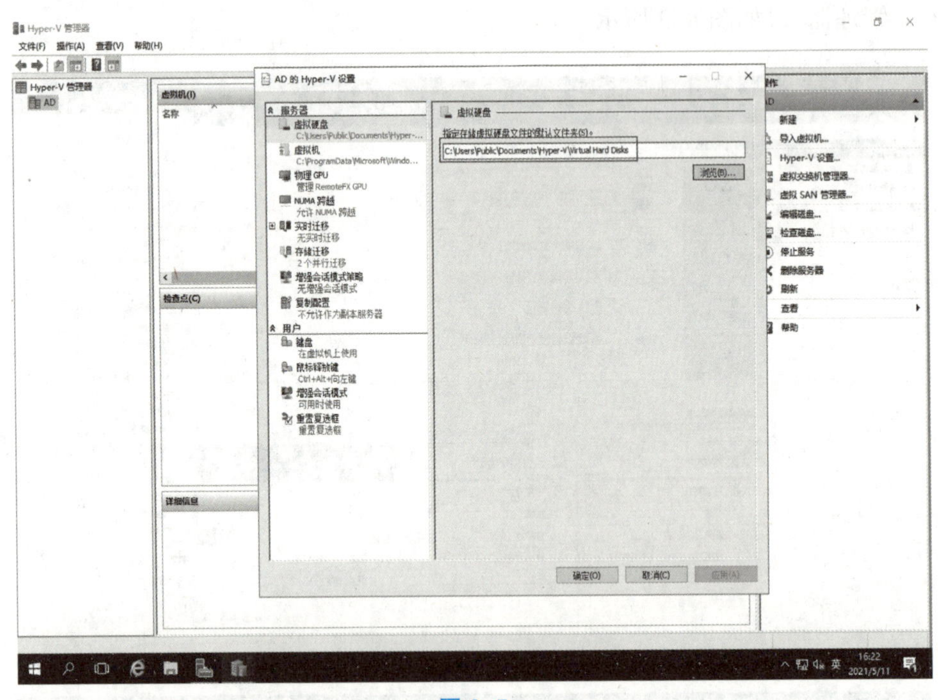

图 8-5

选择“虚拟机”，设置虚拟机路径，如图 8–6 所示。

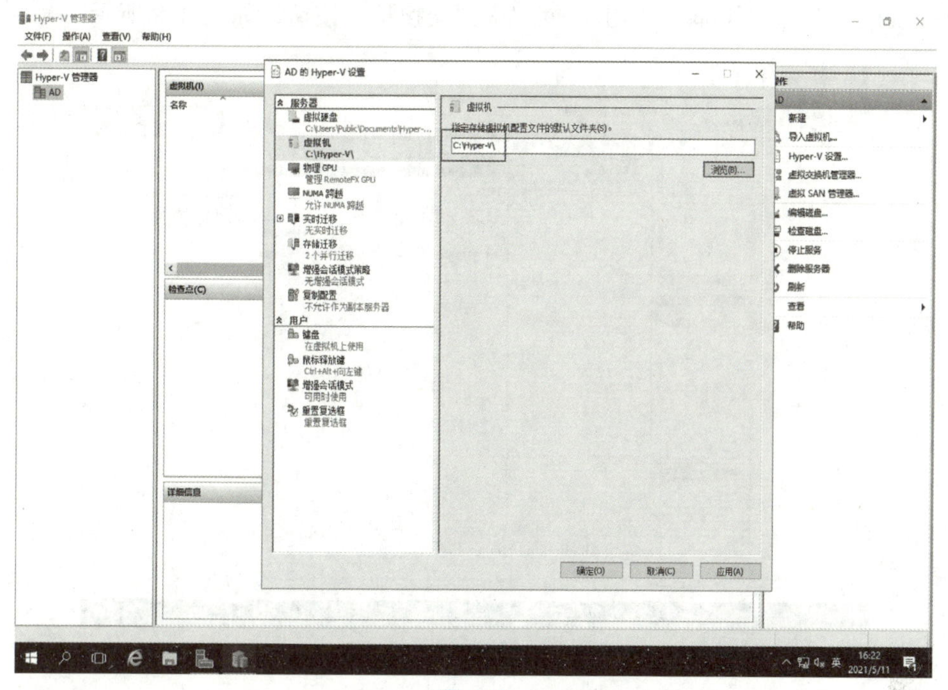

图 8–6

在“Hyper–V 管理器”窗口选择“虚拟交换机管理器”，如图 8–7 所示。

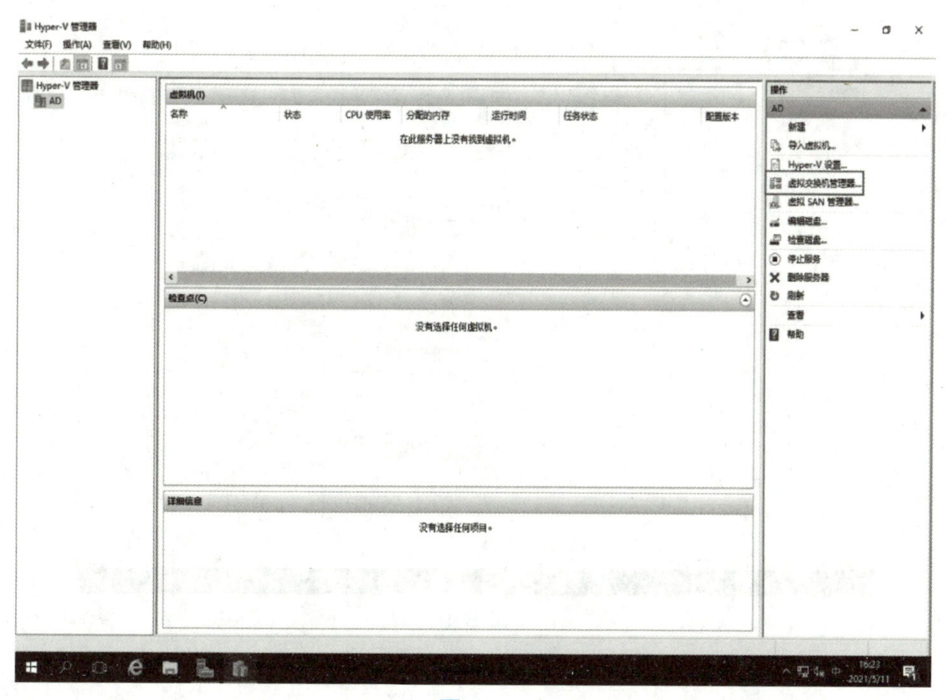

图 8–7

在打开的“AD 的虚拟交换机管理器”对话框中选择左侧的“新建虚拟网络交换机”，在右侧列表框中选择“外部”，单击“创建虚拟交换机”按钮，如图 8–8 所示。

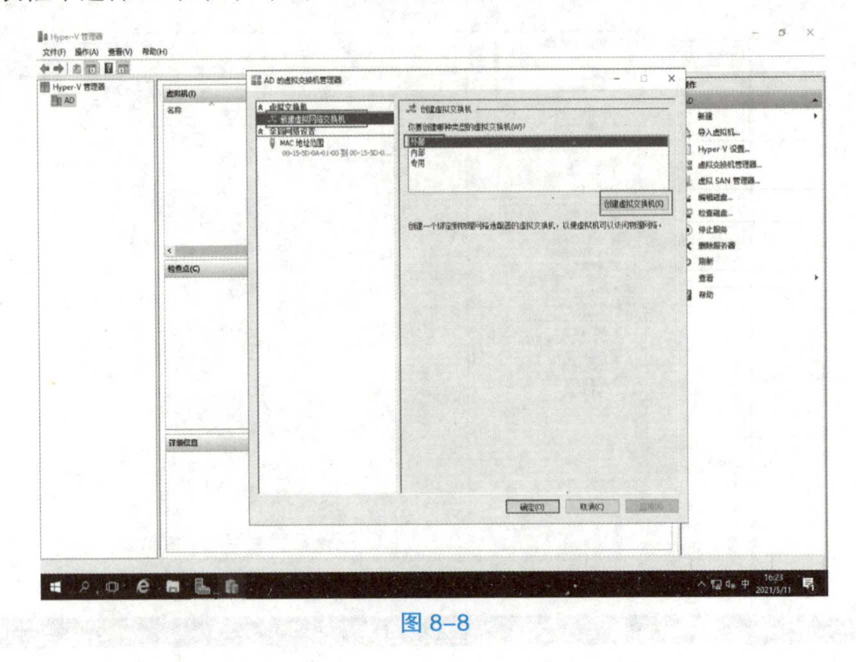

图 8–8

在“名称”文本框中输入“Switch”，选择“外部网络”单选按钮，勾选“允许管理操作系统共享此网络适配器”，如图 8–9 所示。

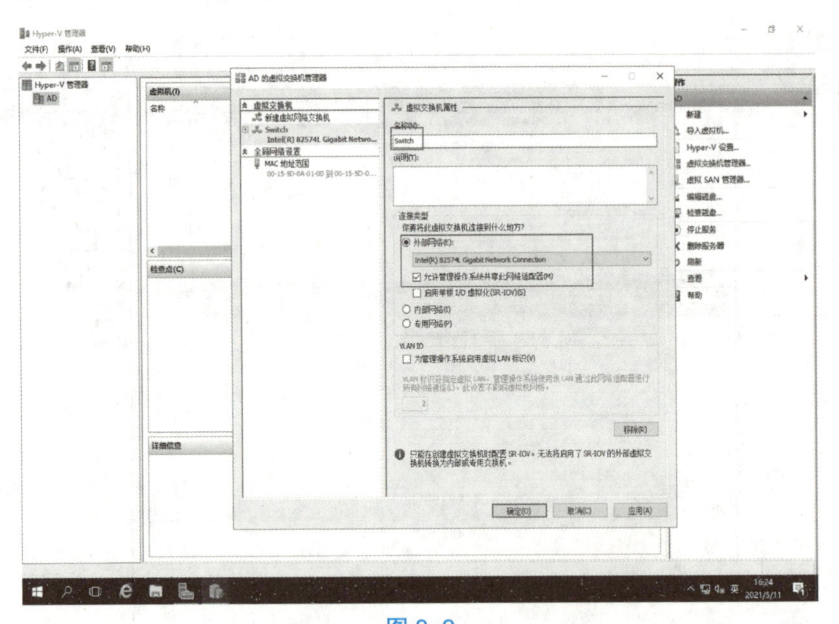

图 8–9

任务总结

本任务主要学习并掌握 Windows Hyper–V 的基础概念及虚拟机的基础设置。